中国农业标准经典收藏系列

最新中国农业行业标准

第十辑

植保分册

农业标准编辑部 编

中 国 农 业 出 版 社

图书在版编目（CIP）数据

最新中国农业行业标准．第10辑．植保分册/农业标准编辑部编．—北京：中国农业出版社，2014.11
（中国农业标准经典收藏系列）
ISBN 978-7-109-19776-3

Ⅰ．①最…　Ⅱ．①农…　Ⅲ．①农业－行业标准－汇编－中国②植物保护－行业标准－汇编－中国　Ⅳ．①S-65②S4-65

中国版本图书馆CIP数据核字（2014）第273832号

中国农业出版社出版
（北京市朝阳区麦子店街18号楼）
（邮政编码 100125）
责任编辑　刘　伟　李文宾

中国农业出版社印刷厂印刷　新华书店北京发行所发行
2015年1月第1版　2015年1月北京第1次印刷

开本：880mm×1230mm 1/16　印张：25.75
字数：515千字
定价：208.00元

本书编委会

主　编： 杨桂华

副主编： 冀　刚

编　委（按姓名笔画排序）：

刘　伟　李文宾　杨桂华

廖　宁　冀　刚

出 版 说 明

近年来，农业标准编辑部陆续出版了《中国农业标准经典收藏系列·最新中国农业行业标准》，将2004—2012年由我社出版的2 600多项标准汇编成册，共出版了九辑，得到了广大读者的一致好评。无论从阅读方式还是从参考使用上，都给读者带来了很大方便。为了加大农业标准的宣贯力度，扩大标准汇编本的影响，满足和方便读者的需要，我们在总结以往出版经验的基础上策划了《最新中国农业行业标准·第十辑》。

本次汇编对2013年出版的298项农业标准进行了专业细分与组合，根据专业不同分为种植业、畜牧兽医、植保、农机和综合5个分册。

本书收录了绿色食品农药、药效试验方法及评价、抗病性鉴定、疫病测报和病虫草害防治技术等方面的农业行业标准44项。并在书后附有2013年发布的5个标准公告供参考。

特别声明：

1. 汇编本着尊重原著的原则，除明显差错外，对标准中所涉及的有关量、符号、单位和编写体例均未做统一改动。

2. 从印制工艺的角度考虑，原标准中的彩色部分在此只给出黑白图片。

3. 本辑所收录的个别标准，由于专业交叉特性，故同时归于不同分册当中。

本书可供农业生产人员、标准管理人员和科研人员使用，也可供有关农业院校师生参考。

目　　录

出版说明

附录

ICS 65.100.01
B 17

中华人民共和国农业行业标准

NY/T 393—2013
代替 NY/T 393—2000

绿色食品　农药使用准则

Green food—Guideline for application of pesticide

2013-12-13 发布　　2014-04-01 实施

中华人民共和国农业部　发布

前　言

本标准按照 GB/T 1.1—2009 给出的规则起草。

本标准代替 NY/T 393—2000《绿色食品　农药使用准则》。与 NY/T 393—2000 相比，除编辑性修改外主要技术变化如下：

——增设引言；

——修改本标准的适用范围为绿色食品生产和仓储（见第 1 章）；

——删除 6 个术语定义，同时修改了其他 2 个术语的定义（见第 3 章）；

——将原标准第 5 章悬置段中有害生物综合防治原则方面的内容单独设为一章，并修改相关内容（见第 4 章）；

——将可使用的农药种类从原准许和禁用混合制改为单纯的准许清单制，删除原第 4 章“允许使用的农药种类”、原第 5 章中有关农药选用的内容和原附录 A，设“农药选用”一章规定农药的选用原则，将“绿色食品生产允许使用的农药和其他植保产品清单”以附录的形式给出（见第 5 章和附录 A）；

——将原第 5 章的标题“使用准则”改为“农药使用规范”，增加了关于施药时机和方式方面的规定，并修改关于施药剂量（或浓度）、施药次数和安全间隔期的规定（见第 6 章）；

——增设“绿色食品农药残留要求”一章，并修改残留限量要求（见第 7 章）。

本标准由农业部农产品质量安全监管局提出。

本标准由中国绿色食品发展中心归口。

本标准起草单位：浙江省农业科学院农产品质量标准研究所、中国绿色食品发展中心、中国农业大学理学院、农业部农产品及转基因产品质量安全监督检验测试中心（杭州）。

本标准主要起草人：张志恒、王强、潘灿平、刘艳辉、陈倩、李振、于国光、袁玉伟、孙彩霞、杨桂玲、徐丽红、郑蔚然、蔡铮。

本标准的历次版本发布情况为：

——NY/T 393—2000。

引　言

绿色食品是指产自优良生态环境、按照绿色食品标准生产、实行全程质量控制并获得绿色食品标志使用权的安全、优质食用农产品及相关产品。规范绿色食品生产中的农药使用行为，是保证绿色食品符合性的一个重要方面。

NY/T 393—2000在绿色食品的生产和管理中发挥了重要作用。但10多年来，国内外在安全农药开发等方面的研究取得了很大进展，有效地促进了农药的更新换代；且农药风险评估技术方法、评估结论以及使用规范等方面的相关标准法规也出现了很大的变化。同时，随着绿色食品产业的发展，对绿色食品的认识趋于深化，在此过程中积累了很多实际经验。为了更好地规范绿色食品生产中的农药使用，有必要对NY/T 393—2000进行修订。

本次修订充分遵循了绿色食品对优质安全、环境保护和可持续发展的要求，将绿色食品生产中的农药使用更严格地限于农业有害生物综合防治的需要，并采用准许清单制进一步明确允许使用的农药品种。允许使用农药清单的制定以国内外权威机构的风险评估数据和结论为依据，按照低风险原则选择农药种类，其中，化学合成农药筛选评估时采用的慢性膳食摄入风险安全系数比国际上的一般要求提高5倍。

绿色食品　农药使用准则

1　范围

本标准规定了绿色食品生产和仓储中有害生物防治原则、农药选用、农药使用规范和绿色食品农药残留要求。

本标准适用于绿色食品的生产和仓储。

2　规范性引用文件

下列文件对于本文件的应用是必不可少的。凡是注日期的引用文件，仅注日期的版本适用于本文件。凡是不注日期的引用文件，其最新版本(包括所有的修改单)适用于本文件。

GB 2763　食品安全国家标准　食品中农药最大残留限量

GB/T 8321(所有部分)　农药合理使用准则

GB 12475　农药贮运、销售和使用的防毒规程

NY/T 391　绿色食品　产地环境质量

NY/T 1667(所有部分)　农药登记管理术语

3　术语和定义

NY/T 1667 界定的以及下列术语和定义适用于本文件。

3.1

AA 级绿色食品　AA grade green food

产地环境质量符合 NY/T 391 的要求，遵照绿色食品生产标准生产，生产过程中遵循自然规律和生态学原理，协调种植业和养殖业的平衡，不使用化学合成的肥料、农药、兽药、渔药、添加剂等物质，产品质量符合绿色食品产品标准，经专门机构许可使用绿色食品标志的产品。

3.2

A 级绿色食品　A grade green food

产地环境质量符合 NY/T 391 的要求，遵照绿色食品生产标准生产，生产过程中遵循自然规律和生态学原理，协调种植业和养殖业的平衡，限量使用限定的化学合成生产资料，产品质量符合绿色食品产品标准，经专门机构许可使用绿色食品标志的产品。

4　有害生物防治原则

4.1　以保持和优化农业生态系统为基础，建立有利于各类天敌繁衍和不利于病虫草害孳生的环境条件，提高生物多样性，维持农业生态系统的平衡。

4.2　优先采用农业措施，如抗病虫品种、种子种苗检疫、培育壮苗、加强栽培管理、中耕除草、耕翻晒垡、清洁田园、轮作倒茬、间作套种等。

4.3　尽量利用物理和生物措施，如用灯光、色彩诱杀害虫，机械捕捉害虫，释放害虫天敌，机械或人工除草等。

4.4　必要时，合理使用低风险农药。如没有足够有效的农业、物理和生物措施，在确保人员、产品和环境安全的前提下按照第 5、6 章的规定，配合使用低风险的农药。

5　农药选用

5.1　所选用的农药应符合相关的法律法规，并获得国家农药登记许可。

5.2 应选择对主要防治对象有效的低风险农药品种，提倡兼治和不同作用机理农药交替使用。

5.3 农药剂型宜选用悬浮剂、微囊悬浮剂、水剂、水乳剂、微乳剂、颗粒剂、水分散粒剂和可溶性粒剂等环境友好型剂型。

5.4 AA 级绿色食品生产应按照 A.1 的规定选用农药及其他植物保护产品。

5.5 A 级绿色食品生产应按照附录 A 的规定，优先从表 A.1 中选用农药。在表 A.1 所列农药不能满足有害生物防治需要时，还可适量使用 A.2 所列的农药。

6 农药使用规范

6.1 应在主要防治对象的防治适期，根据有害生物的发生特点和农药特性，选择适当的施药方式，但不宜采用喷粉等风险较大的施药方式。

6.2 应按照农药产品标签或 GB/T 8321 和 GB 12475 的规定使用农药，控制施药剂量(或浓度)、施药次数和安全间隔期。

7 绿色食品农药残留要求

7.1 绿色食品生产中允许使用的农药，其残留量应不低于 GB 2763 的要求。

7.2 在环境中长期残留的国家明令禁用农药，其再残留量应符合 GB 2763 的要求。

7.3 其他农药的残留量不应超过 0.01 mg/kg，并应符合 GB 2763 的要求。

附 录 A
（规范性附录）
绿色食品生产允许使用的农药和其他植保产品清单

A.1 AA级和A级绿色食品生产均允许使用的农药和其他植保产品清单

见表A.1。

表A.1 AA级和A级绿色食品生产均允许使用的农药和其他植保产品清单

类 别	组分名称	备 注
Ⅰ.植物和动物来源	楝素（苦楝、印楝等提取物，如印楝素等）	杀虫
	天然除虫菊素（除虫菊科植物提取液）	杀虫
	苦参碱及氧化苦参碱（苦参等提取物）	杀虫
	蛇床子素（蛇床子提取物）	杀虫、杀菌
	小檗碱（黄连、黄柏等提取物）	杀菌
	大黄素甲醚（大黄、虎杖等提取物）	杀菌
	乙蒜素（大蒜提取物）	杀菌
	苦皮藤素（苦皮藤提取物）	杀虫
	藜芦碱（百合科藜芦属和喷嚏草属植物提取物）	杀虫
	桉油精（桉树叶提取物）	杀虫
	植物油（如薄荷油、松树油、香菜油、八角茴香油）	杀虫、杀螨、杀真菌、抑制发芽
	寡聚糖（甲壳素）	杀菌、植物生长调节
	天然诱集和杀线虫剂（如万寿菊、孔雀草、芥子油）	杀线虫
	天然酸（如食醋、木醋和竹醋等）	杀菌
	菇类蛋白多糖（菇类提取物）	杀菌
	水解蛋白质	引诱
	蜂蜡	保护嫁接和修剪伤口
	明胶	杀虫
	具有驱避作用的植物提取物（大蒜、薄荷、辣椒、花椒、薰衣草、柴胡、艾草的提取物）	驱避
	害虫天敌（如寄生蜂、瓢虫、草蛉等）	控制虫害
Ⅱ.微生物来源	真菌及真菌提取物（白僵菌、轮枝菌、木霉菌、耳霉菌、淡紫拟青霉、金龟子绿僵菌、寡雄腐霉菌等）	杀虫、杀菌、杀线虫
	细菌及细菌提取物（苏云金芽孢杆菌、枯草芽孢杆菌、蜡质芽孢杆菌、地衣芽孢杆菌、多黏类芽孢杆菌、荧光假单胞杆菌、短稳杆菌等）	杀虫、杀菌
	病毒及病毒提取物（核型多角体病毒、质型多角体病毒、颗粒体病毒等）	杀虫
	多杀霉素、乙基多杀菌素	杀虫
	春雷霉素、多抗霉素、井冈霉素、（硫酸）链霉素、嘧啶核苷类抗菌素、宁南霉素、申嗪霉素和中生菌素	杀菌
	S-诱抗素	植物生长调节
Ⅲ.生物化学产物	氨基寡糖素、低聚糖素、香菇多糖	防病
	几丁聚糖	防病、植物生长调节
	苄氨基嘌呤、超敏蛋白、赤霉酸、羟烯腺嘌呤、三十烷醇、乙烯利、吲哚丁酸、吲哚乙酸、芸薹素内酯	植物生长调节

表 A.1（续）

类　别	组分名称	备　注
Ⅳ. 矿物来源	石硫合剂	杀菌、杀虫、杀螨
	铜盐(如波尔多液、氢氧化铜等)	杀菌，每年铜使用量不能超过 6 kg/ hm^2
	氢氧化钙(石灰水)	杀菌、杀虫
	硫黄	杀菌、杀螨、驱避
	高锰酸钾	杀菌，仅用于果树
	碳酸氢钾	杀菌
	矿物油	杀虫、杀螨、杀菌
	氯化钙	仅用于治疗缺钙症
	硅藻土	杀虫
	黏土(如斑脱土、珍珠岩、蛭石、沸石等)	杀虫
	硅酸盐(硅酸钠、石英)	驱避
	硫酸铁(3 价铁离子)	杀软体动物
Ⅴ. 其他	氢氧化钙	杀菌
	二氧化碳	杀虫，用于贮存设施
	过氧化物类和含氯类消毒剂(如过氧乙酸、二氧化氯、二氯异氰尿酸钠、三氯异氰尿酸等)	杀菌，用于土壤和培养基质消毒
	乙醇	杀菌
	海盐和盐水	杀菌，仅用于种子(如稻谷等)处理
	软皂(钾肥皂)	杀虫
	乙烯	催熟等
	石英砂	杀菌、杀螨、驱避
	昆虫性外激素	引诱，仅用于诱捕器和散发皿内
	磷酸氢二铵	引诱，只限用于诱捕器中使用
注 1：该清单每年都可能根据新的评估结果发布修改单。 注 2：国家新禁用的农药自动从该清单中删除。		

A.2　A 级绿色食品生产允许使用的其他农药清单

当表 A.1 所列农药和其他植保产品不能满足有害生物防治需要时，A 级绿色食品生产还可按照农药产品标签或 GB/T 8321 的规定使用下列农药：

a)　杀虫剂

1)　S-氰戊菊酯　esfenvalerate
2)　吡丙醚　pyriproxifen
3)　吡虫啉　imidacloprid
4)　吡蚜酮　pymetrozine
5)　丙溴磷　profenofos
6)　除虫脲　diflubenzuron
7)　啶虫脒　acetamiprid
8)　毒死蜱　chlorpyrifos
9)　氟虫脲　flufenoxuron
10)　氟啶虫酰胺　flonicamid
11)　氟铃脲　hexaflumuron
12)　高效氯氰菊酯　beta-cypermethrin
13)　甲氨基阿维菌素苯甲酸盐　emamectin benzoate
14)　甲氰菊酯　fenpropathrin
15)　抗蚜威　pirimicarb
16)　联苯菊酯　bifenthrin
17)　螺虫乙酯　spirotetramat
18)　氯虫苯甲酰胺　chlorantraniliprole
19)　氯氟氰菊酯　cyhalothrin
20)　氯菊酯　permethrin
21)　氯氰菊酯　cypermethrin
22)　灭蝇胺　cyromazine
23)　灭幼脲　chlorbenzuron
24)　噻虫啉　thiacloprid
25)　噻虫嗪　thiamethoxam
26)　噻嗪酮　buprofezin
27)　辛硫磷　phoxim

28） 茚虫威　indoxacard

b） 杀螨剂

1） 苯丁锡　fenbutatin oxide

2） 喹螨醚　fenazaquin

3） 联苯肼酯　bifenazate

4） 螺螨酯　spirodiclofen

5） 噻螨酮　hexythiazox

6） 四螨嗪　clofentezine

7） 乙螨唑　etoxazole

8） 唑螨酯　fenpyroximate

c） 杀软体动物剂

四聚乙醛　metaldehyde

d） 杀菌剂

1） 吡唑醚菌酯　pyraclostrobin

2） 丙环唑　propiconazol

3） 代森联　metriam

4） 代森锰锌　mancozeb

5） 代森锌　zineb

6） 啶酰菌胺　boscalid

7） 啶氧菌酯　picoxystrobin

8） 多菌灵　carbendazim

9） 噁霉灵　hymexazol

10） 噁霜灵　oxadixyl

11） 粉唑醇　flutriafol

12） 氟吡菌胺　fluopicolide

13） 氟啶胺　fluazinam

14） 氟环唑　epoxiconazole

15） 氟菌唑　triflumizole

16） 腐霉利　procymidone

17） 咯菌腈　fludioxonil

18） 甲基立枯磷　tolclofos-methyl

19） 甲基硫菌灵　thiophanate-methyl

20） 甲霜灵　metalaxyl

21） 腈苯唑　fenbuconazole

22） 腈菌唑　myclobutanil

23） 精甲霜灵　metalaxyl-M

24） 克菌丹　captan

25） 醚菌酯　kresoxim-methyl

26） 嘧菌酯　azoxystrobin

27） 嘧霉胺　pyrimethanil

28） 氰霜唑　cyazofamid

29） 噻菌灵　thiabendazole

30） 三乙膦酸铝　fosetyl-aluminium

31） 三唑醇　triadimenol

32） 三唑酮　triadimefon

33） 双炔酰菌胺　mandipropamid

34） 霜霉威　propamocarb

35） 霜脲氰　cymoxanil

36） 萎锈灵　carboxin

37） 戊唑醇　tebuconazole

38） 烯酰吗啉　dimethomorph

39） 异菌脲　iprodione

40） 抑霉唑　imazalil

e） 熏蒸剂

1） 棉隆 dazomet

2） 威百亩 metam-sodium

f） 除草剂

1） 2 甲 4 氯　MCPA

2） 氨氯吡啶酸　picloram

3） 丙炔氟草胺　flumioxazin

4） 草铵膦　glufosinate-ammonium

5） 草甘膦　glyphosate

6） 敌草隆　diuron

7） 噁草酮　oxadiazon

8） 二甲戊灵　pendimethalin

9） 二氯吡啶酸　clopyralid

10） 二氯喹啉酸　quinclorac

11） 氟唑磺隆　flucarbazone-sodium

12） 禾草丹　thiobencarb

13） 禾草敌　molinate

14） 禾草灵　diclofop-methyl

15） 环嗪酮　hexazinone

16） 磺草酮　sulcotrione

17） 甲草胺　alachlor

18） 精吡氟禾草灵　fluazifop-P

19） 精喹禾灵　quizalofop-P

20） 绿麦隆　chlortoluron

21） 氯氟吡氧乙酸(异辛酸)　fluroxypyr

22） 氯氟吡氧乙酸异辛酯　fluroxypyrmepthyl

23） 麦草畏 dicamba

24） 咪唑喹啉酸 imazaquin

25） 灭草松 bentazone

26） 氰氟草酯 cyhalofop butyl

27） 炔草酯 clodinafop-propargyl

28） 乳氟禾草灵 lactofen

29） 噻吩磺隆 thifensulfuron-methyl

30） 双氟磺草胺 florasulam

31） 甜菜安 desmedipham

32） 甜菜宁 phenmedipham

33） 西玛津 simazine

34） 烯草酮 clethodim

35） 烯禾啶 sethoxydim

36） 硝磺草酮 mesotrione

37） 野麦畏 tri-allate

38） 乙草胺 acetochlor

39） 乙氧氟草醚 oxyfluorfen

40） 异丙甲草胺 metolachlor

41） 异丙隆 isoproturon

42） 莠灭净 ametryn

43） 唑草酮 carfentrazone-ethyl

44） 仲丁灵 butralin

g） 植物生长调节剂

1） 2,4-滴 2,4-D(只允许作为植物生长调节剂使用)

2） 矮壮素 chlormequat

3） 多效唑 paclobutrazol

4） 氯吡脲 forchlorfenuron

5） 萘乙酸 1-naphthal acetic acid

6） 噻苯隆 thidiazuron

7） 烯效唑 uniconazole

注 1:该清单每年都可能根据新的评估结果发布修改单。

注 2:国家新禁用的农药自动从该清单中删除。

ICS 65.100.01
B 17

中华人民共和国农业行业标准

NY/T 1153.1—2013
代替 NY/T 1153.1—2006

农药登记用白蚁防治剂药效试验方法及评价 第1部分：农药对白蚁的毒力与实验室药效

Efficacy test method and evaluation of insecticides for termite control for pesticide registration
Part 1: Method of test for toxicity and laboratory efficacy of pesticides against termites

2013-05-20 发布

2013-08-01 实施

中华人民共和国农业部 发布

前　　言

NY/T 1153《农药登记用白蚁防治剂药效试验方法及评价》为系列标准：

——第1部分：农药对白蚁的毒力与实验室药效；

——第2部分：农药对白蚁毒效传递的室内测定；

——第3部分：农药土壤处理预防白蚁；

——第4部分：农药木材处理预防白蚁；

——第5部分：饵剂防治白蚁；

——第6部分：农药滞留喷洒防治白蚁；

——第7部分：农药喷粉处理防治白蚁。

本部分是《农药登记用白蚁防治剂药效试验方法及评价》的第1部分。

本部分按照GB/T 1.1—2009给出的规则起草。

本部分代替NY/T 1153.1—2006《农药登记用白蚁防治剂药效试验方法及评价　第1部分：原药对白蚁的毒力》。

本部分与NY/T 1153.1—2006相比主要变化如下：

——修订了标题，由原药改为农药，增加实验室药效表述；

——删除术语和定义中"昏迷"、"击倒"、"击倒中时"和"致死中时"内容；

——增加触杀性药剂、胃毒性药剂和死亡率的术语和定义；

——修订了供试白蚁种类，删除了散白蚁属；

——修订了测试条件，湿度由(70±5)%改为(80±5)%；

——修订了药剂配制内容，增加了制剂配制方法；

——修订了毒力测定方法，将原药分为触杀性药剂毒力测定和胃毒性药剂毒力测定；

——增加了农药制剂对白蚁实验室药效内容，分为触杀性药剂毒力测定和胃毒性药剂毒力测定；

——修订了供试白蚁数目，由工蚁30头改为原药触杀性测定用工蚁20头；胃毒性测定用工蚁150头、兵蚁15头；制剂触杀性测定用工蚁50头；胃毒性测定用工蚁150头、兵蚁15头。

本部分由中华人民共和国农业部提出并归口。

本部分主要起草单位：农业部农药检定所、全国白蚁防治中心。

本部分主要起草人：宋晓刚、朱春雨、张文君、王晓军、吴新平、李贤宾、曹艳。

本部分所代替标准的历次版本发布情况为：

——NY/T 1153.1—2006。

农药登记用白蚁防治剂药效试验方法及评价 第1部分:农药对白蚁的毒力与实验室药效

1 范围

本部分规定了白蚁防治剂原药和制剂对白蚁的毒力与实验室药效测定的试验方法及评价标准。

本部分适用于农药登记用白蚁防治剂对白蚁有效性的测定及评价。

2 术语和定义

下列术语和定义适用于本文件。

2.1

触杀性药剂 contact poisoning insecticide

白蚁体壁接触到药剂后,药剂经体壁进入白蚁体内,通过对靶标的作用而产生毒杀或致死作用的药剂。

2.2

胃毒性药剂 stomach poisoning insecticide

药剂经由口腔、食道进入白蚁体内,经肠道吸收后到达靶标产生毒杀或致死作用的药剂。

2.3

死亡 death

白蚁在药剂的作用下处于完全不动的状态,用钝物轻触其腹部,其身体的所有部位均无反应。

2.4

致死中浓度 median lethal concentration, LC_{50}

药剂引起一半受试白蚁出现死亡所需要的浓度。

2.5

致死中量 median lethal dose, LD_{50}

药剂引起一半受试白蚁出现死亡所需要的剂量。

2.6

死亡率 mortality

经药剂处理后一定时间内,死亡白蚁数占供试白蚁总数的百分比。

3 试验方法

3.1 供试白蚁

台湾乳白蚁 *Coptotermes formosanus* Shiraki 健康、个体均匀一致的工蚁和兵蚁。

试验用白蚁应在室内用马尾松木块饲养1周以上,试验时应称重,记录每克白蚁的个体数。

3.2 测试条件

温度:(27±1)℃;湿度:(80±5)%。

3.3 仪器设备

3.3.1 容量瓶。

3.3.2 移液管。

3.3.3 培养皿。

3.3.4 平头镊子。

3.3.5 分析天平(精确到 0.1 mg)。

3.3.6 微量点滴仪。

3.3.7 恒温恒湿培养箱。

3.4 试验步骤

3.4.1 药剂配制

3.4.1.1 原药:用分析天平准确称取所需的原药,放入容量瓶中,加入丙酮(或二甲基亚砜等适当的有机溶剂)准确定容至刻度,配制成母液。然后用丙酮(或二甲基亚砜等适当的有机溶剂)按等差或等比梯度稀释成系列浓度。

3.4.1.2 制剂:准确移取所需的量于容量瓶中,加蒸馏水准确定容至刻度,配制成母液。然后,用蒸馏水按等差或等比梯度稀释成系列浓度。

3.4.2 试验浓度与重复数

每一药剂处理不少于 5 个浓度,同时设有机溶剂和空白对照。试验重复 3 次。

空白对照组的工蚁死亡率超过 10%时,测试应重新进行。

3.4.3 原药毒力的测定

3.4.3.1 触杀性药剂的测定

采用点滴法进行测定。

将健康工蚁 20 头放入培养皿(ϕ90 mm)内,取直径 1.5 cm 大小的棉球,用移液管吸取 1.0 mL 的无水乙醚,迅速滴在棉球上。把含有无水乙醚的棉球置于培养皿中,白蚁麻醉 30 s～45 s 后,去盖移去棉球。用微量点滴仪将 0.5 μL 药液点滴在每头白蚁工蚁腹部背面(对照白蚁点滴同量的丙酮或二甲基亚砜等适当溶剂)。点滴完成后,将工蚁移至另一清洁、底部垫有一张滤纸(已用 0.9 mL 蒸馏水湿润)的培养皿(ϕ90 mm)内,放置在测定条件下的恒温恒湿培养箱内饲养观察。

用药后 24 h 记录白蚁工蚁死亡数。

3.4.3.2 胃毒性药剂的测定

将直径为 20 mm 的滤纸片浸入药液(对照为丙酮或二甲基亚砜等适当溶剂)中,10 s 后取出,置于室温下 2 h 后,将浸药滤纸片在(60±1)℃温度下烘 10 h,并用分析天平称重。将称重后的滤纸片两端嵌入厚为 2 mm、直径为 20 mm 的 1.0%～1.5%琼脂片中,然后平放于铺有 10 g 细沙或 5 g 蛭石[过 250 μm 筛且在(60±1)℃温度下烘 48 h]、并加水湿润的培养皿(ϕ90 mm)中央。移入白蚁工蚁 150 头、兵蚁 15 头,将培养皿盖上盖,放在测试条件下的恒温恒湿培养箱内饲养观察。定期滴加蒸馏水湿润。

每隔 24 h 记录白蚁工蚁死亡数,直至药物处理组白蚁工蚁死亡数连续 3 d 不再变化为止。试验结束后,取出滤纸片,重新在(60±1)℃温度下烘 10 h,并用分析天平称重,记录滤纸片被白蚁取食的量。

3.4.4 制剂毒力的测定

3.4.4.1 触杀性药剂的测定

将过 250 μm 筛的细沙或蛭石放入恒温干燥箱,在(60±1)℃条件下,保持 48 h 后取出备用。

在 ϕ90 mm 的培养皿中,均匀铺设处理过的 10 g 细沙或 5 g 蛭石。用移液管均匀滴加 3 mL 药液(对照为同量的蒸馏水)于细沙或蛭石中。每个培养皿放入一张面积约 1 cm^2 用蒸馏水湿润的滤纸作为食料。移入 50 头白蚁工蚁,将培养皿盖上盖,放在测试条件下的培养箱内饲养观察。

药后 12 h、24 h、48 h 记录工蚁死亡数。

3.4.4.2 胃毒性药剂的测定

将直径为 20 mm 的滤纸片浸入药液(对照为蒸馏水)中,10 s 后取出,置于室温下 2 h 后,将浸药滤纸片在(60±1)℃温度下烘 10 h,并用分析天平称重。将称重后的滤纸片两端嵌入厚为 2 mm、直径为 20 mm 的 1.0%～1.5%琼脂片中,然后平放于铺有 10 g 细沙或 5 g 蛭石[过 250 μm 筛且在(60±1)℃温度下烘 48 h]、并加水湿润的培养皿(ϕ90 mm)中央。移入白蚁工蚁 150 头、兵蚁 15 头,将培养皿盖上盖,放在测试条件下的恒温恒湿培养箱内饲养观察。定期滴加蒸馏水湿润。

每隔 24 h 记录白蚁工蚁死亡数,直至药物处理组白蚁工蚁死亡数连续 3 d 不再变化为止。试验结束后,取出滤纸片,重新在(60±1)℃温度下烘 10 h,并用分析天平称重,记录滤纸片被白蚁取食的量。

4 结果计算

4.1 死亡率计算公式

按式(1)计算死亡率,以百分率(%)表示。

$$P=\frac{M}{N}\times 100 \qquad (1)$$

式中:

P——死亡率,单位为百分率(%);

M——死亡工蚁个体数;

N——供试工蚁总虫数。

当对照组白蚁工蚁出现死亡时,按式(2)计算校正死亡率,以百分率(%)表示。

$$X=\frac{P_t-P_0}{1-P_0}\times 100 \qquad (2)$$

式中:

X——校正死亡率,单位为百分率(%);

P_t——处理组供试工蚁死亡率;

P_0——对照组供试工蚁死亡率。

4.2 毒力指标计算

使用 SPSS、SAS、DPS 等统计分析与数据处理软件计算致死中量(LD_{50})(单位为 μg/头)与致死中浓度(LC_{50})(单位为 mg/L)。

5 试验结果与报告编写

根据试验结果进行分析评价,写出正式试验报告,并列出原始数据。

ICS 65.100.01
B 17

中华人民共和国农业行业标准

NY/T 1153.2—2013
代替 NY/T 1153.2—2006

农药登记用白蚁防治剂药效试验方法及评价 第2部分:农药对白蚁毒效传递的室内测定

Efficacy test method and evaluation of insecticides for termite control for pesticide registration Part 2:Method of laboratory efficacy test for pesticide toxicity transmission between termites

2013-05-20 发布　　　　2013-08-01 实施

中华人民共和国农业部　发布

前　言

NY/T 1153《农药登记用白蚁防治剂药效试验方法及评价》为系列标准：

——第1部分：农药对白蚁的毒力与实验室药效；

——第2部分：农药对白蚁毒效传递的室内测定；

——第3部分：农药土壤处理预防白蚁；

——第4部分：农药木材处理预防白蚁；

——第5部分：饵剂防治白蚁；

——第6部分：农药滞留喷洒防治白蚁；

——第7部分：农药喷粉处理防治白蚁。

本部分是《农药登记用白蚁防治剂药效试验方法及评价》的第2部分。

本部分按照GB/T 1.1—2009给出的规则起草。

本部分代替NY/T 1153.2—2006《农药登记用白蚁防治剂药效试验方法及评价　第2部分：农药对白蚁毒效传递的室内测定》。

本部分与NY/T 1153.2—2006相比主要变化如下：

——修订了标题，由毒力传递改为毒效传递的室内测定；

——修订了术语和定义，删除原术语，增加接触传递和胃毒传递定义；

——修订了供试白蚁种类，删除了散白蚁属；

——增加了供试药剂条款，为粉剂或饵剂；

——修订了测试条件，湿度由(70±5)%改为(80±5)%；

——修订了测定方法，分为接触传递测定和胃毒传递测定；

——删除了现场试验内容；

——修订了药效评价指标，由传递次数调整为二次中毒白蚁死亡数。

本部分由中华人民共和国农业部提出并归口。

本部分主要起草单位：农业部农药检定所、全国白蚁防治中心。

本部分主要起草人：宋晓刚、朱春雨、张文君、王晓军、吴新平、李贤宾、曹艳。

本部分所代替标准的历次版本发布情况为：

——NY/T 1153.2—2006。

农药登记用白蚁防治剂药效试验方法及评价 第2部分:农药对白蚁毒效传递的室内测定

1 范围

本部分规定了白蚁防治剂对白蚁毒效传递的室内药效测定的试验方法及评价标准。

本部分适用于农药登记白蚁防治剂对白蚁毒效传递的室内药效的测定和评价。

2 术语和定义

下列术语和定义适用于本文件。

2.1

接触传递 contact transmission

白蚁个体接触到药剂后,通过身体接触将药剂传递给同一巢群其他个体的毒性传递方式。

2.2

胃毒传递 stomach transmission

白蚁工蚁取食饵剂后,通过交哺行为和食尸行为将药剂传递给同一巢群其他个体的毒性传递方式。

3 试验方法

3.1 供试白蚁

台湾乳白蚁 *Coptotermes formosanus* Shiraki 健康、个体均匀一致的工蚁和兵蚁。

试验用白蚁应在室内用马尾松木块饲养1周以上,试验时应称重,记录每克白蚁的个体数。

3.2 供试药剂

粉剂或饵剂。

3.3 测试条件

温度:(27±1)℃;湿度:(80±5)%。

3.4 仪器设备

3.4.1 烧杯。

3.4.2 培养皿。

3.4.3 移液管。

3.4.4 指形管。

3.4.5 分析天平(精确到0.1 mg)。

3.5 试验步骤

3.5.1 试验装置及准备

试验装置采用2个内径50 mm、高50mm的玻璃或PVC圆杯,在离底部5 mm的部位用内径6 mm、长50 mm的玻璃管或软管连接(图1)。

试验前,在试验装置的2个圆筒内,分别铺放过250 μm筛厚5 mm的细沙或蛭石,并加水湿润。

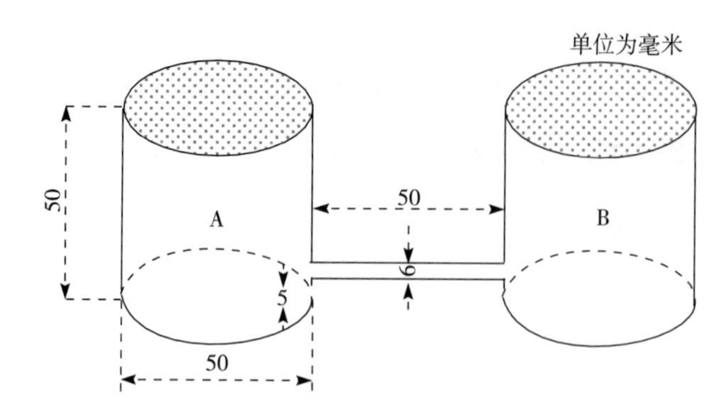

图 1 白蚁药效传递室内试验装置

3.5.2 白蚁染色处理

将直径为 90 mm 的滤纸浸入 0.5%中性红水溶液(需现配现用)中,10 s 后取出,置于直径为 90 mm 的培养皿内,供白蚁取食 48 h。

3.5.3 测试方法

3.5.3.1 接触传递的测定

在试验装置的 A 圆杯内放入 100 头工蚁、兵蚁 10 头和一片 1 cm^2 滤纸。24 h 后,用分析天平准确称取 20 mg 测试药剂的粉剂放入直径为 10 mm、长 100 mm 的指形管内,将 20 头已染色的健康工蚁移入指形管内,轻轻转动指形管,让所有白蚁个体体表粘上药粉。选择 10 头粘有药粉的白蚁引入试验装置的 B 圆杯内。对照组则引入 10 头未经处理的工蚁。

用细纱网或有针孔的铝箔将试验装置的圆杯盖住,然后将试验装置移入测试条件下的恒温恒湿培养箱内。每隔 24 h,观察、记录未染色白蚁工蚁的死亡数,白蚁兵蚁的死亡数不进行统计。试验处理组白蚁工蚁死亡数连续 3 d 不再变化时,试验结束。

每处理设 3 个重复。当对照组的工蚁死亡率超过 10%时,测试应重新进行。

3.5.3.2 胃毒传递的测定

在 ϕ90 mm 的培养皿底部,铺放处理过的 10 g 细沙或 5 g 蛭石,并加水湿润。中央放一块直径为 30 mm、厚度为 2 mm 的玻璃片,在玻璃片中央放置 0.5 g 饵剂。在培养皿内放入 100 头健康的白蚁工蚁,让白蚁自由取食饵剂。24 h 后,将活动正常的 50 头白蚁,移至另一清洁、垫有湿润滤纸且放有 50 头工蚁、5 头兵蚁的培养皿(ϕ90 mm)内,将培养皿盖上盖放入恒温恒湿培养箱内饲养。每隔 24 h,观察、记录白蚁工蚁的死亡数,白蚁兵蚁的死亡数不进行统计。试验处理组白蚁工蚁死亡数连续 3d 不再变化时试验结束(根据药剂特性,可延长观察时间)。

设 3 个重复,以马尾松木块为空白对照。当空白对照组工蚁死亡率超过 10%时,测试应重新进行。

4 结果计算

4.1 死亡率计算公式

按式(1)计算死亡率,以百分率(%)表示。

$$P=\frac{M}{N}\times 100 \cdots\cdots (1)$$

式中:

P ——死亡率,单位为百分率(%);

M——死亡工蚁个体数;

N——供试工蚁总虫数。

当对照组白蚁工蚁出现死亡时,按式(2)计算校正死亡率,以百分率(%)表示。

$$X = \frac{P_t - P_0}{1 - P_0} \times 100 \quad \cdots\cdots (2)$$

式中：

X——校正死亡率，单位为百分率(%)；

P_t——处理组供试工蚁死亡率；

P_0——对照组供试工蚁死亡率。

4.2 平均死亡率的计算公式

用式(3)计算平均死亡率，以百分率(%)表示。

$$P_a = \frac{\sum P_t}{N_c} \times 100 \quad \cdots\cdots (3)$$

式中：

P_a——平均死亡率，单位为百分率(%)；

N_c——处理组数。

5 药效评价指标

评价指标见表1。

表1 评价指标

传递方式	合 格	不合格
接触传递	处理组白蚁工蚁的平均死亡率≥95%	处理组白蚁工蚁的平均死亡率<95%
胃毒传递	处理组白蚁工蚁的平均死亡率≥95%	处理组白蚁工蚁的平均死亡率<95%

6 试验结果与报告编写

根据试验结果进行分析评价，写出正式试验报告，并列出原始数据。

ICS 65.100.01
B 17

中华人民共和国农业行业标准

NY/T 1153.3—2013
代替 NY/T 1153.3—2006

农药登记用白蚁防治剂药效试验方法及评价 第3部分:农药土壤处理预防白蚁

Efficacy test method and evaluation of insecticides for termite control for pesticide registration
Part 3:Method of efficacy test of termiticides for soil treatment

2013-05-20 发布　　2013-08-01 实施

中华人民共和国农业部　发布

前　言

NY/T 1153《农药登记用白蚁防治剂药效试验方法及评价》为系列标准：

——第1部分：农药对白蚁的毒力与实验室药效；

——第2部分：农药对白蚁毒效传递的室内测定；

——第3部分：农药土壤处理预防白蚁；

——第4部分：农药木材处理预防白蚁；

——第5部分：饵剂防治白蚁；

——第6部分：农药滞留喷洒防治白蚁；

——第7部分：农药喷粉处理防治白蚁。

本部分是《农药登记用白蚁防治剂药效试验方法及评价》的第3部分。

本部分按照GB/T 1.1—2009给出的规则起草。

本部分代替NY/T 1153.3—2006《农药登记用白蚁防治剂药效试验方法及评价　第3部分：农药土壤处理预防白蚁》。

本部分与NY/T 1153.3—2006相比主要变化如下：

——修订了标题，由防治改为预防；

——修订了术语和定义，由驱避作用改为驱避性药剂和非驱避性药剂定义；

——修订了供试白蚁种类，删除了散白蚁属；

——修订了测试条件，湿度由(70±5)%改为(80±5)%；

——修订了室内试验方法，删除药膜法，增加土壤样品的风化处理及测定内容，改进试验装置；

——修订了野外试验方法和步骤，删除暴露试验内容，观察时间由每12个月观察1次，至少观察4次修改为连续观察24个月。第3个月检查第一次，第12个月检查第二次，第24个月检查第三次；

——修订了药效评价指标。

本部分由中华人民共和国农业部提出并归口。

本部分主要起草单位：农业部农药检定所、全国白蚁防治中心。

本部分主要起草人：宋晓刚、朱春雨、张文君、王晓军、吴新平、李贤宾、曹艳。

本部分所代替标准的历次版本发布情况为：

——NY/T 1153.3—2006。

农药登记用白蚁防治剂药效试验方法及评价 第3部分：农药土壤处理预防白蚁

1 范围

本部分规定了喷洒用白蚁防治剂处理土壤预防白蚁的药效试验方法及评价标准。

本部分适用于农药登记喷洒用白蚁防治剂处理土壤预防白蚁的药效测定和评价。

2 术语和定义

下列术语和定义适用于本文件。

2.1

驱避性药剂 repellency pesticide

含有某种白蚁忌避的活性化学物质，使白蚁不能接近处理部位的药剂。

2.2

非驱避性药剂 nonrepellency pesticide

不含有白蚁忌避的活性化学物质，但其含有的活性化学成分能通过触杀、胃毒等作用，阻止白蚁进入处理部位的药剂。

3 室内试验方法

3.1 供试白蚁

台湾乳白蚁 *Coptotermes formosanus* Shiraki 健康、个体均匀一致的工蚁和兵蚁。

试验用白蚁应在室内用马尾松木块饲养1周以上，试验时应称重，记录每克白蚁的个体数。

3.2 测试条件

温度：(27±1)℃；湿度：(80±5)%。

3.3 仪器设备

3.3.1 容量瓶。

3.3.2 移液管。

3.3.3 培养皿。

3.3.4 烧杯。

3.3.5 玻璃管。

3.3.6 分析天平(精确到0.1 mg)。

3.3.7 恒温培养箱。

3.3.8 恒温干燥箱。

3.3.9 微波炉。

3.4 试验步骤

3.4.1 将过250 μm筛的沙壤土放入恒温干燥箱，在(60±1)℃条件下，保持48 h后取出备用。

3.4.2 待测药剂用蒸馏水配制成测定浓度。按用药量25 L/m^3(药液体积与土壤体积之比)计，在烧杯内拌匀配制药土。将药剂与土壤充分混拌后，在室内放置1周后作为供试处理药土。

3.4.3 将供试处理药土分两组按两种方法处理：

a) 将供试处理药土放入(54±1)℃条件下恒温 2 周，称为风化土壤；

b) 将供试处理药土一直置于室温下 2 周，称为未风化土壤。

3.4.4 在供试处理药土内按 300 L/m^3 的量加入蒸馏水后充分混拌后待测。

3.4.5 试验容器采用 2 个内径为 50 mm、高 80 mm 的玻璃圆杯，在离底部 10 mm 的部位用内径 15 mm、长 100 mm 的玻璃管(除去两端重叠的部分，在中间透明长 50 mm 的部位上刻刻度)连接(图 1)。

单位为毫米

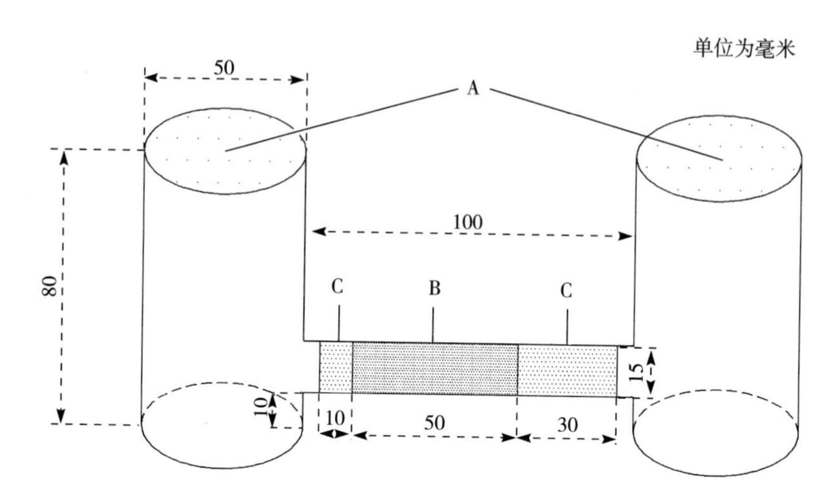

说明：

A——防止水分蒸发的铝箔；

B——含一定浓度药剂的土壤；

C——琼脂。

图 1 抗穿透能力测定装置

3.4.6 在直径 15 mm、长 100 mm 的玻璃管内，在两段 5%的琼脂之间(一段长 10 mm，另一段长 30 mm)，分别装入供试处理药土制成的长 50 mm 药土柱。在左右两圆杯中各铺设 10 mm 厚的细沙或蛭石，并加水湿润。在右边圆筒内放入工蚁 200 头、兵蚁 20 头，左边圆杯内放入马尾松木块，用铝箔封口，铝箔用针扎 5 个小孔。

3.4.7 将装置连接好后放置于恒温恒湿的黑暗条件下观察，每天观察 1 次，连续观察 7 d。记录白蚁穿越药土的距离及工蚁的最终死亡数，兵蚁数量不进行统计。

设 5 个测定浓度和空白对照，试验重复 3 次。空白对照组工蚁死亡率超过 10%，测试应重新进行。

4 野外试验方法

4.1 现场条件

选择一定区域的林地或绿化地，在区域内有乳白蚁 *Coptotermes* sp.、散白蚁 *Reticulitermes* sp. 或土白蚁 *Odontotermes* sp. 中的任意一个种类白蚁分布，白蚁密度较大、活动频繁、为害较为严重。

4.2 仪器与材料

4.2.1 手动喷洒器。

4.2.2 量筒。

4.2.3 野外试验用箱型容器：内部尺寸长×宽×高为 450 mm×450 mm×275 mm；外部尺寸长×宽×高为 500 mm×500 mm×300 mm，容器壁厚 25 mm，顶部中央的观察圆孔直径为 150 mm(图 2)。

单位为毫米

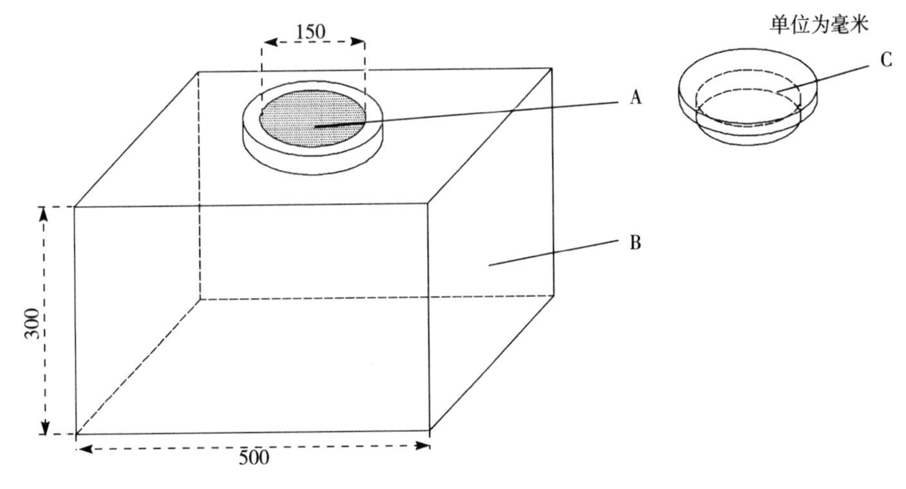

说明：

A——观察孔；

B——箱体；

C——观察孔盖。

图 2 野外试验用箱型容器

4.2.4 松木块(150 mm×150 mm×30 mm)。

4.3 试验步骤

4.3.1 将松木块(150 mm×150 mm×30 mm)经高温灭菌后置于室内风干备用。

4.3.2 在试验场地的林地或绿化地内，除去土壤表面的枯枝落叶和杂草，暴露土层，整理出 500 mm×500 mm 的样地，每样地间距不小于 1 m。

4.3.3 将待测药剂用蒸馏水配制成测定浓度，用手动喷洒器将药液喷洒在土壤表面，充分渗透。按 3 L/m^2的剂量喷洒施药。将松木块 2 块重叠放置在样地中央。用野外试验用箱型容器直接覆盖，并进入土中 50 mm(图 3)。

4.3.4 设 3 个测试浓度和空白对照组，试验设 3 个重复，连续观察 24 个月。第 3 个月检查第一次，第 12 个月检查第二次，第 24 个月检查第三次，观察记录样地内木块受白蚁危害及箱型容器内白蚁活动的情况。当观察到箱型容器内的松木块被蛀食或白蚁在箱形容器内经药剂处理的土壤中构筑泥线泥被时结束试验。

如空白对照组 3 个月内无白蚁蛀食现象，则应变更试验地点。试验时间从试验重新开始之日起计算。

单位为毫米

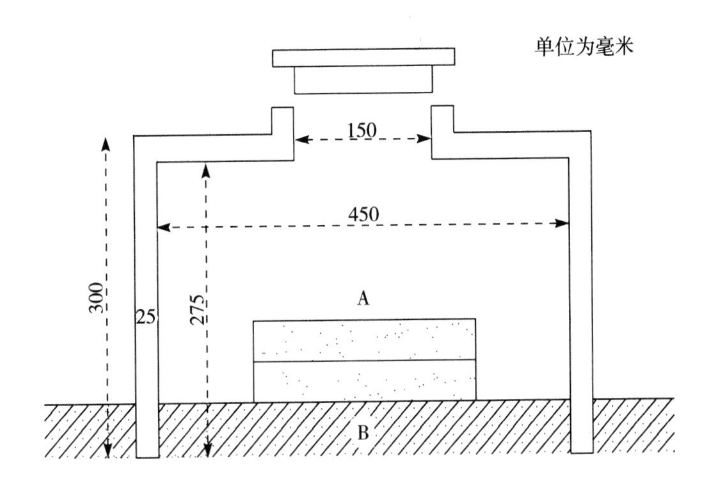

说明：

A——马尾松木块；

B——处理土壤。

图 3 设置方法图示

5 结果计算

5.1 计算公式

按式(1)计算死亡率,以百分率(%)表示。

$$P = \frac{M}{N} \times 100 \qquad (1)$$

式中:

P——死亡率,单位为百分率(%);

M——死亡工蚁个体数;

N——供试工蚁总虫数。

当对照组白蚁工蚁出现死亡时,按式(2)计算校正死亡率,以百分率(%)表示。

$$X = \frac{P_t - P_0}{1 - P_0} \times 100 \qquad (2)$$

式中:

X——校正死亡率,单位为百分率(%);

P_t——处理组供试工蚁死亡率;

P_0——对照组供试工蚁死亡率。

5.2 室内土壤处理预防白蚁效果

室内土壤处理预防白蚁效果及代表值见表1。

表1 室内土壤处理预防白蚁效果及代表值

代表值	预防白蚁效果	
	驱避性	非驱避性
A	白蚁对风化土壤和未风化土壤均无进入或稍有进入但距离≤10 mm	白蚁对风化土壤和未风化土壤均有进入(距离>10 mm)或穿越,但白蚁死亡率(P)≥95%
B	白蚁对风化土壤或未风化土壤进入距离>10 mm	白蚁对风化土壤或未风化土壤进入距离>10 mm,且白蚁死亡率(P)<95%

5.3 野外土壤处理预防白蚁效果

野外土壤处理预防白蚁效果及代表值见表2。

表2 野外土壤处理预防白蚁效果及代表值

级 别	野外试验用箱型容器内白蚁活动情况
Ⅰ	试验木块未被白蚁蛀食,处理土壤表面无泥线、泥被
Ⅱ	试验木块被蛀食或处理土壤表面有泥线、泥被

6 药效评价指标

药效评价指标见表3。

表3 药效评价指标

合 格	不 合 格
室内试验,预防白蚁效果代表值为A;且野外试验,预防白蚁效果代表值为Ⅰ	室内试验的预防白蚁效果代表值为B,或野外试验的预防白蚁效果代表值为Ⅱ

7 试验结果与报告编写

根据试验结果进行分析评价，写出正式试验报告，并列出原始数据。

ICS 65.100.01
B 17

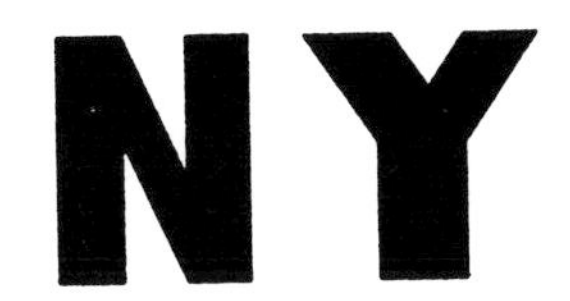

中华人民共和国农业行业标准

NY/T 1153.4—2013
代替 NY/T 1153.4—2006

农药登记用白蚁防治剂药效试验方法及评价 第4部分:农药木材处理预防白蚁

Efficacy test method and evaluation of insecticides for termite control for pesticide registration
Part 4:Method of efficacy test of termiticides for wood treatment

2013-05-20 发布　　　　2013-08-01 实施

中华人民共和国农业部 发布

前　言

NY/T 1153《农药登记用白蚁防治剂药效试验方法及评价》为系列标准：

——第1部分：农药对白蚁的毒力与实验室药效；

——第2部分：农药对白蚁毒效传递的室内测定；

——第3部分：农药土壤处理预防白蚁；

——第4部分：农药木材处理预防白蚁；

——第5部分：饵剂防治白蚁；

——第6部分：农药滞留喷洒防治白蚁；

——第7部分：农药喷粉处理防治白蚁。

本部分是《农药登记用白蚁防治剂药效试验方法及评价》的第4部分。

本部分按照GB/T 1.1—2009给出的规则起草。

本部分代替NY/T 1153.4—2006《农药登记用白蚁防治剂药效试验方法及评价　第4部分：农药木材处理预防白蚁》。

本部分与NY/T 1153.4—2006相比主要变化如下：

——修订了标题，由防治改为预防；

——修订了术语和定义，删除定时记录和死亡的术语，增加触杀性、非触杀性和抗流失性定义；

——修订了供试白蚁种类，删除了散白蚁属；

——修订了测试条件，湿度由(70±5)%改为(80±5)%；

——修订了室内试验方法，删除药膜法，增加对木块涂刷和老化处理及测定内容；

——修订了野外试验方法和步骤，观察时间由每12个月观察1次，至少观察48个月修改为连续观察24个月。第3个月检查第一次，第12个月检查第二次，第24个月检查第三次；

——修订了药效评价指标。

本部分由中华人民共和国农业部提出并归口。

本部分主要起草单位：农业部农药检定所、全国白蚁防治中心。

本部分主要起草人：宋晓刚、朱春雨、张文君、王晓军、吴新平、李贤宾、曹艳。

本部分所代替标准的历次版本发布情况为：

——NY/T 1153.4—2006。

农药登记用白蚁防治剂药效试验方法及评价 第4部分：农药木材处理预防白蚁

1 范围

本部分规定了涂刷或喷洒、浸渍用白蚁防治剂处理木材预防白蚁的药效试验方法及评价标准。

本部分适用于农药登记涂刷或喷洒、浸渍用白蚁防治剂处理木材预防白蚁药效的测定和评价。

2 术语和定义

下列术语和定义适用于本文件。

2.1

触杀性 contact poisoning

白蚁接触药剂后，药剂经体壁进入体内到达靶标部位，通过毒杀或致死作用使白蚁中毒死亡的特性。

2.2

非触杀性 non-contact poisoning

白蚁取食少量含有药剂的木材后，药剂通过胃毒作用使白蚁中毒死亡或通过拒食作用使白蚁不再取食的特性。

2.3

抗流失性 leaching resistance

药剂与木材有较好的结合程度，木材中的药剂活性成分在水的淋溶作用下不容易流失。

3 室内试验方法

3.1 供试白蚁

台湾乳白蚁 *Coptotermes formosanus* Shiraki 健康、个体均匀一致的工蚁和兵蚁。

试验用白蚁应在室内用马尾松木块饲养1周以上，试验时应称重，记录每克白蚁的个体数。

3.2 测试条件

温度：(27±1)℃；湿度：(80±5)%。

3.3 仪器设备

3.3.1 容量瓶。

3.3.2 移液管。

3.3.3 培养皿。

3.3.4 恒温恒湿培养箱。

3.3.5 恒温干燥箱。

3.3.6 天平(0.1 mg)。

3.3.7 玻璃棒。

3.3.8 烧杯(500 mL)。

3.4 试验步骤

3.4.1 供试木块的药剂处理

3.4.1.1 将药剂按推荐的稀释剂及浓度配制成测试浓度的药液，设5个测定浓度和空白对照。

3.4.1.2 将马尾松木块(50 mm×50 mm×10 mm)置于恒温干燥箱内，在(60±1)℃条件下，保持24 h，取出备用。

3.4.1.3 试验用的木块分两组按涂刷和浸渍两种方法进行处理：

a) 涂刷法：用毛刷分二次或二次以上，按照200 mL/m² 的剂量均匀涂刷在木块表面制成供试木块，将供试木块在室温状态下放置7 d后待用；

b) 浸渍法：将木块置于测试浓度的药液中，浸泡24 h后取出，在室温状态下放置7 d后待用。

3.4.2 供试木块的老化处理

将已在室温状态下放置1周后的供试木块，分两组按两种方法进行处理：

a) 将供试木块放入(54±1)℃条件下恒温2周，进行老化处理；

b) 将供试木块一直置于室温下2周，作为未老化处理。

3.4.3 抗蛀性的测定

在烧杯(500 mL)中放置过250 μm筛细沙或蛭石(高度至100 mL)，其表面平行放置2根玻璃棒，向烧杯内加蒸馏水35 mL，把处理木块置于玻璃棒上。投入白蚁工蚁1 g和兵蚁30头。将烧杯加盖后黑暗、恒温恒湿放置4周。最终观察记录工蚁死亡数。

试验过程中观察烧杯内湿润情况，定期滴加蒸馏水。

试验结束，将木块清理干净，观察危害情况，记录每一木块的完好值。

试验重复3次。如空白对照的白蚁工蚁死亡率超过10%，测试应重新进行。

4 野外试验

4.1 现场条件

选择一定区域的林地或绿化地，在区域内有乳白蚁 *Coptotermes* sp.、散白蚁 *Reticulitermes* sp. 或土白蚁 *Odontotermes* sp. 中的任意一个或几个种类白蚁分布，白蚁密度较大、活动频繁、危害较为严重。

4.2 仪器与材料

4.2.1 野外试验用箱型容器，内部尺寸：长×宽×高为450 mm×450 mm×275 mm，外部尺寸：长×宽×高为500 mm×500 mm×300 mm，容器壁厚25 mm，顶部中央的观察圆孔直径为150mm(图1)。

单位为毫米

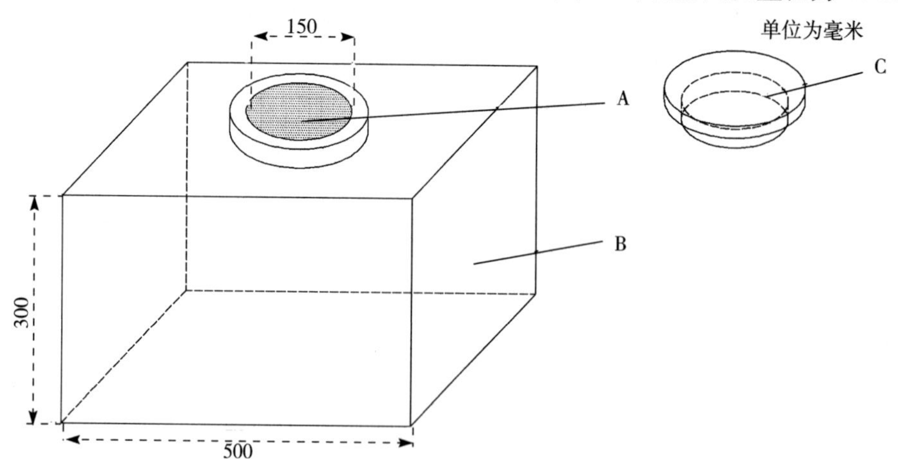

说明：
A——观察孔；
B——箱体；
C——观察孔盖。

图1 野外试验用箱型容器

4.2.2 松木块(50 mm×50 mm×150 mm)。

4.3 试验步骤

4.3.1 供试木块的制备

4.3.1.1 将药剂按推荐的稀释剂及浓度配制成测试浓度的药液,设5个测定浓度和空白对照。

4.3.1.2 将马尾松木块(50 mm×50 mm×150 mm)置于恒温干燥箱内,在(60±1)℃条件下,保持24 h,取出备用。

4.3.1.3 试验用的松木块分两组按涂刷和浸渍两种方法进行处理:

a) 涂刷法:用毛刷分二次或二次以上,按照200 mL/m^{2}的剂量均匀涂刷松木块制成供试木块,将供试木块在室温状态下放置1周后待用;

b) 浸渍法:将木块置于测试浓度的药液中,浸泡24 h后取出,在室温状态下放置1周后待用。

4.3.2 抗白蚁蛀食效果测定

4.3.2.1 根据测试药剂的抗流失性,分不同方法进行试验。

a) 抗流失药剂试验:将供试木块竖直插入或埋入土壤中,插入土壤深度为100 mm,供试木块间隔不小于50 mm。

b) 非抗流失药剂试验:将试验点地面平整后,先水平放置一块大小为150 mm×50 mm的钢网(厚度约2 mm),再在其上放置处理木块,确保处理木块不直接接触土壤。供试木块的放置可分两行,每行3块木块,供试木块间隔不小于50 mm。

4.3.2.2 最后加盖野外试验用箱型容器。不同处理试验点间距不小于1 m。试验重复3次。连续观察24个月。第3个月检查第一次,第12个月检查第二次,第24个月检查第三次,观察记录样地内木块受白蚁危害情况。

4.3.2.3 试验结束,将木块清理干净,观察危害情况,记录每一木块的完好值。空白对照组的木块平均完好值>70,试验应重做。

4.3.2.4 如空白对照组3个月内无白蚁蛀食现象,则应变更试验地点,试验时间从试验重新开始之日起计算。

5 结果计算

5.1 计算方法

按式(1)计算死亡率,以百分率(%)表示。

$$P = \frac{M}{N} \times 100 \qquad (1)$$

式中:

P ——死亡率,单位为百分率(%);

M——死亡工蚁个体数;

N——供试工蚁总虫数。

当对照组白蚁工蚁出现死亡时,按式(2)计算校正死亡率,以百分率(%)表示。

$$X = \frac{P_t - P_0}{1 - P_0} \times 100 \qquad (2)$$

式中:

X ——校正死亡率,单位为百分率(%);

P_t——处理组供试工蚁死亡率;

P_0——对照组供试工蚁死亡率。

按式(3)计算平均完好值。

$$I=\frac{\sum fY}{F} \qquad (3)$$

式中：

I——平均完好值；

f——每一完好值对应的木块数；

Y——完好值；

F——总木块数。

空白对照组的木块平均完好值＞70时，试验应重做。

5.2 木材处理预防白蚁效果

5.2.1 完好值标准见表1。

表1 完好值标准表

供试木块受白蚁危害情况	完好值，Y
完好：无白蚁蛀食痕迹	100
表面轻微受蛀：深度≤1mm(室内)；深度≤5mm(野外)	90
轻度受蛀：1mm＜深度≤3mm(室内)；5mm＜深度≤15mm(野外)	70
中度受蛀：3mm＜深度≤5mm(室内)；15mm＜深度≤25mm(野外)	50
严重受蛀：5mm＜深度＜10mm(室内)；25mm＜深度＜50mm(野外)	30
被蛀穿：深度≥10mm(室内)；深度≥50mm(野外)	0

5.2.2 室内抗蛀性效果及代表值见表2。

表2 室内抗蛀性效果及代表值

代表值	抗白蚁蛀食效果	
	触杀性	非触杀性
A	P≥95%且老化处理和未老化处理的木块平均完好值(Y)均为100	P≥95%且老化处理和未老化处理的木块平均完好值(Y)均≥90
B	P＜95%或老化处理、未老化处理木块的平均完好值(Y)只要有一个＜100	P＜95%或老化处理、未老化处理木块的平均完好值(Y)只要有一个＜90

6 评价指标

评价指标见表3。

表3 评价指标

合　格	不 合 格
室内试验：抗蛀性效果代表值为A；且野外试验：木块平均完好值(Y)≥90	室内试验：抗蛀性效果代表值为B，或野外试验：木块平均完好值(Y)＜90

7 试验结果与报告编写

根据试验结果进行分析评价，写出正式试验报告，并列出原始数据。

ICS 65.100.01
B 17

中华人民共和国农业行业标准

NY/T 1153.5—2013
代替 NY/T 1153.5—2006

农药登记用白蚁防治剂药效试验方法及评价 第5部分:饵剂防治白蚁

Efficacy test method and evaluation of insecticides for termite control for pesticide registration
Part 5: Method of efficacy test of baits for termite control

2013-05-20 发布　　2013-08-01 实施

中华人民共和国农业部　发布

前　　言

NY/T 1153《农药登记用白蚁防治剂药效试验方法及评价》为系列标准：

——第1部分：农药对白蚁的毒力与实验室药效；

——第2部分：农药对白蚁毒效传递的室内测定；

——第3部分：农药土壤处理预防白蚁；

——第4部分：农药木材处理预防白蚁；

——第5部分：饵剂防治白蚁；

——第6部分：农药滞留喷洒防治白蚁；

——第7部分：农药喷粉处理防治白蚁。

本部分是《农药登记用白蚁防治剂药效试验方法及评价》的第5部分。

本部分按照GB/T 1.1—2009给出的规则起草。

本部分代替NY/T 1153.5—2006《农药登记用白蚁防治剂药效试验方法及评价　第5部分：饵剂防治白蚁》。

本部分与NY/T 1153.5—2006相比主要变化如下：

——修订了术语和定义，删除蚁巢、泥被和蚁道的术语，增加昆虫生长调节剂、巢群和监测站定义；

——修订了供试白蚁种类，删除了散白蚁属；

——修订了测试条件，湿度由(70±5)%改为(80±5)%；

——修订了室内试验方法，删除强迫取食试验，修订了引诱试验测定方法；

——修订了野外试验方法和步骤，采用监测站测试；

——修订了药效评价指标。

本部分由中华人民共和国农业部提出并归口。

本部分主要起草单位：农业部农药检定所、全国白蚁防治中心。

本部分主要起草人：宋晓刚、朱春雨、张文君、王晓军、吴新平、李贤宾、曹艳。

本部分所代替标准的历次版本发布情况为：

——NY/T 1153.5—2006。

农药登记用白蚁防治剂药效试验方法及评价 第5部分：饵剂防治白蚁

1 范围

本部分规定了白蚁防治饵剂防治白蚁的药效试验方法及评价标准。

本部分适用于农药登记白蚁防治饵剂防治白蚁的药效测定和评价。

2 术语和定义

下列术语和定义适用于本文件。

2.1

昆虫生长调节剂　insect growth regulator

药剂不直接杀死昆虫，而是在昆虫个体发育时期阻碍或干扰正常发育，使昆虫个体生活能力降低、死亡，进而使种群灭绝。

2.2

巢群　colony

生活在同一巢内的所有白蚁个体的统称。

2.3

监测站　monitoring station

监测白蚁活动的装置。

3 室内试验方法

3.1 供试白蚁

台湾乳白蚁 *Coptotermes formosanus* Shiraki 健康、个体均匀一致的工蚁和兵蚁。

试验用白蚁应在室内用马尾松木块饲养1周以上，试验时应称重，记录每克白蚁的个体数。

3.2 测试条件

温度：(27±1)℃；湿度：(80±5)%。

3.3 仪器

3.3.1 培养皿。

3.3.2 分析天平。

3.4 试验步骤

3.4.1 试验装置采用3个内径50 mm、高50 mm的玻璃圆杯或PVC圆杯，在离底部5 mm的部位用内径6 mm、长50 mm的玻璃管或塑料管连接(图1)。

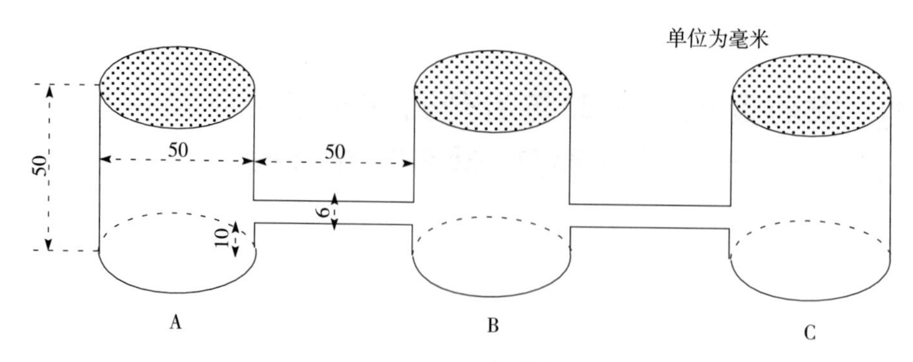

图1 室内试验装置

3.4.2 试验前，在试验装置的三个圆杯内，分别铺放厚度 5 mm 过 250 μm 筛的细沙或蛭石，并加水湿润。然后，在 A、C 两个圆杯内的细砂或蛭石表面中央，各放置一块直径为 30 mm、厚度为 2 mm 的玻璃片。

3.4.3 试验时，准确称取 1.0 g 饵剂放于试验装置 A 圆杯内的玻璃板中央，准确称取松木块 1.0g 放于试验装置 C 圆杯内的玻璃板中央。将 2.0 g 健康工蚁、50 头兵蚁引入试验装置 B 圆杯内。用细纱网或有针孔的铝箔将试验装置的 A、B、C 各圆杯盖住，然后将试验装置移入测试条件下的恒温恒湿培养箱内。每隔 24 h 观察白蚁工蚁死亡情况，30 d 后记录工蚁死亡数，兵蚁数量不进行统计。若饵剂的活性成分为昆虫生长调节剂或微生物，观察时间可适当延长至 60 d。

3.4.4 检查过程中，若饵剂被取食完而白蚁尚未全部死亡，则以每次添加 0.5 g 饵剂的方式继续试验，并根据需要滴加适量的蒸馏水保持细沙或蛭石的湿度。

试验重复 3 次。以松木块为空白对照。空白对照组工蚁死亡率超过 15%时，测试应重新进行。

4 野外试验方法

4.1 供试白蚁种类

台湾乳白蚁 *Coptotermes formosanus* Shiraki 和黑翅土白蚁 *Odontotermes formosanus* Shiraki。

4.2 现场条件

试验应选择在建筑物周围的绿化带或公园、林地、行道树等处进行。每个地点应至少有两巢白蚁，一巢用于饵剂防治效果测试，另一巢作为对照。

4.3 试验步骤

4.3.1 白蚁活动期，在试验场地按照间距不少于 0.5 m 的方式设置 5 只以上的监测站。发现有白蚁取食时，取其中 1 只白蚁较多的监测站内的白蚁(工蚁数量不少于 200 头)，带回实验室进行染色处理，待白蚁染色后放回原监测站内。

4.3.2 至少 2 只监测站内均有染色的白蚁个体出现时，选择有染色白蚁的其中 1 只监测站继续放置松木块作为对照观察，而在其他有染色白蚁的监测站内投放已称重的饵剂。

4.3.3 每隔 1 个月检查已发现有染色白蚁监测站内饵剂或松木块的消耗情况和白蚁的活动、中毒、死亡情况。检查过程中，若发现饵剂已被白蚁全部消耗而白蚁仍十分活跃时，则继续投放饵剂(投放前称重)。

4.3.4 如果投放饵剂和未投放饵剂的所有监测站内连续 3 个月均无白蚁前来觅食，而检查时的气候条件满足白蚁活动要求且对照巢的白蚁觅食活动仍十分活跃时，即视作该巢白蚁已被饵剂全部灭杀。

每种饵剂至少处理 3 巢台湾乳白蚁或黑翅土白蚁。

5 结果计算

按式(1)计算死亡率，以百分率(%)表示：

$$P = \frac{M}{N} \times 100 \quad \cdots\cdots (1)$$

式中：

P——死亡率，单位为百分率(%)；

M——死亡工蚁个体数；

N——供试工蚁总虫数。

当对照组白蚁工蚁出现死亡时，按式(2)计算校正死亡率，以百分率(%)表示：

$$X = \frac{P_t - P_0}{1 - P_0} \times 100 \quad \cdots\cdots (2)$$

式中：

X——校正死亡率，单位为百分率(%)；

P_t——处理组供试工蚁死亡率，单位为百分率(%)；

P_0——对照组供试工蚁死亡率，单位为百分率(%)。

6 药效评价指标

药效评价指标见表1。

表1 评价指标

合　　格	防治对象
室内试验：白蚁死亡率≥95% 野外试验：3巢台湾乳白蚁和3巢黑翅土白蚁全部被灭杀	白蚁
室内试验：白蚁死亡率≥95% 野外试验：3巢乳白蚁被全部灭杀而3巢土白蚁未被全部灭杀	白蚁(不包括土白蚁、大白蚁)

7 试验结果与报告编写

根据试验结果进行分析评价，写出正式试验报告，并列出原始数据。

ICS 65.100.01
B 17

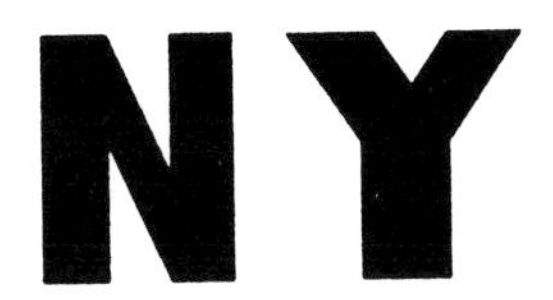

中华人民共和国农业行业标准

NY/T 1153.6—2013
代替 NY/T 1153.6—2006

农药登记用白蚁防治剂药效试验方法及评价 第6部分：农药滞留喷洒防治白蚁

Efficacy test method and evaluation of insecticides for termite control for pesticide registration
Part 6: Method of efficacy test of termiticides for residual spray treatment

2013-05-20 发布　　2013-08-01 实施

中华人民共和国农业部　发布

前　言

NY/T 1153《农药登记用白蚁防治剂药效试验方法及评价》为系列标准：

——第1部分：农药对白蚁的毒力与实验室药效；

——第2部分：农药对白蚁毒效传递的室内测定；

——第3部分：农药土壤处理预防白蚁；

——第4部分：农药木材处理预防白蚁；

——第5部分：饵剂防治白蚁；

——第6部分：农药滞留喷洒防治白蚁；

——第7部分：农药喷粉处理防治白蚁。

本部分是《农药登记用白蚁防治剂药效试验方法及评价》的第6部分。

本部分按照GB/T 1.1—2009给出的规则起草。

本部分代替NY/T 1153.6—2006《农药登记用白蚁防治剂药效试验方法及评价　第6部分：农药滞留喷洒防治白蚁》。

本部分与NY/T 1153.6—2006相比主要变化如下：

——修订了术语和定义，修改为滞留喷洒处理；

——增加了滞留效果观察试验；

——修订了现场应用试验方法，增加林木白蚁防治现场应用试验内容；

——修订了药效评价指标。

本部分由中华人民共和国农业部提出并归口。

本部分主要起草单位：农业部农药检定所、全国白蚁防治中心。

本部分主要起草人：宋晓刚、朱春雨、张文君、王晓军、吴新平、李贤宾、曹艳。

本部分所代替标准的历次版本发布情况为：

——NY/T 1153.6—2006。

农药登记用白蚁防治剂药效试验方法及评价 第6部分:农药滞留喷洒防治白蚁

1 范围

本部分规定了滞留喷洒处理用白蚁防治剂防治房屋、林木白蚁的现场应用试验方法及评价标准。

本部分适用于农药登记滞留喷洒处理用白蚁防治剂防治房屋、林木白蚁现场应用药效的测定和评价。

2 术语和定义

下列术语和定义适用于本文件。

2.1

滞留喷洒处理 residual spray treatment

采用喷洒的方法将白蚁防治剂喷洒到有白蚁活动处或白蚁个体上,达到杀死、驱逐白蚁效果的处理方式。

3 滞留效果观察试验

3.1 供试白蚁种类

台湾乳白蚁 *Coptotermes formosanus* Shiraki、黑胸散白蚁 *Reticulitermes chinensis* Snyder 或黑翅土白蚁 *Odontotermes formosanus*(Shiraki)中的一种或数种。

3.2 材料与设备

3.2.1 气压式手动喷洒器。

3.2.2 喷粉器。

3.2.3 野外试验用箱型容器,内部尺寸:长×宽×高为 450 mm×450 mm×275 mm;外部尺寸:长×宽×高为 500 mm×500 mm×300 mm;容器壁厚 25 mm;顶部中央的观察圆孔直径为 150 mm(图 1)。

3.2.4 松木块(150 mm×150 mm×30 mm)。

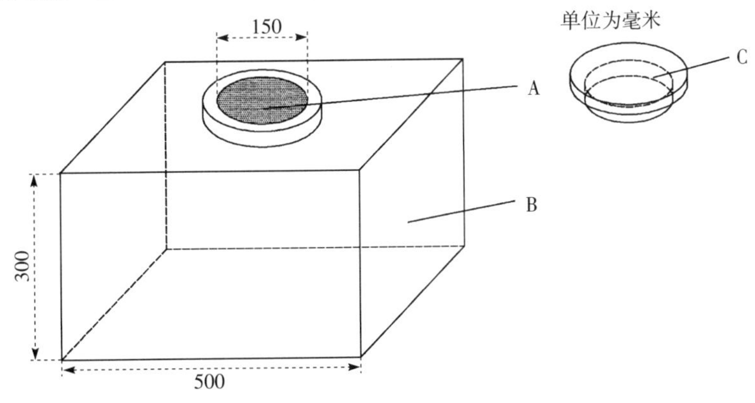

说明:

A——观察孔;

B——箱体;

C——观察孔盖。

图1 野外试验用箱型容器

3.3 试验步骤

3.3.1 在有白蚁严重危害的林地或绿化地内，除去土壤表面的枯枝落叶和杂草，暴露土层，整理出 500 mm×500 mm 的样地，每样地间距 1 m。

3.3.2 用气压式手动喷洒器或喷粉器，按推荐的浓度和剂量将药物均匀喷洒在土壤表面。将松木块 2 块重叠放置在样地中央。以试验用箱型容器直接覆盖，并埋入土中约 5 mm。

3.3.3 设空白对照组，试验设 3 个重复，第 3 个月和第 6 个月分别观察记录试验用箱型容器内木块受白蚁危害及白蚁活动情况。

3.3.4 如空白对照 3 个月内没有发现白蚁危害或白蚁活动，则试验应重做。试验时间从试验重新开始之日起计算。

4 现场应用试验

4.1 房屋白蚁防治处理

4.1.1 场地的选择

有乳白蚁 *Coptotermes* sp.、散白蚁 *Reticulitermes* sp. 或土白蚁 *Odontotermes* sp. 危害严重的房屋建筑，以户或独立间为单位。

4.1.2 设备

4.1.2.1 气压式手动喷洒器。

4.1.2.2 冲击钻。

4.1.2.3 螺丝刀。

4.1.2.4 手电筒。

4.1.3 试验步骤

4.1.3.1 在白蚁活动盛期，检查白蚁危害的种类及具体的危害情况。

4.1.3.2 采用推荐的浓度和剂量，对有白蚁活动的部位，木构件与地面、墙面接触的部位进行药剂喷洒处理，形成一个较完整的药化环境，隔离白蚁取水的途径。

4.1.3.3 施药 1 个月后应进行现场检查，发现仍有白蚁活动时，可继续进行药剂的喷施，再进行检查。第一次施药 12 个月后，检查防治效果。

4.1.3.4 至少设 10 个试验现场（户或独立间），1 个对照现场。对照现场应有白蚁危害，但不进行处理，只观察白蚁活动情况。

4.2 林木白蚁防治处理

4.2.1 场地的选择

有土白蚁属 *Odontotermes* 或大白蚁属 *Macrotermes* 严重危害的林地，林地内的树木表面有较多的泥线泥被等白蚁危害迹象。

4.2.2 设备

4.2.2.1 气压式手动喷洒器。

4.2.2.2 喷粉器。

4.2.3 试验步骤

4.2.3.1 在白蚁活动盛期，选择有明显蚁害迹象的树木，按推荐的浓度及剂量（至少设 3 个剂量）将药剂喷洒在树木根部的四周，形成封闭药土环，每个处理至少 10 株树，设 3 次重复。试验设空白对照。

4.2.3.2 连续观察 6 个月。每月检查一次，观察记录各试点树木受白蚁危害情况。

4.2.3.3 如药剂处理组药土环受自然或人为破坏，则应采取补救措施，并适当延长观察期。空白对照不进行处理，只观察白蚁活动情况。

5 结果计算

5.1 滞留效果

滞留效果见表1。

表1 滞留效果及代表值

级别	野外试验用箱型容器内白蚁活动情况
Ⅰ	试验木块未被白蚁蛀食，处理土壤表面无泥线、泥被
Ⅱ	试验木块被蛀食或处理土壤表面有泥线、泥被

5.2 现场应用效果

按式(1)计算房屋防治效果，以百分率(%)表示。

$$P_h = (1 - \frac{C_b}{C_a}) \times 100 \quad \cdots\cdots (1)$$

式中：

P_h ——房屋防治效果，单位为百分率(%)；

C_b ——防治后白蚁危害的户(间)数；

C_a ——防治前白蚁危害的户(间)数。

按式(2)计算林木防治效果，以百分率(%)表示。

$$P_f = (1 - \frac{T_b}{T_a}) \times 100 \quad \cdots\cdots (2)$$

式中：

P_f ——林木防治效果，单位为百分率(%)；

T_b ——防治后白蚁危害的株率；

T_a ——防治前白蚁危害的株率。

6 评价指标

药效评价指标见表2。

表2 药效评价指标

药　剂	合　格
房屋白蚁防治剂	滞留效果观察试验：防治白蚁效果代表值为Ⅰ；现场应用试验：防治效果 $P_h \geq 90\%$
林木白蚁防治剂	滞留效果观察试验：防治白蚁效果代表值为Ⅰ；现场应用试验：防治效果 $P_f \geq 90\%$

7 试验结果与报告编写

根据试验结果进行分析评价，写出正式试验报告，并列出原始数据。

ICS 65.100
B 17

中华人民共和国农业行业标准

NY/T 1154.16—2013

农药室内生物测定试验准则　杀虫剂 第16部分：对粉虱类害虫活性试验 琼脂保湿浸叶法

Guideline for laboratory bioassay of pesticides
Part 16: Leaf-dipping method for insecticide activity to whitefly

2013-05-20 发布　　2013-08-01 实施

中华人民共和国农业部　发布

前　　言

NY/T 1154《农药室内生物测定试验准则　杀虫剂》为系列标准：

——第1部分：触杀活性试验　点滴法；

——第2部分：胃毒活性试验　夹毒叶片法；

——第3部分：熏蒸活性试验　锥形瓶法；

——第4部分：内吸活性试验　连续浸液法；

——第5部分：杀卵活性试验　浸渍法；

——第6部分：活性试验　浸虫法；

——第7部分：混配的联合作用测定；

——第8部分：滤纸药膜法；

——第9部分：喷雾法；

——第10部分：人工饲料混药法；

——第11部分：稻茎浸渍法；

——第12部分：叶螨玻片浸渍法；

——第13部分：叶碟喷雾法；

——第14部分：浸叶法；

——第15部分：地下害虫　浸虫法；

——第16部分：对粉虱类害虫活性试验　琼脂保湿浸叶法；

…………

本部分是《农药室内生物测定试验准则　杀虫剂》的第16部分。

本部分按照GB/T 1.1—2009给出的规则起草。

本部分由农业部种植业管理司提出并归口。

本部分起草单位：农业部农药检定所。

本部分主要起草人：李贤宾、张友军、王晓军、张文君、陈立萍、聂东兴、曹艳。

农药室内生物测定试验准则　杀虫剂
第16部分：对粉虱类害虫活性试验　琼脂保湿浸叶法

1　范围

本部分规定了琼脂保湿浸叶法测定杀虫剂生物活性的基本要求和方法。

本部分适用于杀虫剂对粉虱类害虫成虫的触杀和(或)胃毒活性测定，适用于农药登记用杀虫剂室内生物测定。

2　试验条件

2.1　试验靶标

试验靶标为粉虱类害虫成虫：不同生物型的烟粉虱 *Bemisia tabaci* (Gennadius)、温室白粉虱 *Trialeurodes vaporirum* (Westwood)等。

2.2　仪器设备

2.2.1　打孔器(孔径22 mm)；

2.2.2　平底玻璃管(长78 mm，直径22 mm)；

2.2.3　微波炉；

2.2.4　恒温培养箱或恒温养虫室。

3　试验设计

3.1　药剂

试验药剂采用原药(或母药)，并注明通用名、含量、生产厂家。

3.2　对照药剂

采用已登记注册且生产上常用农药的原药(或母药)，其化学结构类型或作用方式与试验药剂相同或相似。

3.3　试验步骤

3.3.1　配制液体琼脂

用蒸馏水配制成浓度为15 g/L的琼脂。称取琼脂粉于三角瓶中，加水后移置于微波炉中，加热至琼脂完全溶解。稍冷却后，用移液器吸取2 mL液体琼脂，加入到平底玻璃管底部，液体琼脂冷却凝固，管壁蒸汽挥发干净后备用。应避免琼脂沾染管壁及凝固琼脂产生气泡。

3.3.2　药剂配制

选用合适的有机溶剂(丙酮、二甲基亚砜、甲醇等)，将原药(或母药)配制成母液，再用含有适量表面活性剂如0.1% Triton X-100(或0.1%吐温-80)的水溶液稀释。根据药剂活性，按照等比或等差的方法配制5个～7个系列质量浓度。每个质量浓度药液量不少于50 mL。药液中的有机溶剂终浓度≤10 g/L。

3.3.3　药剂处理

用打孔器将新鲜、平展的寄主叶片打成叶碟，打取时尽量避免选取叶脉大而粗的部位。将叶碟浸入待测药液中10 s后，取出晾干，用镊子将叶片正面朝下平铺于已加好琼脂的平底玻璃管中，叶碟须与琼脂及管壁严密紧贴，不留空隙。

每处理不少于4次重复，并设不含药剂的处理作对照。

3.3.4 接虫与计数

将铺好叶碟的玻璃管，倾斜倒放在粉虱寄主植物上，轻拍植株或用嘴吹，使粉虱进入管内，每管 20 头～25 头，将管口朝下待粉虱飞(爬)入管底叶碟处时，用棉塞塞口至距离管底大约 15 mm 的位置，使粉虱强制性的处于管底的叶碟上。试虫接入约 10 min 后，逐一检查并记录每管内的活虫数(总虫数)。

3.3.5 饲养与观察

将处理后的试虫倒置于温度为(25±1)℃、相对湿度 60%～80%、光周期为 L：D=14 h：10 h 条件下饲养和观察，特殊情况可以适当调整试验环境条件。

4 调查

处理后 48 h 逐一检查并记录每管内的死虫数，试虫不动者或不能正常行动即认为死亡。根据试验要求和药剂特点，可缩短或延长调查时间。

5 数据统计与分析

5.1 计算方法

根据调查数据，计算各处理的校正死亡率。按式(1)和式(2)计算，计算结果均保留到小数点后两位。

$$P=\frac{K}{N}\times 100 \qquad (1)$$

式中：

P ——死亡率，单位为百分率(%)；

K ——表示死亡虫数，单位为头；

N ——表示处理总虫数，单位为头。

$$P_1=\frac{P_t-P_0}{1-P_0}\times 100 \qquad (2)$$

式中：

P_1 ——校正死亡率，单位为百分率(%)；

P_t ——处理死亡率，单位为百分率(%)；

P_0 ——空白对照死亡率，单位为百分率(%)。

对照死亡率在<5%，无需校正；死亡率在 5%～20%之间，应按式(2)进行校正；对照死亡率>20%，试验需重新进行。

5.2 统计分析

用统计分析系统(SAS)、或数据处理系统(DPS)等软件进行分析，计算并求出药剂毒力回归方程的斜率(b 值)及标准误(SE)、LC_{50} 和 LC_{90} 及 95%置信限，评价供试药剂活性。

6 结果

根据统计结果进行分析评价，写出正式试验报告，并列出原始数据。

ICS 65.100
B 17

中华人民共和国农业行业标准

NY/T 1156.18—2013

农药室内生物测定试验准则　杀菌剂 第18部分：井冈霉素抑制水稻纹枯病菌试验　E培养基法

Pesticides guidelines for laboratory bioactivity tests
Part 18：E-medium test for determining jinggangmycin inhibition of *Rhizoctonia solani* Kühn growth on rice

2013-05-20 发布　　2013-08-01 实施

中华人民共和国农业部　发布

前　言

NY/T 1156《农药室内生物测定试验准则　杀菌剂》为系列标准：

——第1部分：抑制病原真菌孢子萌发试验　凹玻片法；
——第2部分：抑制病原真菌菌丝生长试验　平皿法；
——第3部分：抑制黄瓜霜霉菌病菌试验　平皿叶片法；
——第4部分：防治小麦白粉病试验　盆栽法；
——第5部分：抑制水稻纹枯病菌试验　蚕豆叶片法；
——第6部分：混配的联合作用测定；
——第7部分：防治黄瓜霜霉病试验　盆栽法；
——第8部分：防治水稻稻瘟病试验　盆栽法；
——第9部分：抑制灰霉病菌试验　叶片法；
——第10部分：防治灰霉病试验　盆栽法；
——第11部分：防治瓜类白粉病试验　盆栽法；
——第12部分：防治晚疫病试验　盆栽法；
——第13部分：抑制晚疫病菌试验　叶片法；
——第14部分：防治瓜类炭疽病试验　盆栽法；
——第15部分：防治麦类叶锈病试验　盆栽法；
——第16部分：抑制细菌生长量试验　浑浊度法；
——第17部分：抑制玉米丝黑穗病菌试验　浑浊度-酶联板法；
——第18部分：井冈霉素抑制水稻纹枯病菌试验　E培养基法；
…………

本部分是《农药室内生物测定试验准则　杀菌剂》的第18部分。

本部分按照GB/T 1.1—2009给出的规则起草。

本部分由农业部种植业管理司提出并归口。

本部分起草单位：农业部农药检定所。

本部分主要起草人：朱春雨、刘西莉、吴新平、张文君、张楠、黄中乔、聂东兴。

农药室内生物测定试验准则　杀菌剂
第18部分:井冈霉素抑制水稻纹枯病菌试验　E培养基法

1　范围

本部分规定了E培养基法测定井冈霉素对水稻纹枯病菌生物活性的基本要求和方法。

本部分适用于井冈霉素对水稻纹枯病菌生物活性测定的农药登记试验。

2　仪器设备

2.1　电子天平(感量0.1 mg);

2.2　生物培养箱;

2.3　压力蒸汽灭菌器;

2.4　移液管或移液器;

2.5　培养皿(Φ90 mm);

2.6　接种器、打孔器。

3　试剂与材料

3.1　试剂

方法所用试剂,凡未指明规格者,均为分析纯;水为蒸馏水。

3.2　生物试材

供试靶标为水稻纹枯病菌(*Rhizoctonia solani* Kühn),选用野生敏感型菌株,记录菌种来源。根据试验目的和要求把菌种预先接种在PDA培养基上培养至适用期。

3.3　培养基及其他试材准备

3.3.1　E培养基:K_2HPO_4 2 g、KH_2PO_4 2 g、葡萄糖10 g、琼脂粉(凝胶强度1 300 g/cm^2)12 g,蒸馏水定容至1 000 mL,115℃高压湿热灭菌15 min备用。

3.3.2　PDA培养基:马铃薯200 g、葡萄糖18 g、琼脂粉(凝胶强度1 300 g/cm^2)12 g,蒸馏水定容至1 000 mL,121℃高压湿热灭菌20 min备用。

锥形瓶、玻璃棒、移液管、培养皿、打孔器、接种器等灭菌后备用。

3.4　药剂

3.4.1　试验药剂

井冈霉素A含量不低于60%的原药,并注明生产厂家。

3.4.2　对照药剂

对照药剂采用已登记注册且生产上常用药剂的原药。对照药剂的化学结构类型或作用方式应与试验药剂相同或相近。

4　试验步骤

4.1　药剂配制

井冈霉素直接用无菌水溶解,其他对照药剂选用经预备试验对菌丝生长无影响的适合溶剂(如甲醇、丙酮、二甲基甲酰胺或二甲基亚砜等)溶解,用0.1%的吐温80或其他适合的表面活性剂水溶液稀释。根据药剂活性,设置5个~7个系列质量浓度,有机溶剂最终浓度不超过0.5%。

4.2 药剂处理及含药平板制备

在无菌操作条件下,根据试验处理将预先融化的灭菌E培养基定量加入无菌锥形瓶中,从低浓度到高浓度依次定量吸取药液,分别加入上述锥形瓶中,充分摇匀。然后分别倒入4个培养皿中,每皿15 mL,制成相应浓度的含药平板。

试验设不含药剂的处理作空白对照,每处理不少于4个重复。

4.3 接种菌饼准备

将水稻纹枯病菌预先接种于PDA平板中央,于25℃培养48 h,得到以接种中心为圆心的菌落,在菌落生长边缘进行划界,以位于菌落生长边缘的划界处为最佳待测毒力区域。继续培养18 h后,在待测毒力区域打取菌饼以保证菌饼的菌龄适宜(图1)。

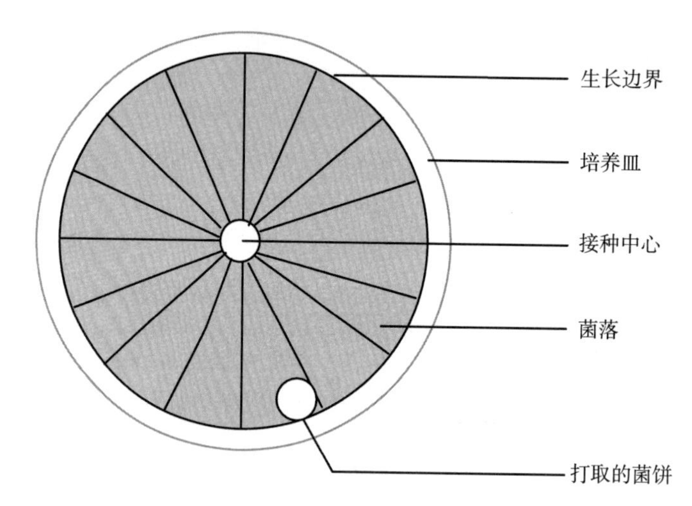

图1 接种菌饼准备示意图

4.4 接种

将制备好的菌饼,在无菌条件下分别接种于含有不同浓度井冈霉素的E培养基平板中央,菌丝面朝下,盖上皿盖,置于25℃培养箱,黑暗条件下培养。

5 调查

待空白对照菌落直径生长至75 mm~80 mm时调查试验结果,用十字交叉法测量各处理菌落的直径,取其平均值。

6 数据统计及分析

6.1 计算方法

根据调查数据,按式(1)和式(2)计算各处理浓度对供试靶标菌的菌丝生长抑制率,单位为百分率(%),计算结果保留小数点后两位。

$$D = D_1 - D_2 \quad (1)$$

式中:

D ——菌落增长直径,单位为毫米(mm);

D_1 ——菌落直径,单位为毫米(mm);

D_2 ——菌饼直径,单位为毫米(mm)。

$$I = \frac{D_0 - D_t}{D_0} \times 100 \quad (2)$$

式中：

I ——菌丝生长抑制率，单位为百分率(%)；

D_0——空白对照菌落增长直径，单位为毫米(mm)；

D_t——药剂处理菌落增长直径，单位为毫米(mm)。

6.2 统计分析

用数据处理系统(DPS)或统计分析系统(SAS)等标准统计软件对药剂浓度对数值与抑制几率值进行回归分析，计算药剂的 EC_{50} 值及其 95%置信限，并进行差异显著性分析。

7 结果

根据统计结果进行分析评价，写出正式试验报告，并列出原始数据，附相应试验图片。

ICS 65.100
B 17

中华人民共和国农业行业标准

NY/T 1156.19—2013

农药室内生物测定试验准则 杀菌剂 第19部分：抑制水稻稻曲病菌试验 菌丝干重法

Pesticides guidelines for laboratory bioactivity tests
Part19: Mycelium dry weight test for determining fungicide inhibition of *Ustilaginoidea virens* on rice

2013-05-20 发布 2013-08-01 实施

中华人民共和国农业部 发布

前　言

NY/T 1156《农药室内生物测定试验准则　杀菌剂》为系列标准：

——第 1 部分：抑制病原真菌孢子萌发试验　凹玻片法；

——第 2 部分：抑制病原真菌菌丝生长试验　平皿法；

——第 3 部分：抑制黄瓜霜霉菌病菌试验　平皿叶片法；

——第 4 部分：防治小麦白粉病试验　盆栽法；

——第 5 部分：抑制水稻纹枯病菌试验　蚕豆叶片法；

——第 6 部分：混配的联合作用测定；

——第 7 部分：防治黄瓜霜霉病试验　盆栽法；

——第 8 部分：防治水稻稻瘟病试验　盆栽法；

——第 9 部分：抑制灰霉病菌试验　叶片法；

——第 10 部分：防治灰霉病试验　盆栽法；

——第 11 部分：防治瓜类白粉病试验　盆栽法；

——第 12 部分：防治晚疫病试验　盆栽法；

——第 13 部分：抑制晚疫病菌试验　叶片法；

——第 14 部分：防治瓜类炭疽病试验　盆栽法；

——第 15 部分：防治麦类叶锈病试验　盆栽法；

——第 16 部分：抑制细菌生长量试验　浑浊度法；

——第 17 部分：抑制玉米丝黑穗病菌试验　浑浊度—酶联板法；

——第 18 部分：井冈霉素抑制水稻纹枯病菌试验　E 培养基法；

——第 19 部分：抑制水稻稻曲病菌试验　菌丝干重法；

…………

本部分是《农药室内生物测定试验准则　杀菌剂》的第 19 部分。

本部分按照 GB/T 1.1—2009 给出的规则起草。

本部分由农业部种植业管理司提出并归口。

本部分起草单位：农业部农药检定所。

本部分主要起草人：朱春雨、刘西莉、吴新平、张文君、张楠、聂东兴、黄中乔。

农药室内生物测定试验准则　杀菌剂
第19部分：抑制水稻稻曲病菌试验　菌丝干重法

1　范围

本部分规定了菌丝干重法测定杀菌剂对水稻稻曲病菌生物活性的基本要求和方法。

本部分适用于抑制菌体生长的杀菌剂对水稻稻曲病菌生物活性测定的农药登记试验。

2　仪器设备

2.1　电子天平(感量0.1 mg)；

2.2　生物培养箱；

2.3　压力蒸汽灭菌器；

2.4　恒温摇床；

2.5　热力烘干箱；

2.6　移液管或移液器；

2.7　培养皿(Φ90 mm)；

2.8　锥形瓶(300 mL)；

2.9　接种器、打孔器。

3　试剂与材料

3.1　试剂

方法所用试剂，凡未指明规格者，均为分析纯；水为蒸馏水。

3.2　生物试材

供试靶标为水稻稻曲病菌[*Ustilaginoidea virens*(Cooke) Takahashi]，选用野生敏感型菌株，记录菌种来源。根据试验目的和要求把菌种预先接种在PSA培养基上培养备用。

3.3　培养基及其他试材准备

3.3.1　PSA培养基：马铃薯200 g、蔗糖18 g、琼脂粉(凝胶强度1 300 g/cm^2)12 g，蒸馏水定容至1 000 mL，121℃灭菌20 min备用；

3.3.2　PS液体培养基：马铃薯200 g、蔗糖18 g，蒸馏水定容至1 000 mL，121℃灭菌20 min备用；

3.3.3　改定YYPS液体培养基：马铃薯150 g、蛋白胨0.1 g、酵母粉0.1 g、蔗糖10 g、KH_2PO_4 1.0 g、$Ca(NO_3)_2 \cdot 4H_2O$ 0.5 g，蒸馏水定容至1 000 mL，121℃湿热灭菌20 min备用。

锥形瓶、玻璃棒、移液管、培养皿、打孔器、接种环、纱布等灭菌后备用。

3.4　药剂

3.4.1　试验药剂

试验药剂采用原药(母药)，并注明通用名、含量和生产厂家。

3.4.2　对照药剂

对照药剂采用已登记注册且生产上常用药剂的原药。对照药剂的化学结构类型或作用方式应与试验药剂相同或相近。

4 试验步骤

4.1 药剂配制

水溶性药剂直接用水溶解稀释。其他药剂选用经预备试验对菌丝生长无影响的适合溶剂(如甲醇、丙酮、二甲基甲酰胺或二甲基亚砜等)溶解,用0.1%的吐温80或其他适合的表面活性剂水溶液稀释。根据药剂活性,设置5个~7个系列质量浓度,有机溶剂最终浓度不超过0.5%。

4.2 药剂处理与含药培养液制备

在无菌操作条件下,根据试验处理将预先制备、灭菌的改定YYPS液体培养基150 mL加入300 mL无菌锥形瓶中,从低浓度到高浓度顺序定量吸取药剂,分别加入上述锥形瓶中,充分摇匀,制成相应浓度的含药培养液。

试验设不含药剂的处理作为空白对照,每处理不少于4个重复。

4.3 孢子悬浮液准备

在无菌条件下,用直径5 mm的灭菌打孔器在预先PSA培养基上培养的稻曲病菌菌落边缘切取菌饼5块~7块,接入装有150 mL PS培养液的300 mL锥形瓶中,置于28℃恒温摇床上,150 rpm条件下振荡摇培5d~7d。在无菌条件下经4层纱布过滤,用无菌水稀释制成浓度为1×10^7个/mL的孢子悬浮液。

4.4 接种

分别在4.2制备的各处理含药培养液和空白对照中接入500 μL的上述孢子悬浮液,置于28℃恒温摇床上,150 rpm条件下振荡培养。

5 调查

培养液振荡培养7 d后经4层纱布过滤,留下的菌丝体在80℃~100℃的热力烘干箱中烘干至恒重,用分析天平测定其干物质质量,记录各处理菌丝体干物质的质量。

6 数据统计及分析

6.1 计算方法

根据调查数据,按式(1)计算菌丝生长的抑制率,单位为百分数(%),计算结果保留小数点后两位。

$$P=\frac{M_0-M_1}{M_0}\times100 \qquad (1)$$

式中:

P ——菌丝生长抑制率,单位为百分率(%);

M_0——空白对照处理菌丝体干物质质量,单位为毫克(mg);

M_1——药剂处理菌丝体干物质质量,单位为毫克(mg)。

6.2 统计分析

用数据处理系统(DPS)或统计分析系统(SAS)等标准统计软件对药剂浓度对数值与菌丝生长抑制几率值进行回归分析,计算药剂的EC_{50}、EC_{90}等值及其95%置信限,并进行差异显著性分析。

7 结果与报告编写

根据统计结果进行分析评价,写出正式试验报告,并列出原始数据和相应的试验图片。

ICS 65.100
B 17

中华人民共和国农业行业标准

NY/T 1464.49—2013

农药田间药效试验准则
第49部分：杀菌剂防治烟草青枯病

Pesticide guidelines for the field efficacy trials
Part 49: Bactericides against tobacco bacterial wilt

2013-05-20 发布　　2013-08-01 实施

中华人民共和国农业部　发布

前言

NY/T 1464《农药田间药效试验准则》为系列标准：

——第1部分：杀虫剂防治飞蝗；
——第2部分：杀虫剂防治水稻稻水象甲；
——第3部分：杀虫剂防治棉盲蝽；
——第4部分：杀虫剂防治梨黄粉蚜；
——第5部分：杀虫剂防治苹果绵蚜；
——第6部分：杀虫剂防治蔬菜蓟马；
——第7部分：杀菌剂防治烟草炭疽病；
——第8部分：杀菌剂防治番茄病毒病；
——第9部分：杀菌剂防治辣椒病毒病；
——第10部分：杀菌剂防治蘑菇湿泡病；
——第11部分：杀菌剂防治香蕉黑星病；
——第12部分：杀菌剂防治葡萄白粉病；
——第13部分：杀菌剂防治葡萄炭疽病；
——第14部分：杀菌剂防治水稻立枯病；
——第15部分：杀菌剂防治小麦赤霉病；
——第16部分：杀菌剂防治小麦根腐病；
——第17部分：除草剂防治绿豆田杂草；
——第18部分：除草剂防治芝麻田杂草；
——第19部分：除草剂防治枸杞地杂草；
——第20部分：除草剂防治番茄田杂草；
——第21部分：除草剂防治黄瓜田杂草；
——第22部分：除草剂防治大蒜田杂草；
——第23部分：除草剂防治苜蓿田杂草；
——第24部分：除草剂防治红小豆田杂草；
——第25部分：除草剂防治烟草苗床杂草；
——第26部分：棉花催枯剂试验；
——第27部分：杀虫剂防治十字花科蔬菜蚜虫；
——第28部分：杀虫剂防治林木天牛；
——第29部分：杀虫剂防治松褐天牛；
——第30部分：杀菌剂防治烟草角斑病；
——第31部分：杀菌剂防治生姜姜瘟病；
——第32部分：杀菌剂防治番茄青枯病；
——第33部分：杀菌剂防治豇豆锈病；
——第34部分：杀菌剂防治茄子黄萎病；
——第35部分：除草剂防治直播蔬菜田杂草；
——第36部分：除草剂防治菠萝地杂草；
——第37部分：杀虫剂防治蘑菇菌蛆和害螨；

——第38部分：杀菌剂防治黄瓜黑星病；
——第39部分：杀菌剂防治莴苣霜霉病；
——第40部分：除草剂防治免耕小麦田杂草；
——第41部分：除草剂防治免耕油菜田杂草；
——第42部分：杀虫剂防治马铃薯二十八星瓢虫；
——第43部分：杀虫剂防治蔬菜烟粉虱；
——第44部分：杀菌剂防治烟草野火病；
——第45部分：杀菌剂防治三七圆斑病；
——第46部分：杀菌剂防治草坪草叶斑病；
——第47部分：除草剂防治林业防火道杂草；
——第48部分：化学调控月季生长；
——第49部分：杀菌剂防治烟草青枯病；
——第50部分：植物生长调节剂调控菊花生长；
…………

本部分是《农药田间药效试验准则》的第49部分。

本部分按照GB/T 1.1—2009给出的规则起草。

本部分由农业部种植业管理司提出并归口。

本部分起草单位：农业部农药检定所。

本部分主要起草人：张楠、李家瑞、朱春雨、张文君、吴新平、王晓军、聂东兴。

农药田间药效试验准则
第49部分:杀菌剂防治烟草青枯病

1 范围

本部分规定了杀菌剂防治烟草青枯病(*Ralstonia solanacearum*)田间药效小区试验的方法和基本要求。

本部分适用于杀菌剂防治烟草青枯病登记用田间药效小区试验及药效评价。

2 试验条件

2.1 试验对象和作物

试验对象为青枯病。

试验作物为烟草,应选用感病品种。记录品种名称。

2.2 环境条件

试验田要安排在历年发病的地区。所有试验小区的栽培条件(土壤类型、施肥、播种期、生育阶段、株行距等)应一致,且符合当地科学的农业实践(GAP)。

3 试验设计和安排

3.1 药剂

3.1.1 试验药剂及处理

记录药剂的通用名(中文、英文)、剂型、含量、生产厂家。试验处理不少于3个剂量(以有效成分 g/hm^2 或有效浓度 mg/kg 表示),或依据协议规定的用药剂量进行。

3.1.2 对照药剂

对照药剂应是已登记注册,并在实践中证明具有较好药效的药剂,其类型和作用方式应与试验药剂相近。并使用当地常规剂量,特殊情况可视试验目的而定。

试验药剂为单剂时,应设另一当地常用杀菌剂单剂为对照药剂;试验药剂为混剂时应设各单剂及当地常用药剂作为对照药剂。记录对照药剂通用名、剂型、含量、生产企业、施用量。

3.2 小区安排

3.2.1 小区排列

试验药剂、对照药剂和空白对照的小区处理采用随机区组排列。记录小区排列图。特殊情况须加以说明。

3.2.2 小区面积和重复

小区面积:$30\ m^2 \sim 50\ m^2$。

重复次数:不少于4次。

4 施药

4.1 施药方法

采用灌根或茎基部喷淋的方法施药,或按协议要求进行。施药应和科学的农业栽培管理措施相适应。

4.2 施药器械

记录所用器械的类型和操作条件(如工作压力、喷孔口径等)的全部资料。施药应确保药量准确,分布均匀。用药量偏差不超过±10%。

4.3 施药时间和次数

按协议要求及标签说明进行。发病前或发病初期第一次施药,进一步施药视病害发展情况及药剂的持效期来决定,记录施药次数和每次施药的日期及作物的生育期。

4.4 使用剂量和容量

按照协议要求及标签注明的剂量使用,记录用药稀释倍数及每公顷药液用量(L/hm^2)。

4.5 防治其他病虫草害的药剂要求

如果要使用其他药剂,应选择对试验药剂和试验对象无影响的药剂,并对所有小区进行均一处理,而且与试验药剂和对照药剂分开使用,使这些药剂的干扰控制在最小程度。记录这类药剂施用的准确数据。

5 调查

5.1 防效调查

5.1.1 调查方法

每小区采用5点取样方法,每点固定调查5株～10株,记录调查总株数及各级病株数。以株为单位分级调查。

0级:全株无病。

1级:茎部偶有褪绿斑,或病侧1/2以下叶片凋萎。

3级:茎部有黑色条斑,但不超过茎高1/2,或病侧1/2～2/3叶片凋萎。

5级:茎部黑色条斑超过茎高1/2,但未到达茎顶部,或病侧2/3以上叶片凋萎。

7级:茎部黑色条斑到达茎顶部,或病株叶片全部凋萎。

9级:病株基本枯死。

5.1.2 调查时间和次数

施药前调查病情基数,下次施药前及末次施药后7 d～14 d调查防治效果,或按协议要求进行。

5.2 对烟草的其他影响

观察烟草是否有药害产生,如有药害要记录药害的类型和程度。此外,也应记录对烟草的其他有益影响。

按下列方式记录药害:

a) 如果药害能被测量或计算,要用绝对数值表示,例如株高等。
b) 其他情况下,按下列两种方法记录药害的程度和频率,同时,要准确描述烟草的药害症状(如矮化、褪绿、畸形等),并提供实物照片、录像等。
   1) 按照药害分级方法记录每小区的药害情况,以一、+、++、+++、++++表示并注明。
      一:无药害;
      +:轻度药害,不影响烟草正常生长;
      ++:明显药害,可复原,不会造成烟草严重损伤;
      +++:高度药害,影响烟草正常生长,烟草损伤比较严重;
      ++++:严重药害,严重影响烟草正常生长,烟草损伤严重。
   2) 每一试验小区与空白对照相比评价其药害的百分率。

5.3 对其他生物的影响

5.3.1 对其他病虫害的影响

对其他病虫害任何一种影响均应记录，包括有益和无益的影响。

5.3.2 对其他非靶标生物的影响

记录药剂对试验区内有益昆虫及其他非靶标生物的影响。

5.4 其他资料

5.4.1 气象资料

试验期间应从试验地或最近的气象站获得降水量数据（降水类型和日降水量，以 mm 表示）和温度（日平均温度、最高和最低温度，以℃表示）的资料，在特殊情况下需要附加资料。

整个试验期间影响试验结果的恶劣气候因素，例如严重和长期的干旱、暴雨等均应记录。

5.4.2 土壤资料

土壤的类型、土壤肥力、水分（如干、湿、涝）的资料均应记录。

6 药效计算方法

6.1 病情指数按式(1)计算。

$$X = \frac{\sum (N_i \times i)}{N \times 9} \times 100 \quad \cdots\cdots (1)$$

式中：

X——病情指数；

N_i——各级病株数；

i——相对级数值；

N——调查总株数。

6.2 若施药前进行了病情基数调查，防治效果按式(2)计算。

$$P = \left(1 - \frac{PT_1 - PT_0}{\mathrm{CK}_1 - \mathrm{CK}_0}\right) \times 100 \quad \cdots\cdots (2)$$

式中：

P——防治效果，单位为百分率(%)；

CK_0——空白对照区施药前病情指数；

CK_1——空白对照区施药后病情指数；

PT_0——药剂处理区施药前病情指数；

PT_1——药剂处理区施药后病情指数。

6.3 若施药前无病情基数，防治效果按式(3)计算。

$$P = \frac{\mathrm{CK}_1 - PT_1}{\mathrm{CK}_1} \times 100 \quad \cdots\cdots (3)$$

计算结果保留小数点后两位。结果应用邓肯氏新复极差(DMRT)法进行统计分析。

7 结果与报告编写

根据结果进行分析评价，写出正式试验报告，列出原始数据。

ICS 65.100
B 17

中华人民共和国农业行业标准

NY/T 1464.50—2013

农药田间药效试验准则
第50部分：植物生长调节剂调控菊花生长

Pesticide guidelines for the field efficacy trials
Part 50: Plant growth regulator trials on chrysanthemum

2013-05-20 发布　　2013-08-01 实施

中华人民共和国农业部　发布

前　　言

NY/T 1464《农药田间药效试验准则》为系列标准：
——第1部分：杀虫剂防治飞蝗；
——第2部分：杀虫剂防治水稻稻水象甲；
——第3部分：杀虫剂防治棉盲蝽；
——第4部分：杀虫剂防治梨黄粉蚜；
——第5部分：杀虫剂防治苹果绵蚜；
——第6部分：杀虫剂防治蔬菜蓟马；
——第7部分：杀菌剂防治烟草炭疽病；
——第8部分：杀菌剂防治番茄病毒病；
——第9部分：杀菌剂防治辣椒病毒病；
——第10部分：杀菌剂防治蘑菇湿泡病；
——第11部分：杀菌剂防治香蕉黑星病；
——第12部分：杀菌剂防治葡萄白粉病；
——第13部分：杀菌剂防治葡萄炭疽病；
——第14部分：杀菌剂防治水稻立枯病；
——第15部分：杀菌剂防治小麦赤霉病；
——第16部分：杀菌剂防治小麦根腐病；
——第17部分：除草剂防治绿豆田杂草；
——第18部分：除草剂防治芝麻田杂草；
——第19部分：除草剂防治枸杞地杂草；
——第20部分：除草剂防治番茄田杂草；
——第21部分：除草剂防治黄瓜田杂草；
——第22部分：除草剂防治大蒜田杂草；
——第23部分：除草剂防治苜蓿田杂草；
——第24部分：除草剂防治红小豆田杂草；
——第25部分：除草剂防治烟草苗床杂草；
——第26部分：棉花催枯剂试验；
——第27部分：杀虫剂防治十字花科蔬菜蚜虫；
——第28部分：杀虫剂防治林木天牛；
——第29部分：杀虫剂防治松褐天牛；
——第30部分：杀菌剂防治烟草角斑病；
——第31部分：杀菌剂防治生姜姜瘟病；
——第32部分：杀菌剂防治番茄青枯病；
——第33部分：杀菌剂防治豇豆锈病；
——第34部分：杀菌剂防治茄子黄萎病；
——第35部分：除草剂防治直播蔬菜田杂草；
——第36部分：除草剂防治菠萝地杂草；
——第37部分：杀虫剂防治蘑菇菌蛆和害螨；

——第38部分:杀菌剂防治黄瓜黑星病;
——第39部分:杀菌剂防治莴苣霜霉病;
——第40部分:除草剂防治免耕小麦田杂草;
——第41部分:除草剂防治免耕油菜田杂草;
——第42部分:杀虫剂防治马铃薯二十八星瓢虫;
——第43部分:杀虫剂防治蔬菜烟粉虱;
——第44部分:杀菌剂防治烟草野火病;
——第45部分:杀菌剂防治三七圆斑病;
——第46部分:杀菌剂防治草坪草叶斑病;
——第47部分:除草剂防治林业防火道杂草;
——第48部分:植物生长调节剂调控月季生长;
——第49部分:杀菌剂防治烟草青枯病;
——第50部分:植物生长调节剂调控菊花生长;
…………

本部分是《农药田间药效试验准则》的第50部分。

本部分按照GB/T 1.1—2009给出的规则起草。

本部分由农业部种植业管理司提出并归口。

本部分起草单位:农业部农药检定所、云南农业大学植物保护学院。

本部分主要起草人:周欣欣、傅杨、张宏军、张佳、聂东兴、金岩、张静。

农药田间药效试验准则
第50部分:植物生长调节剂调控菊花生长

1 范围

本部分规定了植物生长调节剂化学调控菊花生长田间药效小区试验的方法和基本要求。

本部分适用于植物生长调节剂化学调控鲜切、盆栽、园栽菊花生长的登记用田间药效小区试验及药效评价。适用于采用不同繁殖方式(直播、扦插、组培、分株、压条、嫁接等)栽培的菊花。

2 规范性引用文件

下列文件对于本文件的应用是必不可少的。凡是注日期的引用文件,仅注日期的版本适用于本文件。凡是不注日期的引用文件,其最新版本(包括所有的修改单)适用于本文件。

GB/T 18247.1 主要花卉产品等级 第1部分:鲜切花

GB/T 18247.2 主要花卉产品等级 第2部分:盆花

GB/T 18247.5 主要花卉产品等级 第5部分:花卉种苗

3 试验条件

3.1 栽培品种的选择

根据化学调控目的,选择菊花的品种、日照类型和栽培类型。记录供试材料的自然花期、花形等商品性能属性特征。

3.2 栽培条件

所有试验小区栽培条件(土壤类型、栽培基质、有机质含量、pH、墒情、肥力、耕作栽培措施等)须均匀一致,且符合当地良好农业规范(GAP)要求。

记录田间耕作和管理。包括种植方式、密度、规格和数量;保护地或露地设施类型;摘心、除芽、抹蕾、修剪等管理情况。应特别记录露地或保护地设施补光、遮光措施和日照时数。记录灌溉、施肥时间、次数、用水量和方法,调节花期的试验应选择合适栽培期,栽培期具有符合菊花正常生长需要的日照和温度,以保证花芽分化。供试独本菊和多头菊每株定量留枝和留蕾,全田保持一致。

4 试验设计和安排

4.1 药剂

4.1.1 试验药剂及处理

记录药剂通用名(中文、英文)或代号、剂型、含量、生产厂家和处理剂量(以有效成分 g/hm^2 或有效浓度 mg/kg 表示),试验药剂处理设高、中、低及中量的倍量共4个剂量,或依据协议(试验委托方和试验承担方签订的试验协议)规定的用药剂量。

4.1.2 对照药剂

对照药剂应为已登记注册,并在实践中证明有较好安全性和调控效果的产品,其类型、作用方式应与试验药剂相近。对照药剂按当地常规施用量使用。特殊情况可视试验目的而定。

试验药剂为单剂时,应设另一当地常用植物生长调节剂单剂为对照药剂;试验药剂为混剂时应设各单剂及当地常用药剂作为对照药剂。记录对照药剂通用名、剂型、含量、生产厂家、施用量。

4.2 小区安排

4.2.1 小区排列

试验药剂、对照药剂、空白对照的处理小区采用随机区组排列。特殊情况，小区可根据实际情况采用不规则排列，并加以说明。

4.2.2 小区面积和重复

小区面积：菊花播种田或育苗床 2 m^2～4 m^2；定植田(园)10 m^2～20 m^2。盆栽菊花每小区 5 盆(成株期)～10 盆(苗期)。

重复次数：不少于 4 次重复。

5 施药

5.1 施药方法

采用沾根、浸液、喷雾、点涂、浇灌、注射等方法，或按协议要求及标签说明进行。施药方法要切合当地的栽培实际。

5.2 施药器械

喷雾施药时，选择压力稳定、标准的喷雾器，保证使药液均匀分布到试验的指定着药部位。插穗浸沾药粉、药液时，选择广口容器或平盘。其他施药方法应根据试验目的选择适宜的能够准确施药的器械。记录所用器械类型和操作条件(操作压力、喷头类型和高度、喷孔口径)、药液(药粉)量、施药时间等全部资料。保证药量准确，用药量偏差不超过±10%。

5.3 施药时间和次数

按协议要求及标签说明进行。记录施药次数和时间，以及菊花的生长状态。施药时间必须符合菊花生育特点。

a) 促进生根、壮苗：促进生根的，在扦插或移栽当日施药；促进壮苗的，在苗床期 10 d～15 d 或幼苗期施药。
b) 调节株形：在菊花苗期或者枝芽生长初期开始施药。直播菊花出苗后 20 d～30 d，或者菊花假植、定植、移栽后 7 d～10 d，或者菊花摘心定头、侧枝定株后 1 d～3 d。施药 2 次～4 次，施药间隔时间 10 d 左右。
c) 调节花形、花期：在菊花花芽分化期或蕾期。菊花假植、定植、移栽后 7 d～14 d，菊花初蕾(绿蕾)期；菊花摘心后 7 d～14 d。施药 2 次～4 次，施药间隔时间 5 d～10 d。

5.4 使用剂量和用水量、填料

按协议的要求及标签注明的剂量和用水量进行施药，沾根粉剂可按比例添加滑石粉等填料。

5.5 防治病虫药剂资料要求

如使用其他药剂，应选择对试验药剂和菊花无影响的药剂，并对所有小区进行均一处理，与试验药剂和对照药剂分开使用，使这些药剂的干扰控制在最小程度，记录这类药剂施用的准确数据(如药剂名称、使用时期、剂量等)。

6 调查

6.1 药效调查

6.1.1 促进成苗、生根、壮苗药效调查

6.1.1.1 调查方法

成苗效果调查：田间试验每小区 5 点取样，每点 10 株；盆栽试验调查全部苗数。调查成活株数。计算成活率。

生根效果调查：每小区 5 点取样，每点 10 株，量取成活菊花茎基到根尖的长度和每株发根数量。计

算平均数，计算促根生长效果。

壮苗效果调查：每小区5点取样，每点10株，量取成活菊花株高、茎基部直径、根系长、鲜重。

6.1.1.2 调查时间和次数

调查1次～2次。

第一次调查：扦插或育苗10 d～15 d，观察插条或幼苗生长状况。调查成株率。

第二次调查：插条或育苗30 d以后或起苗（出圃）时调查根系、株高、茎基部直径、鲜重。

6.1.2 调节株形药效调查

6.1.2.1 调查方法

每小区随机取5点，每点定株10株，盆栽试验调查全部，量取株高、分枝数、主枝基部直径，小菊盆花量取冠幅。计算抑制或促进生长效率。

6.1.2.2 调查时间和次数

第一次调查：药后15 d；

第二次调查：药后30 d。

6.1.3 调节成花、花形药效调查

6.1.3.1 调查方法

每小区随机取5点，每点10株，盆栽试验调查全部，调查记录花朵数量，调查记录花朵各生育期时间（现蕾期、始花期、成花期、完花期）。每株量取主茎花枝长度、花梗长度、花朵直径。

6.1.3.2 调查时间和次数

第一次调查：现蕾期调查花枝长度、花梗长度。

第二次调查：始花期调查花枝长度、花梗长度。

第三次调查：成花期、采收或上市期调查花枝长度、花梗长度、花朵直径。

6.1.4 调节花期药效调查

调查记录每个小区始花期、完花期（95%花朵蔫谢的时间）。

6.2 药害调查

6.2.1 调查方法

观察药剂对菊花有无药害，记录药害的类型和程度。可按下列要求记录：

a） 如果药害能被计数或测量，则用绝对数值表示，例如株数、叶片数或面积、花朵数等。

b） 在其他情况下，可按下列两种方法估计药害的程度和频率。

 1） 按药害分级方法给每个小区药害定级打分：

  1级：菊花生长正常，无任何受害症状；

  2级：菊花轻微药害，药害少于10%，能恢复；

  3级：菊花中等药害，可逐渐恢复，不影响切花产量和切花、盆花、园栽花观赏和商品质量；

  4级：菊花药害较重，难以恢复，造成切花减产或影响切花、盆花、园栽花观赏和商品质量；

  5级：菊花药害严重，不能恢复，严重减产，造成切花、盆花、园栽花观赏和商品质量明显降低，甚至丧失观赏和商品价值。

 2） 将药剂处理小区同空白对照区比较，评价药害百分率。

同时，要准确描述菊花药害的症状：受害器官生长抑制、徒长、褪绿、畸形、不形成花蕾、开花期不整齐等。记录在所有情况下菊花的生长状况，观察试验药剂对菊花切花采收期和盆花成品上市期的影响。

观察药害和逆境因素（如耕作栽培方向、病虫害要求、特殊高温或冷冻害等）之间的相互作用。

6.2.2 调查时间

在施药1 d～3 d后菊花生长发育的各个阶段如出芽、分枝、现蕾、开花、采收等。可连续观察花枝采收后对菊花植株的持续影响。如果该药剂在试验中表现出长持效期的迹象，可连续观察花枝采收后或

下一季盆栽、地栽菊花植株的持续影响。

6.3 产量和质量调查

按协议要求进行产量、等级和品质调查。

a) 产量：苗床期植株以苗表示，鲜切花以支表示，盆花以盆表示，园栽花以株表示。每小区至少调查苗床 2 m^2，定植田（园）10 m^2，盆栽全部的成苗数，鲜切花成品支数，盆花成品盆数，园栽花成株数，对于非供试药剂造成的缺株予与校正，折算为公顷产量。

b) 等级：按 GB/T 18247.1、GB/T 18247.2、GB/T 18247.5 主要花卉产品等级鲜切花、盆花、花卉种苗国家标准，对菊花（大菊类）切花、菊花（大中型）盆花、小菊盆花、菊花种苗质量等级划分标准分级计数。

6.4 对其他非靶标生物的影响

记录药剂对非靶标生物的影响等。

6.5 气象及土壤资料

6.5.1 气象资料

试验期间，应从试验地或最近的气象站获得降水、降水类型或设施内喷、滴灌水量（降水量以 mm 表示），自然温度或棚室内温度（日平均温度、最高和最低温度，以℃表示），风力、阴晴、光照时数及设施遮光、补光的光照率和相对湿度等资料，特别是施药当日及前后 10 d 的气象资料。

整个试验期间影响试验结果的异常情况和恶劣气候因素，如严重或长期干旱、大雨、冰雹等均须记录。

6.5.2 土壤资料

记录土壤类型、有机质含量、土壤 pH、土壤湿度（如干、湿、积水）及耕作质量，以及土壤肥力。

6.6 田间管理资料

记录整地、浇水、施肥、培土的时间、次数、方法等田间管理资料。记录菊花栽培方法及措施。

7 计算公式与数据分析

7.1 菊花成苗（株、枝）率

按式（1）计算。

$$G_p = \frac{PX_1}{PX} \times 100 \quad \cdots\cdots (1)$$

式中：

G_p ——成苗（株、枝）率，单位为百分率（%）；

PX_1 ——处理区（或对照区）施药后的成活苗（株、枝）数；

PX ——处理区（或对照区）总苗（株、枝）数。

7.2 菊花成花（枝）率

按式（2）计算。

$$G_f = \frac{FX_1}{FX} \times 100 \quad \cdots\cdots (2)$$

式中：

G_f ——成花（枝）率，单位为百分率（%）；

FX_1 ——处理区（或对照区）施药后的开花朵（枝）数；

FX ——处理区（或对照区）总花朵（枝）数。

7.3 菊花促根效果

按式（3）计算。

$$RE = \frac{RT - RC}{RC} \times 100 \cdots\cdots (3)$$

式中：

RE——促根效果，单位为百分率(%)；

RC——空白对照区施药后的根系长度(根系数量、鲜重)；

RT——处理区施药后的根系长度(根系数量、鲜重)。

7.4 菊花壮苗效果

按式(4)计算。

$$SE = \frac{ST - SC}{SC} \times 100 \cdots\cdots (4)$$

式中：

SE——壮苗效果，单位为百分率(%)；

SC——空白对照区施药后的苗高(地径、叶片数、鲜重)；

ST——处理区施药后的苗高(地径、叶片数、鲜重)。

7.5 菊花花形调节效果

按式(5)计算。

$$FE = \frac{FT - FC}{FC} \times 100 \cdots\cdots (5)$$

式中：

FE——花形调节效果，单位为百分率(%)；

FC——空白对照区施药后的花茎长度[花梗长度、花朵纵(横)径]；

FT——处理区施药后的花茎长度[花梗长度、花朵纵(横)径]。

7.6 菊花株形调节效果

按式(6)、式(7)或式(8)计算。

$$PT(PC) = PT_1(PC_1) - PT_0(PC_0) \cdots\cdots (6)$$

式中：

PT——处理区株高(地径、枝数、冠幅)净生长量；

PC——空白对照区株高(地径、枝数、冠幅)净生长量；

PT_0——处理区施药前的株高(主枝地径、枝条数、冠幅)；

PT_1——处理区施药后的株高(主枝地径、枝条数、冠幅)；

PC_0——空白对照区施药前的株高(主枝地径、枝条数、冠幅)；

PC_1——空白对照区施药后的株高(主枝地径、枝条数、冠幅)。

$$PE_i = \frac{PC - PT}{PC_0} \times 100 \cdots\cdots (7)$$

$$或\ PE_g = \frac{PT - PC}{PC_0} \times 100 \cdots\cdots (8)$$

式中：

PE_i——株高(地径、枝数、冠幅)生长抑制率(%)；

PE_g——株高(地径、枝数、冠幅)生长促进率(%)。

7.7 菊花开花期调节效果

按式(9)计算。

$$DE = DT - DC \cdots\cdots (9)$$

式中：

DE——延长花期天数，单位为天(d)；

DT ——处理区开花天数；

DC ——空白对照区开花天数。

7.8 菊花增产效果

按式(10)计算。

$$OE = \frac{OT - OC}{OC} \times 100 \quad \cdots\cdots (10)$$

式中：

OE ——增产率，单位为百分率(%)；

OT ——处理区菊花成品枝(株、盆)数；

OC ——空白对照区菊花成品枝(株、盆)数。

计算结果保留小数点后两位。

8 结果与报告编写

试验所获得的结果应用生物学统计方法进行分析(采用 DMRT 法)，根据结果进行分析、评价，写出正式试验报告，列出原始数据。

ICS 65.020
B 16

中华人民共和国农业行业标准

NY/T 1478—2013
代替 NY/T 1478—2007

热带作物主要病虫害防治技术规程　荔枝

Control technical regulation of tropical crop pest litchee

2013-09-10 发布　　2014-01-01 实施

中华人民共和国农业部　发布

前　　言

本标准按照 GB/T 1.1—2009 给出的规则起草。

本标准代替 NY/T 1478—2007《荔枝病虫害防治技术规范》，与 NY/T 1478—2007 相比，除编辑性修改外，主要技术变化如下：

——删减补充了荔枝主要病虫害种类；

——增加了推荐使用农药及其使用方法一览表；

——补充完善了使用农药的种类，药剂使用方面更加突出高效低毒，尤其摒弃了近年来已禁止使用的高毒农药品种；

——农药名称统一使用农药登记名称；

——增加了附录 A 和附录 B 表格中的小标题。

本标准由农业部农垦局提出。

本标准由农业部热带作物及制品标准化技术委员会归口。

本标准起草单位：中国热带农业科学院环境与植物保护研究所。

本标准主要起草人：赵冬香、符悦冠、王玉洁、张新春、钟义海、高景林。

本标准所代替标准的历次版本发布情况为：

——NY/T 1478—2007。

热带作物主要病虫害防治技术规程 荔枝

1 范围

本标准规定了荔枝主要病虫害的防治原则及防治技术措施。

本标准适用于我国荔枝主要病虫害的防治。

2 规范性引用文件

下列文件对于本文件的应用是必不可少的。凡是注日期的引用文件，仅注日期的版本适用于本文件。凡是不注日期的引用文件，其最新版本（包括所有的修改单）适用于本文件。

GB 4285 农药安全使用标准

GB/T 8321（所有部分） 农药合理使用准则

NY/T 5174—2008 无公害食品 荔枝生产技术规程

3 防治对象

3.1 荔枝主要病害病原、症状识别及发生特点参见附录 A。

3.2 荔枝主要害虫形态特征及发生为害特点参见附录 B。

4 防治原则

贯彻“预防为主，综合防治”的植保方针。根据荔枝主要病虫害的种类和发生为害特点，在做好预测预报的基础上，综合应用农业防治、物理防治、生物防治和化学防治等措施，实现病虫害的安全、高效控制。

4.1 加强管理，提高植株自身抗性。水肥、树体与花果管理按照 NY/T 5174—2008 的 6、7、8 和 9 的要求执行。

4.2 做好果园清洁。结合果园修剪及时剪除植株上严重受害或干枯的枝叶、花（果）穗（枝）和果实，及时清除果园地面的落叶、落果等残体，并集中处理。

4.3 利用诱虫灯或者黄色粘虫板诱杀害虫，有条件的可设置防虫网隔离害虫。

4.4 通过果实套袋等措施防治病虫害。

4.5 使用高效、低毒、低残留农药品种。农药的品种选用、喷药次数、使用方法和安全间隔期必须符合 GB/4285、GB/T 8321（全部）和 NY/T 5174 的要求。

4.6 鼓励生物防治，开展以虫治虫，以菌治虫及利用其他有益生物防治病虫害。

5 防治措施

5.1 荔枝霜疫霉病

5.1.1 农业防治

荔枝采收后要彻底修剪病枝、弱枝和荫枝；及时将落地病果、烂果收集干净，果园外深埋处理。

5.1.2 化学防治

推荐使用农药及其使用方法参见附录 C。

5.2 荔枝炭疽病

5.2.1 农业防治

加强栽培管理，增施磷钾肥和有机肥；彻底剪除病枯枝、清扫落叶、落果，集中深埋。

5.2.2 **化学防治**

推荐使用农药及其使用方法参见附录C。

5.3 **荔枝酸腐病**

5.3.1 **农业防治**

加强栽培管理，提高树体抗病力；彻底清除病果与残枝败叶，集中深埋。喷药进行田间消毒，减少侵染源。

5.3.2 **化学防治**

推荐使用农药及其使用方法参见附录C。

5.4 **荔枝叶斑病**

5.4.1 **农业防治**

加强栽培管理，增强树势；做好清园，清除枯枝落叶，集中处理。

5.4.2 **化学防治**

推荐使用农药及其使用方法参见附录C。

5.5 **荔枝溃疡病**

5.5.1 **农业防治**

加强栽培管理。剪除发病枝条，集中深埋；荫蔽树冠，及时疏枝，确保通风透光。

5.5.2 **化学防治**

推荐使用农药及其使用方法参见附录C。

5.6 **荔枝煤烟病**

5.6.1 **农业防治**

改善果园通透性。加强果园巡查，及时防治粉虱、蚜虫、介壳虫和蛾蜡蝉等害虫。

5.6.2 **化学防治**

推荐使用农药及其使用方法参见附录C。

5.7 **荔枝藻斑病**

5.7.1 **农业防治**

加强果园管理，采收后要松土施肥，合理修剪，使果园通风透光，降低果园湿度；及时清除病枝落叶，集中深埋。

5.7.2 **化学防治**

推荐使用农药及其使用方法参见附录C。

5.8 **荔枝蝽**

5.8.1 **人工捕杀**

荔枝蝽产卵盛期组织人员采摘卵块，或在荔枝蝽成虫聚集越冬时捕杀。

5.8.2 **化学防治**

根据虫害监测及测报，掌握施药关键期。早春越冬成虫开始活动，在尚未大量产卵前，进行第一次喷药。在卵块初孵期进行第二次喷药。推荐使用农药及其使用方法参见附录D。

5.8.3 **生物防治**

释放荔枝蝽卵寄生蜂——平腹小蜂（*Anastatus japonicus* Ashmead）防治。每年3月～4月荔枝蝽产卵期，每隔10 d释放平腹小蜂1次。释放量视树龄大小或荔枝蝽密度而定，一般每株次300头～500头；如虫口密度大，应先喷敌百虫压低虫口7 d～10 d后再放蜂。荔枝蝽卵跳小蜂（*Ooencyrtus corbetti* Ferrière）及蜘蛛等捕食性天敌对荔枝蝽的发生有一定的控制作用，注意保护利用。

5.9 荔枝蛀蒂虫

5.9.1 农业防治

加强清园，清扫枯枝落叶并集中深埋，控制冬梢；在虫害发生期，结合果园管理摘取虫茧叶片、受害花穗及幼果，及时清理落果，适当修剪果枝，使果园通风透光。

5.9.2 物理防治

利用诱虫灯诱杀成虫。

5.9.3 化学防治

加强虫情测报工作，分别在成虫产卵前期用化学药剂喷杀成虫，幼虫初孵至盛孵期喷杀幼虫。推荐使用农药及其使用方法参见附录 D。

5.10 荔枝粗胫翠尺蛾

5.10.1 农业防治

深耕消灭地下越冬蛹；清园，剪除虫害枝条。

5.10.2 物理防治

利用诱虫灯诱杀成虫，尤其是越冬成虫。

5.10.3 化学防治

幼虫孵化至 3 龄期使用药剂防治，推荐使用农药及其使用方法参见附录 D。

5.11 卷叶蛾类

5.11.1 农业防治

修剪病虫害枝叶，扫除树盘的地上枯枝落叶，集中处理；结合中耕除草，铲除果园内的杂草；在新梢期、花穗抽发期和幼果期，巡视果园或结合疏花疏果疏梢，人工捕杀幼虫。

5.11.2 物理防治

可利用诱虫灯诱杀成虫。

5.11.3 化学防治

推荐使用农药及其使用方法参见附录 D。

5.12 荔枝褶粉虱

5.12.1 农业防治

加强栽培管理，增强树势，合理修剪，使果园通风透光性好。

5.12.2 化学防治

1 龄～2 龄幼虫盛期施用农药进行防治。推荐使用农药及其使用方法参见附录 D。

5.13 荔枝叶瘿蚊

5.13.1 农业防治

采果后剪除虫枝、过密和荫蔽枝条，使树冠通风透光。

5.13.2 化学防治

推荐使用农药及其使用方法参见附录 D。

5.14 角蜡蚧

5.14.1 农业防治

加强果园管理，注意修剪，剪除虫枝，集中烧毁。

5.14.2 化学防治

推荐使用农药及其使用方法参见附录 D。

5.15 荔枝瘤瘿螨

5.15.1 农业防治

结合荔枝采后修剪，除去瘿螨为害枝及过密的荫枝、弱枝、病枝，使树冠通风透光。

5.15.2 **化学防治**

推荐使用农药及其使用方法参见附录D。

5.15.3 **生物防治**

荔枝园中适当留生藿香蓟等良性杂草，保护利用捕食螨等天敌。

附 录 A
(资料性附录)
荔枝主要病害病原、症状识别及发生特点

荔枝主要病害病原、症状识别及发生特点见表 A. 1。

表 A. 1 荔枝主要病害病原、症状识别及发生特点

病害名称	病 原	症状识别	发生特点
荔枝霜疫霉病	荔枝霜疫霉菌(*Peronophythora litchi* Chen ex Ko et al.)	荔枝嫩梢、叶片感染霜疫霉病,发病初期呈褐色小斑点,后逐步扩大为黄褐色不规则病斑;老叶受害,多在中脉处断续变黑,沿中脉出现少许褐斑或褐色小斑点;花穗受害,初期见少量花朵或花梗呈淡黄色,后扩展到整个花穗变成褐色,干枯死亡,似火烧状,但花朵不脱落;果实受害,初期表面出现褐色不规则病斑,蔓延后病斑呈黑褐色,果肉腐烂,有酒酸气味,流褐色汁液,湿度大时病部表面着生白色霜状霉。该病常引起大量落果、烂果,严重影响荔枝的商品价值,造成重大经济损失	较高的温度与湿度对该病发生有利,其最适发病温度为22℃~25℃,久雨不晴天或高温阵雨天利于发病
荔枝炭疽病	为害叶片与果实的病原不同,果实炭疽病病原为胶孢炭疽菌(*Colletotrichum gloeosporioides* Penz.),叶片炭疽病病原为荔枝炭疽菌(*C. litchi* Trag)	叶片受害,病斑多始自叶尖和叶缘,初呈圆形或不规则形的淡褐色小斑,后扩大成为深褐色大斑,斑面云纹明显或不明显,严重时导致叶片干枯、脱落;嫩梢受害,顶部呈萎蔫状,后枯心,病部呈黑褐色,严重时嫩叶枯焦,整条嫩枝枯死;花穗受害,小花及穗柄变褐色干枯,花蕊或花朵脱落,开花坐果受阻;近成熟的果实及采后的果实受害,果面出现黄褐色小点,后变成近圆形或不定形的褐斑,病健分界不清晰,病斑中央产生橙色孢子堆,后期果肉变味腐败 病斑表面橙红色病症是该病区别于荔枝霜疫霉病和酸腐病的主要特征	荔枝炭疽病在13℃~38℃均能发病,最适发病温度为22℃~29℃,高湿利于发病,特别是连续高温阴雨天气利于病害大发生,但过高温度对其发生有一定的抑制作用
荔枝酸腐病	荔枝酸腐病属复合病害,由荔枝酸腐病菌(*Geotrichum candidum* L. K. ex Pers.)、节卵孢菌(*Oospra* sp.)和白球拟酵母菌[*Torulopsis candida* (Ballerini and Thonon)]复合侵染而成。一般在田间为害成熟的荔枝果实或在采收储运期间易发生	在储运期间,由于病果和健果相互接触而造成病害传染。病原菌主要从伤口侵入,使果皮变褐色,果肉腐烂发出酸臭味。潮湿时病部产生细粉状白色霉层 荔枝酸腐病病部长出白色粉状霉层呈湿棉花状或白色粉状是该病与荔枝炭疽病和荔枝霜疫霉病相区别的主要特征	高温高湿有利于该病害的发生。荔枝蛀蒂虫等害虫为害严重及采收时遭到机械损伤的果实发病严重

表 A.1（续）

病害名称	病　原	症状识别	发生特点
荔枝叶斑病	荔枝叶斑病是由多种病原菌引起，主要有3种，分别为拟盘多毛孢菌[*Pestalotiopsis pauciseta*（Speg.）Stey]、叶点霉（*Phyllosticta dimocarpi* C. Y. Lai et Q. Wang）和壳二孢菌（*Ascochyta* sp.）	拟盘多毛孢菌、叶点霉和壳二孢菌引起的症状类型分别称为灰斑型、白星型和褐斑型，它们的共同症状是叶片上出现黄褐色、褐色或其他颜色的病斑。灰斑型：病斑多从叶尖向叶缘扩展，圆形至椭圆形，赤褐色，后成不规则的大病斑，呈灰白色，上可见针头大小黑色粒点。白星型：叶面小圆形的褐色病斑，扩大后为灰白色，边缘褐色，上有数个黑色小粒点。叶背病斑灰褐色，边缘不明显，周围有时有黄晕。褐斑型：初期产生圆形或不规则形褐色小斑点，扩大后，叶面病斑中央灰白色或淡褐色，边缘褐色。叶背病斑淡褐色，后期病斑上有小黑点。病斑愈合后成大病斑，蔓延至叶基，引起落叶	此病周年发生，但在高温高湿季节为主要发生期。管理不善、低洼、常积水、隐蔽度过大和虫害严重的果园利于发病
荔枝溃疡病	荔枝溃疡病的病原不详，主要在枝干发生，又称粗皮病	发病初期树皮失去光泽，以后患部渐呈皱缩，树皮粗糙龟裂，随着病斑逐渐扩大加深，出现很多突起的瘤状物，在主干，随着龟裂扩大、加深，部分皮层翘起剥落，严重时病害延及木质部，木质部变为褐色；当病斑扩展环绕枝条时，病部以上枝条叶片逐渐变黄枯死，叶片脱落，全株树势衰退，甚至整株枯死。发病时一般先从主干开始，蔓延到主枝，再一次扩展到其他大枝上。一般新生枝条发病较少	一般树体伤口多、果园虫害多、高温多湿季节时病菌容易流行
荔枝煤烟病	荔枝煤烟病的病原真菌有10多种，主要有煤炱菌（*Capnodium* sp.）、小煤炱菌[*Meliola capensis*（Kalchbr et Cooke）Thesis.]和新煤炱菌（*Neocapnodium* sp.）等	为害叶片、枝梢、花穗和果实，初期表现出暗褐色霉斑，继而向四周扩展成绒状的黑色霉层，严重时全被黑色霉状物覆盖，故称煤烟病。煤烟病影响叶片光合作用、枝条生长、花穗发育和果实生长着色，造成树势减弱，挂果率降低，果品商品价值降低	介壳虫、蚜虫、粉虱、蛾蜡蝉等发生严重的果园，常诱发煤烟病的严重发生，这些害虫在植株上取食为害时分泌出"蜜露"，病原菌以这些排泄物为养料生长繁殖从而造成为害。一般在树龄大、荫蔽、栽培管理差的果园发病严重
荔枝藻斑病	荔枝藻斑病是由寄生性绿藻头孢藻（*Cephaleuros virescens* Kunze）引起的病害，主要为害植株中下层枝梢及叶片，在老龄的荔枝树上尤为普遍	发病初期在叶面上产生许多黄褐色针头大小的圆斑，后向四周辐射状扩展，形成圆形或不规则形小斑，后扩大为不规则黑褐色斑点，在病斑上长有灰绿色或黄褐色毛绒状物，边缘不整齐。藻斑病在荔枝幼龄期发生很少	荔枝藻斑病一般在温暖、高湿的条件下或在雨季发生，蔓延迅速。在植株的枝叶密集隐蔽、通风透光差、土壤瘠薄和地势低洼、管理水平低的果园或老龄果园，此病发生为害较严重

附 录 B
(资料性附录)
荔枝主要害虫形态特征及其发生为害特点

荔枝主要害虫形态特征及其发生为害特点见表B.1。

表B.1 荔枝主要害虫形态特征及其发生为害特点

害虫名称	形态特征	发生为害特点
荔枝蝽	荔枝蝽[*Tessaratoma papillosa* (Drury)],又名荔枝椿象,俗称臭屁虫,属半翅目 Hemiptera,荔蝽科 Tessaratomidae 成虫:体长23 mm～30 mm,体黄褐色至棕褐色,椭圆形,腹面常被白色蜡粉 卵:圆形,聚集成块,每块常具14粒卵,初产时多为淡绿色或淡黄色,孵化前变为红色 若虫:共5龄,1龄体型椭圆,体色从初孵化橙红色渐变深蓝至黑色;2龄体长方形,橙红色;外缘灰黑色;3龄时翅芽初见;4龄翅芽明显,伸达第1腹节;5龄翅芽发达,伸达第3腹节,出现1对单色单眼	荔枝蝽以成、若虫刺吸为害荔枝嫩梢、枝叶、花穗及幼果,被害后嫩梢、枝叶干枯,花穗萎缩,幼果干枯脱落,严重时造成大减产或失收,其分泌的臭液有腐蚀作用,能使花蕊枯死,果皮发黑,严重影响果品质量,并能损伤人的眼睛及皮肤 荔枝蝽1年发生1代,以性未成熟的成虫在树冠浓密的树上或其他隐蔽场所聚集越冬。翌年春暖时开始活动取食、交尾和产卵,产卵盛期是3～4月。每雌平均产5个～10个卵块,每块14粒。多产在叶背,少数产在枝梢、树干或果树附近其他场所。初孵若虫有群集性,经12 h～24 h后分散取食。成若虫均有假死性,受惊扰时,即射出臭液下坠。6月间当年羽化的新成虫相继出现,上一年羽化的老成虫陆续死亡。7、8月后,荔枝园中若虫逐渐少见。大部分羽化为成虫。成虫期203 d～371 d
荔枝蛀蒂虫	荔枝蛀蒂虫(*Conopomorpha sinensis* Bradley),又名爻纹细蛾,属鳞翅目 Lepidoptera,细蛾科 Gracillariidae 成虫:体长4 mm～5 mm,体灰黑色,腹部腹面白色。前翅灰黑色、狭长,从后缘中部至外缘的缘毛甚长,并拢于体背时,前翅翅面两度曲折的白色条纹相接呈"爻"字纹,后翅灰黑色,细长如剑 卵:椭圆形,长0.3 mm～0.4 mm,初产时淡黄色,后转为橙黄色;幼虫圆筒形,乳白色,老熟幼虫中后胸背面各有2个肉状突 蛹:初期为淡绿色,后转为黄褐色,近羽化时为灰黑色,头部有一个具三角形突起的破茧器。茧扁平椭圆形,白色透明,多结于叶背	荔枝蛀蒂虫主要以幼虫蛀食为害荔枝幼果和成果,幼果被害造成落果,成果期被害,果蒂与果核之间充满虫粪,影响产量和品质。在花穗、新梢期,也能钻蛀嫩茎和幼叶中脉,被害叶片中脉变褐,花穗干枯 荔枝蛀蒂虫在广东、海南等地1年发生10代～11代,世代重叠,主要以幼虫在荔枝冬梢或早熟品种花穗穗轴顶部越冬。越冬成虫羽化交尾后2 d～5 d产卵,卵散产,具明显的趋果性和趋嫩性,每雌平均产卵114粒左右。幼虫孵出后自卵壳底面直接蛀入果实内,整个取食期间均在蛀道内,虫粪也留在蛀道中。为害荔枝果实的幼虫自第二次生理落果后(即果核从液态转为固态),开始蛀入幼果核内,引致大量落果;为害近成熟的果实时,幼虫在果蒂与果核之间食害,在果蒂与种柄之间充满褐黑色粉末状的虫粪,俗称"粪果",不堪食用
荔枝粗胫翠尺蛾	荔枝粗胫翠尺蛾(*Thalassodes immissaria* Walker),属鳞翅目,尺蛾科 Geometridae 成虫:体长11 mm～12 mm,雌成虫翅展28 mm～32 mm,翅翠绿色,满布白色细纹,前后翅自前缘至后缘具白色波状前中线和后中线各一条,后中线比较明显,前翅前缘棕黄色,触角丝状。雄成虫触角羽毛状 卵:圆鼓形,长约0.71 mm。初时浅黄色,将孵化时红色 幼虫:初孵幼虫淡黄色,后变为青色,老熟近化蛹前变红褐色。2龄以后头顶二分叉成两个角状突,臀板末端稍尖略超过臀部 蛹:长约15 mm,棕灰色至棕黄色,臀棘4对,呈倒"U"形排列	荔枝粗胫翠尺蛾主要以幼虫为害嫩梢,尤其是为害挂果梢、秋梢的生长,造成网状孔或缺刻,严重的把整片叶食光,影响正常生长,影响植株的光合作用和营养积累,从而影响花质和座果,有时也啃食幼果 荔枝粗胫翠尺蛾在海南、广州等地1年发生7代～8代,世代重叠。以蛹在树冠内叶间或地面上草丛越冬,少数在树干间隙越冬。成虫白天静伏树冠叶片,清晨及傍晚羽化,有趋光性。卵散产于嫩芽和未完全展开的嫩叶的叶尖上。幼虫以夏、秋梢为害最重。幼虫不善动,静止时平伏于叶缘背面或身体伸直如枝条,幼虫老熟后吐丝缀连相邻的叶片成苞状,并在其中化蛹。化蛹时蛹体腹末端有丝状物与覆盖物粘结在一起。3月下旬开始出现,完成1代需25 d～36 d。在气温25℃～28℃时,卵期3 d～4 d,幼虫期11 d～17 d,蛹期6 d～8 d,成虫期5 d～7 d

表 B.1（续）

害虫名称	形态特征	发生为害特点
卷叶蛾类	卷叶蛾类害虫属鳞翅目，卷叶蛾科 Tortricidae。常见的主要有灰白条小卷蛾、三角新小卷蛾和圆角卷蛾等 灰白条小卷蛾[*Dudua aprobola* (Meyrick)] 雌成虫：体长 7 mm～8 mm，翅展 22 mm 左右。头小黑色，触角丝状，灰褐色，复眼圆形黑色，颜面具黑色疏松毛丛；胸背灰黑褐色，腹面灰白色。前翅前缘区黑褐色，有钩纹，其余为灰白色，前缘 2/3 处有近方形黑斑斜纹；后翅前缘基部至端部灰白色，余为灰黑色。臀角宽大突出 雄成虫：体略小，前翅黑色或灰褐色相间，臀角边缘有一束灰黑毛 幼虫：末龄幼虫体长 12 mm～15 mm，前胸背板和 3 对胸足均为黑色，中胸以后各体节为淡黄绿或绿色 蛹：体长 8.3 mm～10 mm，红褐色。羽化前一天腹部第 8 节～第 10 节为橘黄色，其余呈深黑色 三角新小卷蛾(*Olethreutes leucaspis* Meyrick) 成虫：翅展翅展约 15 mm。头黑色，头顶具疏松黑毛。雌雄触角均为丝状，基部较粗，黑褐色，前翅前缘约 2/3 处有一淡黄色三角形斑块。后翅前缘从基角至中部灰白色，其余为灰黑褐色 卵：长椭圆形，正面中央稍拱起，表面有近正六边形的刻纹。初产乳白色，将孵化时呈黄白色 幼虫：初孵体长约 1 mm，老熟幼虫至预蛹期灰褐或黑褐色 圆角卷蛾(*Eboda cellerigera* Meyrick) 成虫：体灰黑色。触角丝状，较短，约为前翅的 1/2。头顶有深灰色毛丛，复眼黑色。前翅呈长椭圆形，基半部和前缘深棕褐色，端半部浅棕褐色，中部有一肾形纹，静止时，左右两翅肾形纹合拢形似“M”。前翅外缘有 6 个～7 个金黄色小圆斑；后翅灰黑色。腹部背面灰黑色，腹面银白色 幼虫：末龄幼虫全体黄绿色。老熟幼虫背中线两侧各有一条红色纵带 蛹：初蛹翅芽青绿色，腹部黄褐色；中后期全体黄褐色 褐带长卷蛾(*Homona coffearia* Nietner) 雌成虫：体长 8 mm～10 mm。体色为黄褐色或暗褐色。头小，下唇须向上翘。前翅暗褐色或黄褐色，后翅淡黄色 卵：椭圆形，呈鱼鳞状排列成卵块，上覆胶质薄膜。初产时淡黄色，渐变深黄至褐色。食叶的幼虫体黄绿色，蛀果的幼虫体白色 幼虫：老熟幼虫体长 20 mm～23 mm 蛹：黄褐色，常化蛹于卷叶中。腹端常具 8 根卷丝臀刺。蛹背面中胸后缘中央向后突出，末端近平截状	卷叶蛾类害虫主要以幼虫取食为害花穗与嫩叶，为害时，幼虫吐丝将几枝小穗梗或将几张小叶缀成“虫苞”，躲在其中危害，但亦有用一片叶纵折成卷筒形而藏身其中，严重时可将花穗和叶片吃光，或以幼虫蛀食果实果核、花穗和嫩梢的髓部，造成幼果大量落果及嫩梢与花穗枯死 灰白条小卷蛾年发生代数不详。成虫夜间羽化，有趋光性，幼虫多在果树抽梢期发生，常将几片小叶缀成较大虫苞，在苞内取食。苞内的幼虫期 19 d～20 d，蛹期 8 d～9 d 三角新小卷蛾该虫年发生 9 代～10 代，世代重叠。成虫夜晚交尾产卵，卵散产于已萌动梢芽的复叶或小叶缝隙间或小叶叶脉间，卵期最短 2 d～5 d；幼虫期都藏匿于叶梢卷叶为害，幼虫期 9 d～41 d；老熟幼虫多在梢老叶片上沿叶边缘作叶苞化蛹，蛹期 7 d～39 d；成虫多于白天羽化，寿命约 16 d 圆角卷蛾该虫在海南全年均可见，5 月发生较多。幼虫受惊扰即跳跃下坠逃逸。老熟幼虫多在叶苞内或花器团中化蛹 褐带长卷蛾该虫在广东年发生 7 代左右，多以幼虫在荔枝卷叶或附近杂草中越冬。1 龄幼虫取食果皮，2 龄～3 龄以后幼虫蛀果为害，使果实脱落；或吐丝将多片叶缀在一起成较大的虫苞，匿藏其中取食嫩芽幼叶，遇惊扰即吐丝下坠逃跑。成虫多于清晨羽化，日间静伏于枝叶上，交尾产卵多在夜间。卵块多产于叶面中脉附近，有时也产于叶背、枝梢上。雌蛾繁殖力强，主要产卵于叶面，每雌平均产卵约 330 粒。幼虫常在卷叶内、老叶间化蛹，部分为害果实的幼虫在果中化蛹

表 B.1（续）

害虫名称	形态特征	发生为害特点
荔枝褶粉虱	荔枝褶粉虱(*Aleurotrachelus* sp.)属同翅目，粉虱科 Aleyrodidae 成虫：体橘红色，薄敷白粉，体长约 0.5 mm，前翅灰黑色，有 9 个不规则白斑，后翅较小，淡灰色。雄虫体较小 卵：长圆形，白色至淡黄色 若虫：初孵若虫淡黄色。老龄若虫近圆形，扁平，背部中央稍隆起，浅黄色至棕黄色。体缘齿突双层，胸部背面两侧有皱折，皿状孔小 蛹：与 3 龄幼虫相似	荔枝褶粉虱主要以若虫为害叶片，叶面出现黄色斑点，会诱发煤烟病，若虫死后还会引起霉菌发生。是近年发生为害的种类且有加重的趋势 荔枝褶粉虱以老熟若虫和蛹在叶背越冬，翌年 3 月左右羽化，为害荔枝春梢，并产卵于叶背。孵化后的幼虫固定在叶背吸取汁液，使叶片出现黄色斑点。第 1 代成虫于 5 月出现，为害夏梢，世代重叠。最后一代为害秋梢，并发育成长，成越冬代
荔枝叶瘿蚊	荔枝叶瘿蚊(*Dasineura* sp.)属双翅目，瘿蚊科 Ithonidae 成虫：体纤弱。雌虫体长 1.5 mm～2.1 mm，头小于胸部，足细长，触角念珠状，前翅灰黑色，半透明，腹部暗红色。雄虫体长 1 mm～1.8 mm 卵：椭圆形，无色透明 幼虫：前期近无色透明，老熟时橙红色，前胸腹面有黄褐色 Y 形骨片 蛹：为裸蛹，初期橙色，渐变暗红色，羽化前复眼、触角及翅均为黑色	荔枝叶瘿蚊主要以幼虫为害荔枝嫩叶，初期出现水渍状点痕，随着幼虫的生长，点痕逐渐向叶面、叶背两面突起，形成瘤状虫瘿。严重时一片小叶上可有数十到上百粒虫瘿，可致叶片扭曲，嫩叶干焦。幼虫老熟脱瘿后，虫瘿逐渐干枯，最后呈穿孔状，影响叶片光合作用及营养积累，影响花质及座果 荔枝叶瘿蚊在海南等地一年发生 7 代，以幼虫在叶片的虫瘿内越冬，翌年 2 月下旬越冬幼虫老熟，从叶片虫瘿内爬出入土化蛹，3 月下旬成虫羽化出土交尾产卵。卵多产于展开的红色嫩叶背面，卵期 1 d，孵化后，幼虫从幼叶背钻入叶肉组织，老熟前，幼虫一直生活在虫瘿内，无转移习性。幼虫入土及成虫羽化出土都要求有较高的空气湿度和土壤含水量，在隐蔽和潮湿的荔枝园发生较多，树冠内膛和下层抽发的新梢受害也较多，春梢受害较重
角蜡蚧	角蜡蚧[*Ceroplastes ceriferus*(Anderson)]，属同翅目，蜡蚧科 Coccidae 成虫：雌成虫椭圆形，赤褐色，分泌白色厚蜡质层覆盖虫体，蜡质层背中部向上隆起几乎为半球形，白色，略带淡红，尾端向后突出成锤状蜡角，蜡角短，顶端钝，后期此蜡角逐渐融消。触角 6 节，其中以第 3 节最长 雄成虫：红褐色，触角 10 节，具翅 1 对，交尾器针状 卵：长椭圆形，初产肉红色，渐变红褐色 若虫：长卵形，红褐色。初孵若虫体长 0.5 mm，腹面平，背面隆起，头部稍宽 蛹：红褐色，长约 1 mm	角蜡蚧以成虫、若虫在寄主新叶、枝条上吸食为害，受害果树生长不良，枝枯叶黄，并诱发煤烟病，严重时整株死亡 角蜡蚧 1 年发生 1 代，以受精雌成虫越冬。翌年 4 月开始产卵，每头雌成虫产卵 1 000 粒以上。卵盛孵期 5 月～6 月。若虫在嫩梢、叶片固定取食，体背及周围不断分泌蜡质，直至背中蜡突明显向前倾斜伸出并略呈弯钩状时，若虫则蜕变为成虫
荔枝瘤瘿螨	荔枝瘤瘿螨[*Aceria litchii* (Keifer)]，又称荔枝毛蜘蛛。属真螨目 Acariformes，瘿螨科 Eriophyidae 雌成螨：体长 0.11 mm～0.14 mm，宽 0.04 mm，厚 0.03 mm，狭长，蠕虫状，初呈淡黄色，后逐渐变为橙黄色。头小，螯肢和须肢各 1 对，足 2 对，大体背腹环数相等，由 55 环～61 环组成，均具有完整的椭圆形微瘤。腹部末端渐细，有长尾 1 对。雄螨难采集到 卵：微小，球形，光滑，淡黄色，半透明 若螨：体似成螨，略小，初孵时体灰白色，后渐变淡黄色，腹部环纹不明显，尾端尖细	荔枝瘤瘿螨以成、若螨吸取荔枝叶片、枝梢、花和果实汁液。叶片被害部位初期出现稀疏的无色透明状绒毛，以后逐渐变为密集的黄褐色至深褐色绒毛，形似"毛毡"状，被害叶片凹凸不平，叶面扭曲畸形。被害枝梢干枯，花序、花穗被害则畸形生长，不能正常开花结果，幼果被害则容易脱落，影响荔枝生产 荔枝瘤瘿螨在广州 1 年可发生 16 代，世代重叠。以成螨在枝冠内膛的晚秋梢或冬梢毛毡中越冬。3 月初开始为害，4 月开始大量繁殖，5 月～6 月是为害盛期。以后各时期嫩梢亦常被害，但冬梢受害较轻 荔枝瘤瘿螨生活在虫瘿绒毛间，平时不甚活动，阳光照射或雨水侵袭之际则较活跃，在绒毛间上下蠕动。产卵在绒毛基部。喜隐蔽，树冠稠密、光照不良的环境，树冠下部和内部虫口密度较大；叶片上则以叶背居多。可借苗木、昆虫、器械和风力等传播蔓延

附　录　C
(资料性附录)
荔枝主要病害推荐使用农药及其使用方法

荔枝主要病害推荐使用农药及其使用方法见表 C.1。

表 C.1　荔枝主要病害推荐使用农药及其使用方法

防治对象	推荐药剂	有效浓度	使用方法
荔枝霜疫霉病	嘧菌酯	150 mg/kg～250 mg/kg	在花蕾发育期喷药消毒预防，始花期再喷一次，坐果后每隔 10 d～15 d 喷药一次预防，直至果实采收安全间隔期前
	啶氧菌酯	125 mg/kg～167 mg/kg	
	吡唑醚菊酯·代森联	300 mg/kg～600 mg/kg	
	精甲霜灵·代森锰锌	680 mg/kg～850 mg/kg	
	氟吗啉·三乙膦酸铝	600 mg/kg～800 mg/kg	
	代森锰锌	1 333 mg/kg～2 000 mg/kg	
	氰霜唑	40 mg/kg～50 mg/kg	
	甲霜灵·代森锰锌	966.7 mg/kg～1 450 mg/kg	
	双炔酰菌胺	125 mg/kg～250 mg/kg	
荔枝炭疽病	苯醚甲环唑	227 mg/kg～278 mg/kg	在春、夏、秋梢叶片转绿期、花穗生长期、挂果期应喷药保护。每隔 7 d～10 d 喷 1 次，连喷 2 次～3 次，大雨后加喷 1 次
	腈菌唑	66.7 mg/kg～100 mg/kg	
	咪鲜胺	208.3 mg/kg～250 mg/kg	
	醚菌酯	125 mg/kg～166.7 mg/kg	
荔枝酸腐病	甲基硫菌灵·百菌清	700 mg/kg～900 mg/kg	结合荔枝霜疫霉病、炭疽病的防治进行药剂喷施
	甲霜灵·百菌清	720 mg/kg～900 mg/kg	
荔枝叶斑病	甲基硫菌灵·百菌清	700 mg/kg～900 mg/kg	重点做好发病初期的防治。对重病园，应在夏秋梢萌动期喷药防治。一般喷药 3 次，间隔 10 d 喷 1 次药
荔枝溃疡病	氧化亚铜	1 283 mg/kg～1 925 mg/kg	每隔 15 d～20 d 涂 1 次，连用涂 3 次或多次涂药直至病状消失
	噻菌铜	285.7 mg/kg～666.7 mg/kg	
	王铜	167 mg/kg～250 mg/kg	
	氢氧化铜	1 283 mg/kg～1 925 mg/kg	喷雾
荔枝煤烟病	醚菌酯	125 mg/kg～166.7 mg/kg	一般喷药 3 次，间隔 10 d 喷 1 次药
	氢氧化铜	1 283 mg/kg～1 925 mg/kg	
	腈菌唑	66.7 mg/kg～100 mg/kg	
荔枝藻斑病	氢氧化铜	1 283 mg/kg～1 925 mg/kg	发病初期，病斑处于灰绿色时及时喷药防治 1 次～2 次

附 录 D
(资料性附录)
荔枝主要虫害推荐使用农药及其使用方法

荔枝主要虫害推荐使用农药及其使用方法见表D.1。

表D.1 荔枝主要虫害推荐使用农药及其使用方法

防治对象	推荐使用农药	有效浓度	使用方法
荔枝蝽	敌百虫	600 mg/kg～750 mg/kg	重点抓好早春(3月中下旬至4月初)对越冬成虫及嫩梢和挂果期(3月～5月)对3龄前若虫的防治。在当地越冬成虫恢复活动及卵大量孵化时及时进行挑治或全面防治
	高效氯氰菊酯·三唑磷	86.67 mg/kg～130 mg/kg	
	高效氯氰菊酯	15 mg/kg～20 mg/kg	
	溴氰菊酯	5 mg/kg～8.3 mg/kg	
	高效氯氟氰菊酯	6.25 mg/kg～12.5 mg/kg	
	氯氰菊酯·马拉硫磷	60 mg/kg～150 mg/kg	
荔枝蛀蒂虫	毒死蜱	333.3 mg/kg～500 mg/kg	花期、幼果期、中果期和果实转色期各喷一次药;蛹累计羽化率在40%时喷一次药,隔7 d～10 d再喷一次
	灭幼脲	125 mg/kg～166.7 mg/kg	
	高效氯氰菊酯·三唑磷	86.67 mg/kg～130 mg/kg	
	毒死蜱·氯氰菊酯	261.3 mg/kg～522.5 mg/kg	
	敌百虫	600 mg/kg～750 mg/kg	
荔枝粗胫翠尺蛾	高效氯氰菊酯	15 mg/kg～20 mg/kg	在幼虫幼龄时喷雾防治
	毒死蜱	333.3 mg/kg～500 mg/kg	
	阿维菌素	4.5 mg/kg～6 mg/kg	
卷叶蛾类	毒死蜱	333.3 mg/kg～500 mg/kg	新梢期、花穗抽发期和盛花期前后进行测报,幼虫孵化至3龄期喷药防治
	阿维菌素	4.5 mg/kg～6 mg/kg	
	敌百虫	600 mg/kg～750 mg/kg	
	高氯·辛硫磷	110 mg/kg～147 mg/kg	
荔枝褶粉虱	吡虫·毒死蜱	100 mg/kg～110 mg/kg	在1龄～2龄若虫盛发期喷药防治效果明显
	阿维·啶虫脒	17.6 mg/kg～22 mg/kg	
荔枝叶瘿蚊	敌百虫	600 mg/kg～750 mg/kg	嫩叶展开前后这段时期进行喷药保护，每隔7 d～10 d喷一次，连喷2次～3次
	毒死蜱	333.3 mg/kg～500 mg/kg	
角蜡蚧	毒死蜱	333.3 mg/kg～500 mg/kg	幼蚧初发盛期,尤其是1龄若虫时施药防治。一般7 d～10 d施1次药,连施2次～3次
	高效氯氰菊酯	50 mg/kg	
荔枝瘤瘿螨	高效氯氟氰菊酯	6.25 mg/kg～12.5 mg/kg	重点做好嫩梢期、花蕾期及幼果期的喷药防治
	阿维菌素	4.5 mg/kg～6 mg/kg	
	甲维哒螨灵	77.5 mg/kg～103 mg/kg	

ICS 65.100
B 17

中华人民共和国农业行业标准

NY/T 1965.3—2013

农药对作物安全性评价准则 第3部分：种子处理剂对作物安全性评价室内试验方法

Guidelines for crop safety evaluation of pesticides
Part 3: Laboratory test for crop safety evaluation of seed treatment agents

2013-05-20 发布　　　　2013-08-01 实施

中华人民共和国农业部　发布

前　言

NY/T 1965《农药对作物安全性评价准则》为系列标准：

——第1部分：杀菌剂和杀虫剂对作物安全性评价室内试验方法；

——第2部分：光合抑制性除草剂对作物安全性测定试验方法；

——第3部分：种子处理剂对作物安全性评价室内试验方法；

…………

本部分是《农药对作物安全性评价准则》的第3部分。

本部分按照GB/T 1.1—2009给出的规则起草。

本部分由农业部种植业管理司提出并归口。

本标准起草单位：农业部农药检定所、中国农业大学农学与生物技术学院、种苗健康北京市工程研究中心。

本标准主要起草人：李健强、朱春雨、吴新平、刘西莉、张文君、黄中乔、罗来鑫。

农药对作物安全性评价准则
第3部分:种子处理剂对作物安全性评价室内试验方法

1 范围

本部分规定了种子处理剂使用后对作物产生药害风险的室内试验及安全性评价的基本要求和方法。

本部分适用于评价拟申请登记的种子处理剂对作物的直接药害风险。

适用靶标作物包括粮食作物、瓜菜类作物、经济作物等作物的种子或秧苗(含组培苗)。

2 规范性引用文件

下列文件对于本文件的应用是必不可少的。凡是注日期的引用文件,仅注日期的版本适用于本文件。凡是不注日期的引用文件,其最新版本(包括所有的修改单)适用于本文件。

GB/T 3543.4 农作物种子检验规程 发芽试验

3 术语和定义

下列术语和定义适用于本文件。

3.1

安全性 safety

种子处理剂在推荐使用剂量范围内及高于推荐剂量一定范围内使用,处理后对作物种子萌发或生长不会造成严重不可逆伤害,不影响作物产量和品质的特性。一般安全性越高,药害风险越低。

3.2

药害 phytotoxicity

种子处理剂使用后对作物生长产生的可视性伤害。

3.3

种子处理 seed treatment

药剂对种子、种苗进行包衣、拌种、浸种等处理。

4 基本要求

4.1 试验药剂

4.1.1 药剂

采用与申请登记药剂组分或配方一致的样品,注明通用名、有效成分含量和剂型。

4.1.2 剂量设置

以生产企业推荐的田间药效试验最高剂量为最低试验剂量,按1×、1.5×、2×和2.5×剂量的梯度设计试验处理剂量,并设不含药剂的处理作为空白对照。

4.2 供试作物

4.2.1 品种

不同品种或生物型的作物对种子处理剂的敏感性存在很大差异,种子处理剂对作物安全性试验,须选用拟申请登记作物的3个以上不同生物型品种(如:水稻的粳稻、籼稻、糯稻),如该作物品种的生物型数量不足3个，则选用3个以上(含3个)不同的主栽品种，记录作物品种名称和来源。

4.2.2 栽培

每个作物品种种子的种质或生长势应保持一致。选用干净饱满的种子，采用营养一致的土壤或基质，在气候条件可控的培养箱或温室内培养，保持良好的水肥管理。

5 仪器设备

5.1 人工气候培养箱或光照培养箱、人工气候室或可控日光温室(可控光照、温度、湿度)；

5.2 电子天平：感量±0.1 mg；

5.3 干燥箱；

5.4 移液器；

5.5 盆钵或育秧盘：盆钵直径150 mm～200 mm，育秧盘30 cm×60 cm；

5.6 培养皿(发芽盒)。

6 试验方法

6.1 试材

种子：去除空瘪粒，种质一致，冲洗干净并晾干，对照发芽率应在85%以上。

土壤：经风干过筛(60目)，装入金属容器，干燥箱中160℃下烘烤6 h，晾凉后备用。

河沙：60目～70目，pH为6.0～7.5。使用前必须进行洗涤和高温消毒。用于种子发芽试验使用过的沙子不能重复使用。

6.2 药剂处理

6.2.1 一般原则

根据生产企业推荐的田间药效试验时药剂处理时期和处理方法选择。种子处理方式包括使用药剂进行包衣、拌种和浸种等。

6.2.2 浸种法

将定量种子浸泡在根据药剂剂量设置而配制的定量药液中，浸泡时间与生产常规一致。处理后直接捞出或清洗，编号晾干后备用。以浸种方法处理种子的药剂，应该具有水溶性或均匀的水悬浮性，避免对水稀释后沉淀或析出而处理不均匀。

6.2.3 拌种法

按照剂量设置将药剂与种子在适当大小的容器内搅拌均匀，或者将药剂添加少量水稀释后再与种子搅拌均匀，处理按照无药对照和从低剂量至高剂量的顺序进行，编号晾干后备用。

6.2.4 包衣法

按照剂量设置和使用要求将药剂添加少量水稀释调成浆状药液后或直接将药剂(种衣剂)与种子在适当大小的容器内搅拌，使药剂在种子表明均匀成膜。处理按照无药对照和从低剂量至高剂量的顺序进行，编号晾干后备用。

6.3 安全性试验

6.3.1 一般原则

先通过发芽试验检测药剂对作物种子发芽的安全性，如检测结果为严重抑制发芽，则不需再做出苗试验；如发芽试验无明显抑制，则需通过出苗试验进一步验证药剂对作物的安全性。

6.3.2 发芽试验

将灭菌的河沙(60目～70目)装入培养皿(发芽盒)内，含水量控制为其饱和含水量的60%～80%(禾谷类等中、小粒种子为60%，豆类等大粒种子为80%)。将各处理的100粒～200粒种子(每25粒～

50 粒种子一个重复,共 4 次重复)放置于培养皿(发芽盒)内,压入沙层的表面,然后根据不同作物种子的特性,按 GB/T 3543.4 的要求放置于适宜条件下培养,每天观察发芽情况。记录并计算对照发芽50%、100%及对照完全发芽 3 d～5 d 后的各处理发芽率及根长和根数。

种子发芽的标准:

a) 禾谷类作物种子,正常发育主根长度超过种子长度,幼芽长度超过种子长度 1/2;

b) 圆粒种子幼根和幼芽长度超过种子直径;

c) 小粒豆类植物种子有正常幼根,并有一个幼根与子叶相连;

d) 林木种子的幼根正常,并长于种子长度 1/2,小粒种子幼根长度超过种子长度的,均定为发芽。

6.3.3 出苗试验

将营养一致的土壤装于育秧盘或盆钵内,孔隙度相似,土壤含水量大约 60%。将各处理的 100 粒～200 粒种子(每 25 粒～50 粒种子一个重复,共 4 次重复)分别播种于盆钵内平整的土壤表面,再覆土 2 mm～10 mm(因种质而异),放置于适宜条件下培养。播种后,注意保持土壤湿润,利于种子发芽出苗。于出苗后 7 d、14 d、21 d 定期观察记录出苗情况。记载作物的生长状况和描述药害症状,检查和计算不同处理间的出苗率、出苗势(整齐度以株高标准差表示)、苗高、根长、根数(禾本科作物)和鲜重(或干重)。

7 药害症状观察描述

7.1 发芽试验药害症状

a) 不发芽:种子失去发芽能力;

b) 发芽率降低:单位数量的种子发芽比例降低;

c) 变色:胚根变色;

d) 坏死:幼芽或生长点枯死、腐烂等。

7.2 出苗试验药害症状

a) 出苗率降低:单位数量的种子出苗比例降低;

b) 缺苗:种子发芽后不能出土枯死或腐烂;

c) 幼苗僵化:出土形成的幼苗不能自然伸展和生长;

d) 分蘖减少:作物种子(如水稻等)发芽出土后形成的单株分蘖数量减少;

e) 畸形:分蘖异常或减少、生长不定根、侧向生长、徒长、叶片卷曲或扭曲变形、茎缢缩等;

f) 生长发育延缓:矮化、节间缩短、叶片伸展受抑、出苗不齐、成熟期改变、生长发育停滞;

g) 植株颜色不正常:如黄化等;

h) 萎蔫:植株失水萎蔫、青枯。

8 药害程度观察记录

8.1 抑制发芽或出苗

观察药剂处理后对作物种子发芽和出苗的影响,记录作物种子发芽或出苗受抑制的比率,或延缓出苗的天数等信息。

8.2 变色

观察出苗后作物叶片等部位变色情况,记录变色程度和变色叶片占供试作物全部叶片的比率,以及变色是否可恢复和恢复所需的天数等信息。

8.3 坏死

观察施药后作物不同部位器官坏死情况,记录出现斑点或坏死的器官占供试作物全部器官的比率,以及斑点或坏死面积占作物器官面积的比例。

8.4 生长停滞

观察施药后对作物生长的影响，记录出苗后 21 d 作物生长（植株或枝条或根系新生高度或长度）受抑制情况等信息。

8.5 萎蔫

观察出苗后作物叶片出现萎蔫症状情况，记录出现萎蔫症状时间及萎蔫持续时间，是否可恢复以及恢复所需时间等信息。

8.6 畸形

观察记录出苗后 21 d 作物植株分蘖异常、生长不定根、侧向生长、徒长、叶片卷曲或扭曲变形、茎缢缩等情况，记录产生畸形的植株数量及占全部植株的比例等信息。

9 药害程度计算

9.1 发芽率和出苗率的抑制率

按式(1)计算发芽率或出苗率(%)。

$$G=\frac{N_1}{N_2}\times 100 \quad \cdots\cdots (1)$$

式中：

G ——发芽率或出苗率，单位为百分率(%)；

N_1 ——发芽或出苗数；

N_2 ——测试种子数。

按式(2)计算发芽率和出苗率的抑制率(%)。

$$I=\frac{C-T}{C}\times 100 \quad \cdots\cdots (2)$$

式中：

I ——发芽率或出苗率的抑制率，单位为百分率(%)；

C ——空白对照发芽率或出苗率，单位为百分率(%)；

T ——药剂处理的发芽率或出苗率，单位为百分率(%)。

9.2 生长速率抑制率

按式(3)计算生长速率。

$$R=\frac{L}{D} \quad \cdots\cdots (3)$$

式中：

R ——生长速率，单位为毫米每天(mm/d)；

L ——植株或枝条或根系新生高度或长度，单位为毫米(mm)；

D ——时间，单位为天(d)。

按式(4)计算生长速率抑制率(%)。

$$RI=\frac{R_{ck}-R_t}{R_{ck}}\times 100 \quad \cdots\cdots (4)$$

式中：

RI ——生长速率抑制率，单位为百分率(%)；

R_{ck} ——空白对照生长速率；

R_t ——药剂处理的生长速率。

9.3 统计分析

用数据处理系统(DPS)或统计分析系统(SAS)等标准统计软件对试验数据进行回归分析，比较各处理间的差异显著性。

10 安全性评价与结果

根据测试靶标作物的经济价值和药害症状及伤害程度,评价药剂对作物的安全性。根据统计结果进行分析评价,写出正式试验报告,并列出原始数据和附药害症状照片。

ICS 65.020
B 16

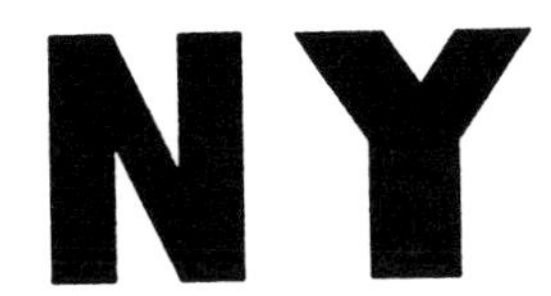

中华人民共和国农业行业标准

NY/T 2308—2013

花生黄曲霉毒素污染控制技术规程

Code of practice for the prevention and reduction of aflatoxin contamination in peanuts

2013-05-20 发布 2013-08-01 实施

中华人民共和国农业部 发布

前　言

本标准按照 GB/T 1.1—2009 给出的规则起草。

本标准由农业部种植业管理司提出并归口。

本标准起草单位：中国农业科学院油料作物研究所、农业部油料及制品质量监督检验测试中心。

本标准主要起草人：丁小霞、李培武、廖伯寿、周海燕、白艺珍、印南日、陈小媚。

花生黄曲霉毒素污染控制技术规程

1 范围

本标准规定了花生生产、储藏、运输与加工过程中黄曲霉毒素污染控制的技术及要求。

本标准适用于我国花生生产、储藏、运输及加工过程中黄曲霉毒素污染控制。

2 规范性引用文件

下列文件对于本文件的应用是必不可少的。凡是注日期的引用文件,仅注日期的版本适用于本文件。凡是不注日期的引用文件,其最新版本(包括所有的修改单)适用于本文件。

GB 2761 食品安全国家标准 食品中真菌毒素限量

GB 4407.2 经济作物种子 油料类

3 技术要求

3.1 田间生产

3.1.1 种植地

选择肥沃、排灌方便的轻壤土或砂土地块。

3.1.2 播种

3.1.2.1 品种

根据当地自然条件、农艺特点、市场需求和优势区域规划选择抗黄曲霉毒素侵染或产毒、抗病、抗逆性强、优质丰产、适应性广的花生品种。

3.1.2.2 种子

种子符合 GB 4407.2 的要求,剥壳前 10 d～15 d 晒果 2 d～3 d,脱壳后选用大小均匀一致、籽粒饱满、完整无损伤的种仁。

3.1.2.3 播种期

根据地温、墒情、品种、土壤、栽培方法等,结合当地自然条件、栽培制度和品种特性等综合考虑,确定适宜播种期。一般当 5 cm 土层地温稳定在 12℃～15℃时,便可播种。

3.1.2.4 播种密度

合理密植,播种规格为(40±5) cm×(18±3) cm,播种深度 3 cm～5 cm,每穴播 2 粒下种,亩植 0.9 万穴～1 万穴。

3.1.3 田间管理

3.1.3.1 施肥

以基肥为主,追肥为辅。基肥以有机肥为主,追肥宜早不宜迟。少施氮肥,避免徒长、倒伏。

3.1.3.2 中耕除草

在花生开花下针前,完成中耕除草和培土。

3.1.3.3 合理排灌

起畦后做好三级排灌沟,保证花生生育期的灌、排水需求。收获前 3 周～5 周,如遇干旱少雨天气,进行适当灌溉,保持土壤持水量在 35%以上。应避免在土壤温度高的时候进行灌溉,避免花生荚果破裂。

3.1.3.4 病虫害防治

3.1.3.4.1 预防措施

加强检疫，严禁从病区引种。烧毁田间病残体，实行3年～4年的合理轮作制，如无法轮作，旱坡地采取深翻(30 cm以上)、深刨、增施有机农肥等措施改善土质，并施用石灰和杀虫谱广的化学药剂进行土壤消毒和病虫害防治。

3.1.3.4.2 药剂防治

播种前，用药剂拌种，每20 kg种子用25%多菌灵100 g加水8 kg浸种，再用90%钼酸铵10 g拌种，现拌现播；开花下针期，用10%吡虫啉可湿性粉剂2 000倍液喷雾防治蚜虫。

3.1.4 收获和干燥

3.1.4.1 适期收获

依据花生正常成熟期，一般适当提前5 d左右收获，避免在雨天收获。饱果指数65%以上时，立即收获。

3.1.4.2 干燥

花生成熟后，尽快刨起花生，在田间利用阳光适度干燥，并尽快摘果，避免剧烈摔打、挤压、堆压。花生果要及时晒干，将含水量控制在10%以下。如阴雨天气，采用人工干燥设备，干燥后，迅速包装。

3.2 储藏

3.2.1 储藏前准备

3.2.1.1 干燥及筛选

储存前确保花生水分降至安全水分，花生果9%～10%，花生仁8%～9%，进行筛选，剔除幼果、荚果破损果、霉变果及杂质。

3.2.1.2 场地选择

选择清洁干燥，具通风降温措施和防虫、防鼠能力的仓库或平整、无积水、封盖严密、垛底垫高并合理铺垫的堆垛储藏花生。

3.2.2 储藏方法

采用适合少量样品的密闭性容器储藏，或大量样品的保温库储藏，常年保持库温15℃以下。对不同产地、品种和含水量的样品最好分别堆存，以保证在后续加工中不被混淆。

3.2.3 储藏期间管理

储藏期间定期检查温湿度、荚果或籽仁含水量，储藏温度不超过15℃，相对湿度70%以下，加强虫害管理，防止霉变发生。

3.3 运输

3.3.1 运输容器

宜选用洁净、干燥的容器作为运输容器。运输容器使用前可采用登记的熏蒸剂或杀虫剂对运输容器进行消毒，保证运输容器没有真菌、昆虫、熏蒸剂或杀虫剂残留等任何可造成花生产品污染的成分。

3.3.2 运输工具

宜采用清洁、干燥的运输工具来运输花生。运输途中，宜采用密封容器、遮盖物或防水帆布罩保护花生，防止外界水分进入，并避免温度波动。

3.4 加工过程

3.4.1 加工厂资格

从事花生加工企业必须具备检疫卫生登记资格。

3.4.2 收购与验收

宜从污染水平较低的地区收购花生原料，原料进厂前，严格检验，确保花生果水分在10%以下，花生仁水分在9%以下，霉果率在1%以下，黄曲霉毒素含量应符合GB 2761的要求。

3.4.3 加工前准备

加工前进行精选，将发霉、发芽、虫蚀粒等挑拣干净。加工设备应保持卫生、整洁，不得留存花生果、仁或碎粒。

3.4.4 脱壳

应选择改良机械的脱壳方式，杜绝施水，减少损伤。脱壳后，用清洁卫生、透气性好的包装物盛放存储。

3.4.5 加工

对来自不同产地花生应尽量做到分别加工，对水分含量差异明显的原料不得混合加工，以防水分转移，产生霉变。

3.4.6 加工品储存

加工成品应存放于宽敞、清洁、通风、阴凉、具备控温控湿措施的仓库，应定时取样检测成品中黄曲霉毒素含量，发现超标批次，应单独存放，并通知相关部门及时处理。

ICS 65.020
B 16

中华人民共和国农业行业标准

NY/T 2309—2013

黄曲霉毒素单克隆抗体活性鉴定技术规程

Technical rules for activity identification of monoclonal antibodies against aflatoxins

2013-05-20 发布　　2013-08-01 实施

中华人民共和国农业部　发布

前　言

本标准按照 GB/T 1.1—2009 给出的规则起草。

本标准由农业部种植业管理司提出并归口。

本标准起草单位:中国农业科学院油料作物研究所、农业部油料及制品质量监督检验测试中心。

本标准主要起草人:李培武、李冉、丁小霞、周海燕、张奇。

黄曲霉毒素单克隆抗体活性鉴定技术规程

1 范围

本标准规定了黄曲霉毒素单克隆抗体的活性鉴定方法。

本标准适用于黄曲霉毒素单克隆抗体的活性鉴定。

2 规范性引用文件

下列文件对于本文件的应用是必不可少的。凡是注日期的引用文件，仅注日期的版本适用于本文件。凡是不注日期的引用文件，其最新版本(包括所有的修改单)适用于本文件。

GB/T 6682 分析实验室用水规格和试验方法

3 试剂

除非另有说明，均使用分析纯试剂和GB/T 6682规定的一级水。

3.1 碳酸钠(Na_2CO_3)：分析纯。

3.2 碳酸氢钠($NaHCO_3$)：分析纯。

3.3 十二水合磷酸氢二钠($Na_2HPO_4 \cdot 12H_2O$)：分析纯。

3.4 磷酸二氢钾(KH_2PO_4)：分析纯。

3.5 氯化钠(NaCl)：分析纯。

3.6 氯化钾(KCl)：分析纯。

3.7 柠檬酸($C_6H_7O_8 \cdot H_2O$)：分析纯。

3.8 过氧化氢尿素[$CO(NH_2)_2 \cdot H_2O_2$]：分析纯。

3.9 黄曲霉毒素完全抗原：纯度≥98%。

3.10 卵清白蛋白(Ovalbumin，OVA)。

3.11 3,3',5,5'-四甲基联苯胺(3,3',5,5'- Tetramethylbenzidine，TMB)。

3.12 甲醇(CH_3OH)：分析纯。

3.13 无水乙醇(CH_3CH_2OH)：分析纯。

3.14 吐温-20(Tween-20)。

3.15 羊抗鼠IgG辣根过氧化物酶标二抗。

3.16 黄曲霉毒素标准品(黄曲霉毒素B_1、黄曲霉毒素B_2、黄曲霉毒素G_1、黄曲霉毒素G_2、黄曲霉毒素M_1，即AFB_1、AFB_2、AFG_1、AFG_2、AFM_1)：纯度≥99%。

3.17 黄曲霉毒素标准储备液：准确称取黄曲霉毒素B_1，黄曲霉毒素B_2、黄曲霉毒素G_1、黄曲霉毒素G_2和黄曲霉毒素M_1标准样品，用甲醇(3.12)配制成0.100 mg/mL的储备液。

3.18 黄曲霉毒素标准工作液：准确移取黄曲霉毒素B_1、黄曲霉毒素B_2、黄曲霉毒素G_1、黄曲霉毒素G_2和黄曲霉毒素M_1标准储备液，用甲醇稀释成工作液(浓度均为：0.01 ng/mL、0.1 ng/mL、1 ng/mL、10 ng/mL和100 ng/mL)。

3.19 磷酸盐缓冲液(PBS缓冲液)：称取2.9 g $Na_2HPO_4 \cdot 12H_2O$、0.2 g KH_2PO_4、8.0 g NaCl和0.2 g KCl溶于纯水并定容至1 L超纯水中，调pH至7.4。

3.20 磷酸盐吐温缓冲液(PBST缓冲液)：称取2.9 g $Na_2HPO_4 \cdot 12H_2O$、0.2 g KH_2PO_4、8.0 g NaCl

和 0.2 g KCl,加水并定容至 1 L,调 pH 至 7.4,最后再加入 0.5 mL 吐温-20 混匀。

3.21 包被缓冲液:称取 1.59 g Na_2CO_3 和 2.93 g $NaHCO_3$ 加水定容至 1 L。

3.22 封闭液:称取 1.5 g 卵清白蛋白(OVA)溶于 100 mL PBST 缓冲液中。

3.23 底物。

3.23.1 底物缓冲液:称取 1.84 g $Na_2HPO_4 \cdot 12H_2O$ 和 0.93 g $C_6H_7O_8 \cdot H_2O$ 加水定容至 100 mL。

3.23.2 底物 A 储存液:准确称取 0.10 mg 3,3',5,5'-四甲基联苯胺(TMB),定容至 50 mL 无水乙醇中,4℃避光保存。

3.23.3 底物 B 储存液:取 3 g 过氧化氢脲,加水定容至 100 mL,4 ℃避光保存。

3.23.4 底物显色液:吸取 9.5 mL 底物缓冲液(3.23.1),底物 A 储存液(3.23.2)0.5 mL,底物 B 储存液(3.23.3)32 μL,混匀,现配现用。

3.24 终止液:2 mol/L H_2SO_4。

4 仪器设备

4.1 酶标仪。

4.2 天平:感量 0.000 1 g。

4.3 酶标板:96 孔。

4.4 恒温培养箱。

5 方法原理

采用间接竞争酶联免疫吸附测定方法(ELISA)方法对黄曲霉毒素抗体与不同黄曲霉毒素的交叉反应率,以反应率表示抗体识别黄曲霉毒素的特异性;通过间接非竞争 ELISA 方法对不同浓度抗原、抗体的结合强度进行检测,通过计算得到黄曲霉毒素单克隆抗体亲和力。

6 活性测定(以黄曲霉毒素 M_1 为例)

6.1 方法

6.1.1 抗体特异性测定

6.1.1.1 包被抗原和待检单克隆抗体工作浓度确定

6.1.1.1.1 包被:用包被缓冲液(3.21)配制抗原 AFM_1-BSA 溶液浓度到 0.5 μg/mL、0.25 μg/mL、0.125 μg/mL、0.062 5 μg/mL,各浓度横向包被酶标板,每孔加入 100 μL,每个浓度 2 个重复,置恒温箱中 37℃包被 2 h;

6.1.1.1.2 封闭:磷酸盐吐温缓冲液(3.20)250 μL 洗板 3 次,每孔加入 150 μL 封闭液(3.22),置恒温箱中 37℃孵育 45 min,磷酸盐吐温缓冲液(3.20)250 μL 洗板 3 次;

6.1.1.1.3 抗原抗体反应:用磷酸盐缓冲液(3.19)配置待检单克隆抗体溶液到 1 mg/mL,按体积比 1∶5 000、1∶10 000、1∶15 000、1∶20 000、1∶30 000 进行逐级稀释后配制成系抗体溶液,纵向每孔加入 100 μL,每个浓度 2 个重复,置恒温箱中 37℃孵育 0.5 h,磷酸盐吐温缓冲液 250 μL 洗板 3 次;

6.1.1.1.4 酶标二抗反应:用磷酸盐缓冲液将羊抗鼠 IgG 辣根过氧化物酶标二抗(3.15)稀释 10 000 倍,每孔加入 100 μL,置恒温箱中 37℃孵育 45 min,磷酸盐吐温缓冲液 250 μL 洗板 5 次;

6.1.1.1.5 显色:加底物显色液(3.23.4),每孔加入 100 μL,置恒温箱中 37℃作用 15 min;

6.1.1.1.6 终止显色:每孔加入 50 μL 终止液(3.24);

6.1.1.1.7 读数:加入终止液后 10 min 内酶标仪测定 $OD_{450\ nm}$ 值;

6.1.1.1.8 工作浓度确定:选择 $OD_{450\ nm}$ 值最接近 1.0 的包被抗原浓度及抗体浓度作为抗体特异性测

定实验工作浓度。

6.1.1.2　交叉反应测定

6.1.1.2.1　包被:用包被缓冲液(3.21)将包被原 AFM_1-BSA 按 6.1.1.1.8 中确定的抗原工作浓度,加入到 96 孔酶标板内,每孔 100 μL,置恒温箱中 37℃包被 2 h,磷酸盐吐温缓冲液(3.20)250 μL 洗板 3 次;

6.1.1.2.2　封闭:,每孔加入 150 μL 封闭液(3.22),置恒温箱中 37℃孵育 45 min,磷酸盐吐温缓冲液(3.20)250 μL 洗板 3 次;

6.1.1.2.3　抗原抗体反应:分别移取 50 μL 不同浓度的各种黄曲霉毒素标准工作液(3.18)与工作浓度抗体溶液(按 6.1.1.1.8 中确定的抗体工作浓度)50 μL 混合,加入酶标板孔中,每个试验孔 2 个重复,置恒温箱中 37℃孵育 60 min,同时设阴性对照孔(对照孔以磷酸盐缓冲液代替抗原工作液),磷酸盐吐温缓冲液(3.20)250 μL 洗板 3 次;

6.1.1.2.4　酶标二抗反应:用磷酸盐缓冲液将羊抗鼠 IgG 辣根过氧化物酶标二抗(3.15)稀释 10 000 倍,每孔加入 100 μL,置恒温箱中 37℃孵育 45 min,磷酸盐吐温缓冲液(3.20)250 μL 洗板 5 次;

6.1.1.2.5　显色:加底物显色液(3.23.4),每孔加入 100 μL,置恒温箱中 37℃作用 15 min;

6.1.1.2.6　终止显色:每孔加入 50 μL 终止液(3.24);

6.1.1.2.7　读数:加入后 10 min 内酶标仪测定 $OD_{450\ nm}$值。

6.1.2　抗体亲和力测定

6.1.2.1　包被:包被原(AFM_1 - BSA 为例)按 1μg/ mL、0.5μg/ mL、0.25μg/ mL、0.125 μg/ mL 包被酶标板,100 μL/ 孔,置恒温箱中 37℃孵育 2 h,磷酸盐吐温缓冲液(3.20)250 μL 洗板 3 次;

6.1.2.2　封闭:每孔加入封闭液 150 μL,置恒温箱中 37℃孵育 40 min,磷酸盐吐温缓冲液(3.20)250 μL洗板 3 次;

6.1.2.3　抗原抗体反应:将单克隆抗体用磷酸盐缓冲液(3.19)从 10 μg/ mL 开始 1∶2 梯度稀释,每孔加入 100 μL,置 37℃温箱中孵育 0.5 h,每个浓度 2 个重复,磷酸盐吐温缓冲液(3.20)250μL 洗板 3 次;

6.1.2.4　酶标二抗反应:用磷酸盐缓冲液将羊抗鼠 IgG 辣根过氧化物酶标二抗(3.15)稀释 10 000 倍,每孔加入 100 μL,置恒温箱中 37℃孵育 45 min,磷酸盐吐温缓冲液(3.20)250 μL 洗板 5 次;

6.1.2.5　显色:加底物显色液(3.23.4),每孔加入 100 μL,置恒温箱中 37℃作用 15 min;

6.1.2.6　终止显色:每孔加入 50 μL 终止液(3.24);

6.1.2.7　读数:加入后 10 min 内酶标仪测定 $OD_{450\ nm}$值。

6.2　结果计算

6.2.1　抗体特异性结果计算:用酶标仪测定 $OD_{450\ nm}$值,以黄曲霉毒素浓度的对数值为横坐标,以抑制百分率(各浓度标准竞争抑制抗原孔 OD 值与不加标准品孔 OD 值的百分比)为纵坐标绘制标准曲线。以各曲线 50%抑制百分率的质量浓度 IC_{50} 计算交叉反应率,交叉反应率越小,抗体特异性越高。按式(1)计算。

$$S_i = \frac{y}{z} \times 100 \quad \cdots\cdots (1)$$

式中:

S_i ——交叉反应率,单位为百分率(%);

y —— AFM_1 的 IC_{50}值;

z —— AFM_1 以外黄曲霉毒素的 IC_{50}值。

6.2.2　抗体亲和力结果计算:以抗体浓度(mol/ L)的对数值为横坐标,以其对应的吸光度为纵坐标,可在一个坐标系内作出 4 条 S 形曲线。设定 S 曲线的顶部为 OD_{max}。在曲线中分别找出 4 条曲线各自

50% OD_{max}对应的抗体浓度。将4个浓度两两一组，根据式(2)计算单抗的亲和常数 Ka(单位:L/mol)，亲和常数越大，抗体亲和力越高。

$$Ka = \frac{n-1}{2 \times n \times (c' - c)} \quad \cdots\cdots (2)$$

式中：

Ka ——单抗的亲和常数，单位为升每摩尔(L/mol)；

n ——每组中两个抗原包被浓度的倍数；

c'、c ——分别为每组中两个 50% OD_{max}对应的抗体浓度，单位为摩尔每升(mol/L)。

测定结果取其两次测定的算术平均值，计算结果保留至小数点后一位。

ICS 65.020
B 16

中华人民共和国农业行业标准

NY/T 2310—2013

花生黄曲霉侵染抗性鉴定方法

Evaluation method of peanut resistance to *Aspergillus flavus* infection

2013-05-20 发布　　　　2013-08-01 实施

中华人民共和国农业部　发布

前　　言

本标准按照 GB/T 1.1—2009 给出的规则起草。

本标准由农业部种植业管理司提出并归口。

本标准起草单位：中国农业科学院油料作物研究所、农业部油料及制品质量监督检验测试中心。

本标准主要起草人：张奇、李培武、张兆威、丁小霞、周海燕、李冉、雷永、王圣玉。

花生黄曲霉侵染抗性鉴定方法

1 范围

本标准规定了花生黄曲霉侵染抗性鉴定方法。

本标准适用于花生黄曲霉侵染抗性的鉴定。

2 规范性引用文件

下列文件对于本文件的应用是必不可少的。凡是注日期的引用文件,仅注日期的版本适用于本文件。凡是不注日期的引用文件,其最新版本(包括所有的修改单)适用于本文件。

GB/T 6682 分析实验室用水规格和试验方法

GB/T 19547 感官分析 方法学 量值估计法

3 原理

用黄曲霉菌接种待测花生样品,恒温恒湿培养,计算黄曲霉菌侵染接种花生样品的侵染指数,评价花生黄曲霉侵染抗性。

4 试剂与材料

除非另有说明,均使用分析纯试剂和GB/T 6682规定的一级水。

4.1 氯化汞($HgCl_2$):化学纯。

4.2 硝酸钠($NaNO_3$):化学纯。

4.3 磷酸氢二钾(K_2HPO_4):化学纯。

4.4 七水合硫酸镁($MgSO_4 \cdot 7H_2O$):化学纯。

4.5 氯化钾(KCl):化学纯。

4.6 硫酸亚铁($FeSO_4 \cdot 7H_2O$):化学纯。

4.7 蔗糖:化学纯。

4.8 琼脂:水分<22%,灰分<3%。

4.9 察氏培养基:准确称取硝酸钠3.00 g,磷酸氢二钾1.00 g,七水合硫酸镁0.50 g,氯化钾0.50 g,七水合硫酸亚铁0.01 g,蔗糖30.00 g,琼脂20.00 g,加水定容至1 000 mL。加热溶解,锥形瓶50 mL分装后121℃灭菌20 min。

4.10 $HgCl_2$溶液:$w(HgCl_2)=0.2\%$,准确称取0.2 g氯化汞,加水定容至100 mL。现配现用。

4.11 无菌水:121℃灭菌20 min,冷却待用。

4.12 吐温水溶液:999 mL水中加入1 mL吐温-20,混匀后121℃高压灭菌20 min,冷却待用。

4.13 黄曲霉菌株(菌株编号:AF2202)。

5 仪器设备

5.1 血球计数板。

5.2 高压灭菌锅。

5.3 生物安全柜。

5.4 恒温恒湿培养箱。

5.5 离心机。

5.6 显微镜。

5.7 旋涡混合器。

5.8 培养皿:内径 20 cm。

5.9 烧杯:100 mL。

5.10 锥形瓶:150 mL。

6 试样制备

取无损健康的花生荚果,手工小心剥取籽仁,挑选种皮完好、无病虫斑的饱满籽粒 50 粒。

7 黄曲霉菌孢子悬浮液配制

生物安全柜中无菌取出黄曲霉菌株(4.13),接种于察氏培养基(4.9),30℃培养 8 d~10 d,用吐温水溶液(4.12)洗脱分生孢子,用血球计数板在显微镜下计算孢子浓度,调整孢子浓度到 5×10^6 个/mL 的孢子悬浮液,备用。

8 接种与培养

8.1 表面灭菌

将花生籽粒置于装有 $HgCl_2$ 溶液(4.10)的烧杯中浸泡 10 min,取出用无菌水漂洗两次,保持籽粒种皮完整。

8.2 接种

将灭菌后的花生籽粒移入干净烧杯中,加入 5×10^6 个/mL 的孢子悬浮液 1 mL,轻摇烧杯使菌液与籽粒充分均匀接触,然后用无菌镊子轻轻取出均匀地分散排列于 3 个带灭菌滤纸的培养皿(5.8)内。

8.3 培养

于恒温恒湿培养箱中 30℃、湿度 90%培养 6 d。

9 空白对照

设置对照组,除不接种黄曲霉外,其他操作与接种操作相同。

10 侵染指数计算

10.1 花生侵染分级

根据 GB/T 19547 的要求分组采用肉眼观察花生籽粒感染黄曲霉后霉菌覆盖籽粒的面积百分比进行侵染分级:0 级,花生籽粒无感染;1 级,覆盖率占种子表面积 1/3 以下;2 级,覆盖率占种子表面积 1/3~2/3;3 级,覆盖率占种子表面积 2/3 以上。

警告:因黄曲霉毒素剧毒,操作中注意保护人身安全。

10.2 侵染指数计算

侵染指数以 R 计,按式(1)计算。

$$R=\frac{\sum_{i=0}^{3}(l_i\times n_i)}{N\times3}\times100 \quad \cdots\cdots(1)$$

式中:

R ——侵染指数;

l_i——花生籽粒感染黄曲霉后霉菌覆盖籽粒的面积百分比对应的侵染级数；
n_i——花生籽粒感染黄曲霉后各级颗粒数；
N——实验组花生总颗粒数。
测定结果取两次重复测定的算术平均值，保留小数点后一位。

11 花生籽粒黄曲霉侵染抗性鉴定

侵染指数15以下为高抗，16～30为中抗，31～50为中感，51以上为高感。

ICS 65.020
B 16

中华人民共和国农业行业标准

NY/T 2311—2013

黄曲霉菌株产毒力鉴定方法

Identification method of the toxigenicity of *Aspergillus flavus* strains

2013-05-20 发布　　2013-08-01 实施

中华人民共和国农业部　发布

前　言

本标准按照 GB/T 1.1—2009 给出的规则起草。

本标准由农业部种植业管理司提出并归口。

本标准起草单位：中国农业科学院油料作物研究所、农业部油料及制品质量监督检验测试中心。

本标准主要起草人：李培武、李冉、黄家权、丁小霞、白艺珍、周海燕、雷永、唐晓倩。

黄曲霉菌株产毒力鉴定方法

1 范围

本标准规定了黄曲霉菌株产毒力鉴定方法。

本标准适用于黄曲霉菌株产毒力鉴定。

2 规范性引用文件

下列文件对于本文件的应用是必不可少的。凡是注日期的引用文件,仅注日期的版本适用于本文件。凡是不注日期的引用文件,其最新版本(包括所有的修改单)适用于本文件。

GB/T 6682 分析实验室用水规格和试验方法

3 原理

对待检黄曲霉菌株进行微生物培养,通过镜检初步对黄曲霉菌进行鉴定。再对黄曲霉菌株进行产毒培养,采用高效液相色谱法检测其黄曲霉毒素含量,确定菌株产毒力。

4 试剂与材料

除非另有规定,所用试剂均为分析纯或生化试剂,试验用水应符合GB/T 6682中一级水的规格。

4.1 蔗糖:化学纯。

4.2 硫酸铵[$(NH_4)_2SO_4$]:化学纯。

4.3 磷酸二氢钾(K_2HPO_4):化学纯。

4.4 硫酸镁($MgSO_4 \cdot 7H_2O$):化学纯。

4.5 硼酸钠($Na_2B_4O_7 \cdot 10H_2O$):化学纯。

4.6 钼酸铵[$(NH_4)_6Mo_7O_{24} \cdot 4H_2O$]:化学纯。

4.7 乙二胺四乙酸二钠($C_{10}H_{14}N_2Na_2O_3$):化学纯。

4.8 硫酸亚铁($FeSO_4 \cdot 7H_2O$):化学纯。

4.9 硫酸铜($CuSO_4 \cdot 5H_2O$):化学纯。

4.10 硫酸锰($MnSO_4 \cdot H_2O$):化学纯。

4.11 硫酸锌($ZnSO_4 \cdot 7H_2O$):化学纯。

4.12 硝酸钠($NaNO_3$):化学纯。

4.13 氯化钾(KCl):化学纯。

4.14 琼脂:水分<22%,灰分<3%。

4.15 氯化钠(NaCl):化学纯。

4.16 甲醇(CH_3OH):化学纯。

4.17 次氯酸钠溶液:有效氯≥10%。

4.18 苯—乙腈:取2 mL乙腈加入98 mL苯。

4.19 70%甲醇水溶液(含4% NaCl):称取4 g(精确至0.01 g)NaCl溶解到30 mL水中,再加入甲醇定容到100 mL。

4.20 1‰吐温水:999 mL水中加入1 mL吐温-20,混匀后121℃高压灭菌20 min,冷却待用。

4.21 0.1%次氯酸钠:1 mL次氯酸加水定容至100 mL。

4.22 黄曲霉毒素B_1、黄曲霉毒素B_2、黄曲霉毒素G_1和黄曲霉毒素G_2标准(AFB_1、AFB_2、AFG_1、AFG_2)样品:纯度≥98%。

4.23 黄曲霉毒素标准储备液:准确称取黄曲霉毒素B_1、黄曲霉毒素B_2、黄曲霉毒素G_1和黄曲霉毒素G_2标准样品,用苯—乙腈(4.18)配制成0.100 mg/mL的储备液。

4.24 黄曲霉毒素混合标准工作液:准确移取黄曲霉毒素B_1、黄曲霉毒素B_2、黄曲霉毒素G_1和黄曲霉毒素G_2标准储备液,用苯—乙腈(4.18)溶液稀释成混合标准工作液(AFB_1与AFG_1:2 μg/L、5 μg/L、10 μg/L、15 μg/L、20 μg/L;AFB_2与AFG_2:0.6 μg/L、1.5 μg/L、3 μg/L、4.5 μg/L、6 μg/L)。

4.25 察氏培养基:准确称取硝酸钠3.00 g,磷酸氢二钾1.00 g,硫酸镁0.50 g,氯化钾0.50 g,硫酸亚铁0.01 g,蔗糖30.00 g,琼脂20.00 g,加水定容至1 000 mL。加热溶解,三角瓶50 mL分装后121℃灭菌20 min。

4.26 察氏培养基平板:灭菌后察氏培养基冷却至60℃左右,倒入15 mL至无菌培养皿(内径9 cm),冷却后无菌密封,4℃保存(一周内使用)。

4.27 产毒培养基:准确称量蔗糖50 g,硫酸铵3 g,磷酸二氢钾10 g,硫酸镁4.09 g,硼酸钠0.000 7 g,钼酸铵0.000 5 g,乙二胺四乙酸二钠0.193 g,硫酸亚铁0.012 8 g,硫酸铜0.000 5 g,硫酸锰0.000 1 g,硫酸锌0.03 g,琼脂粉10 g,加水加热溶解,定容至1 L,调整pH=5.7,121℃高压灭菌20 min。

5 仪器设备

5.1 高效液相色谱仪,配FLD检测器。

5.2 分析天平:感量0.01 g。

5.3 高速均质器(12 000 r/min)。

5.4 具塞离心管:10 mL。

5.5 250 mL分液漏斗。

5.6 具塞三角瓶:150 mL。

5.7 恒温恒湿培养箱。

5.8 显微镜。

5.9 生物安全柜。

5.10 高压灭菌锅。

5.11 恒温摇床。

5.12 培养皿:内径为9 cm。

5.13 有机滤膜:0.22 μm。

6 霉菌鉴定

6.1 菌种准备

准确称取待检样品25 g(精确至0.1 g),用225 mL无菌水搅匀作为原液,吸取1 mL依次10倍递进稀释到适当浓度。

6.2 霉菌分离培养与初步鉴定

分别取各浓度的菌种稀释液200 μL涂布于察氏培养基平板(4.26)上,于25℃~28℃培养箱中培养3 d~6 d。从平板上无菌挑取单菌落接种于新的察氏培养基平板上,划线分离培养,培养条件同上。待长出单菌落后,在显微镜下观察,进行孢子的形态学鉴定(观察菌落大小、形态、特征或孢子的形态特征)。

6.3 产毒力检测

6.3.1 产毒培养

取吐温水(4.20)洗涤察氏培养基中的黄曲霉孢子,震荡摇匀,制成孢子悬浮液,用血球计数板在显微镜下计算孢子浓度。将约 10^5 个孢子均匀涂布接种于装有灭菌的产毒培养基培养皿(4.27)中,置恒温恒湿培养箱 28℃培养 7 d。

6.3.2 黄曲霉毒素提取

称取 6.3.1 培养物重量,转移至 250 mL 具塞三角瓶中,按 6∶1 的质量比加入甲醇水溶液(4.19),于摇床上振荡 10 min,用定量滤纸过滤,收集滤液。取 2.0 mL 滤液过有机滤膜(5.13),收集滤液检测用。

6.3.3 高效液相色谱条件

流动相:甲醇水溶液:45 mL 甲醇加 55 mL 水;

进样量:10 μL;

流速:0.8 mL/min;

柱温:30℃;

C18 色谱柱:150 mm×25 mm,4.6 μm;

FLD 检测器:激发波长 365 nm,发射波长 430 nm。

6.3.4 定量检测

用进样器吸 10 μL 黄曲霉毒素混合标准工作液(4.24)注入高效液相色谱仪,在上述色谱条件下测定标准溶液的响应值(峰高或峰面积)。黄曲霉毒素 B_1、黄曲霉毒素 B_2、黄曲霉毒素 G_1 和黄曲霉毒素 G_2 标准溶液高效液相色谱图。参考谱图见图 1。

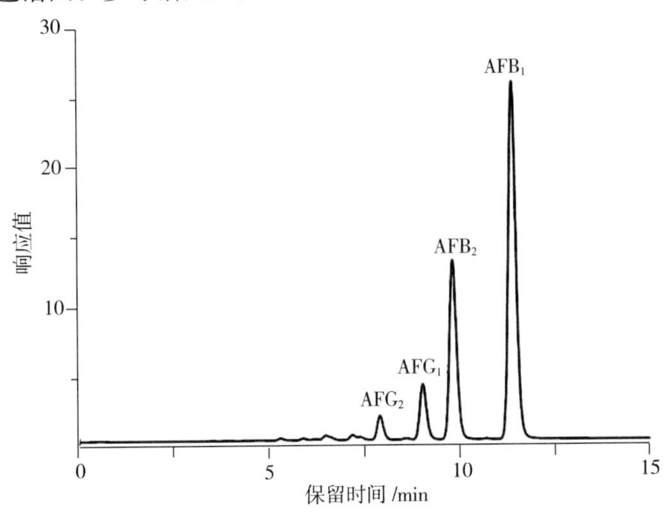

图 1 黄曲霉毒素 B_1、黄曲霉毒素 B_2、黄曲霉毒素 G_1 和黄曲霉毒素 G_2 标准谱图

在上述色谱条件下测定试样的响应值(峰高或峰面积)。经过与黄曲霉毒素标准溶液谱图比较响应值得到试样中黄曲霉毒素 B_1、黄曲霉毒素 B_2、黄曲霉毒素 G_1 和黄曲霉毒素 G_2 的浓度 c。

6.4 空白试验

参照 6.3 方法对空白产毒培养基进行处理,处理液样品代替试样,做空白对照试验。

警告:应由具有资格的工作人员进行产毒力检测,检测过程所有废弃物需经 121℃高压灭菌处理 30 min 后再弃置。黄曲霉毒素污染用具及器皿用 0.1%的次氯酸钠处理消毒。

7 黄曲霉菌株产毒力测定结果计算

黄曲霉菌株产毒力以 X_1 计,以每千克培养基中含有的黄曲霉毒素总量的微克数表示,按式(1)计算。

$$X_1 = \frac{(C_1 - C_0) \times V}{m} \times 10^{-3} \quad \cdots\cdots (1)$$

式中：

X_1 ——每千克培养基中黄曲霉毒素 B_1、黄曲霉毒素 B_2、黄曲霉毒素 G_1 和黄曲霉毒素 G_2 的含量，单位为微克每千克(μg/kg)；

C_1 ——试验培养基中黄曲霉毒素 B_1、黄曲霉毒素 B_2、黄曲霉毒素 G_1 和黄曲霉毒素 G_2 的含量，单位为微克每升(μg/L)；

C_0 ——空白试验培养基中黄曲霉毒素 B_1、黄曲霉毒素 B_2、黄曲霉毒素 G_1 和黄曲霉毒素 G_2 的含量，单位为微克每升(μg/L)；

m ——试验培养基质量，单位为克(g)；

V ——样品提取液总体积，单位为毫升(mL)。

黄曲霉毒素总量为黄曲霉毒素 B_1、黄曲霉毒素 B_2、黄曲霉毒素 G_1 和黄曲霉毒素 G_2 的浓度之和。

计算结果表示到小数点后两位。

8 精密度

8.1 重复性

在重复性条件下，获得的两次独立测试结果的绝对差值不大于算术平均值的 10%，以大于 10%的情况不超过 5%为前提。

8.2 再现性

在再现性条件下，获得的两次独立测定结果的绝对差值不大于算术平均值的 20%，以大于 20%的情况不超过 5%为前提。

ICS 65.020
B 16

中华人民共和国农业行业标准

NY/T 2313—2013

甘蓝抗枯萎病鉴定技术规程

Rule for evaluation of cabbage resistance to fusarium wilt

2013-05-20 发布　　　　2013-08-01 实施

中华人民共和国农业部　发布

前　言

本标准按照 GB/T 1.1—2009 给出的规则起草。

本标准由农业部种植业管理司提出。

本标准由全国蔬菜标准化技术委员会(SAC/TC 467)归口。

本标准起草单位:中国农业科学院蔬菜花卉研究所。

本标准主要起草人:杨宇红、谢丙炎、冯兰香、杨翠荣、龚慧芝、茆振川、陈国华、凌键。

甘蓝抗枯萎病鉴定技术规程

1 范围

本标准规定了甘蓝抗枯萎病鉴定方法和评价方法。

本标准适用于甘蓝(*Brassica oleracea* L.)抗枯萎病的室内鉴定及抗性评价。

2 规范性引用文件

下列文件对于本文件的应用是必不可少的。凡是注日期的引用文件,仅注日期的版本适用于本文件。凡是不注日期的引用文件,其最新版本(包括所有的修改单)适用于本文件。

NY/T 1857.3 黄瓜抗枯萎病鉴定技术规程

3 术语和定义

NY/T 1857.3 界定的以及下列术语和定义适用于本文件。

3.1

甘蓝枯萎病 cabbage fusarium wilt

由尖孢镰刀菌黏团专化型[*Fusarium oxysporum* Schl. f. sp. *conglutinans*(Wollenw.)Snyder & Hansen]所引起的植株一侧或整个下部叶片黄化,叶柄和茎部的维管组织变褐,植株小而萎蔫,病株逐渐死亡等症状为主的甘蓝土传病害。

4 试剂与耗材

4.1 PL 培养液

马铃薯去皮切片,称取 200 g,加 1 000 mL 蒸馏水,煮沸 10 min~20 min,用纱布过滤,补加蒸馏水至 1 000 mL,加入乳糖 20 g,溶化后于 121℃高压灭菌30 min。

4.2 PDA 培养基

马铃薯去皮切片,称取 200 g,加 1 000 mL 蒸馏水,煮沸 10 min~20 min,用纱布过滤,补加蒸馏水至 1 000 mL,加 20 g 琼脂粉,加热溶化后,再加入葡萄糖 20 g,搅拌均匀并溶化后,于 121℃高压灭菌 30 min。

4.3 1%的次氯酸钠(NaClO)溶液

取 1 mL 次氯酸钠于 99 mL 灭菌水中,摇匀。

4.4 耗材

培养皿、锥形瓶、纱布、酒精灯、育苗钵、育苗盘等。

5 仪器设备

恒温摇床、恒温培养箱、冰箱、灭菌锅、超净工作台、显微镜、移液器、血球计数板。

6 枯萎病菌接种体制备

6.1 病原物分离

从甘蓝枯萎病发病植株叶柄、茎基部用常规组织分离法分离枯萎病病原物。分离物鉴定参见附录 A。确认为尖孢镰刀菌黏团专化型(*Fusarium oxysporum* f. sp. *conglutinans*)后,采用单孢分离法进行分离物纯化，经科赫(koch)法则验证后，保存备用。

6.2 生理小种鉴定

对用于抗病性鉴定接种的病原分离物进行生理小种的鉴定，鉴定方法参见 B. 2。

6.3 接种体繁殖和保存

6.3.1 接种体的繁殖

使用国内优势小种小种 1 作为接种病原物。繁殖方法为：将保存的甘蓝枯萎病菌置于 25℃PDA 平板培养基上培养 3 d 活化后，接种于盛有 PL 培养液的锥形瓶中，置于 25℃～28℃摇床上，以 120 rpm 振荡培养 3 d～4 d。培养液经两层医用纱布过滤即得以小型孢子为主的孢子悬浮液，然后用蒸馏水稀释滤液至所需接种浓度。

6.3.2 病原物保存

常用保存方法为将甘蓝枯萎病菌接种于 PDA 斜面培养基上，在 25℃的恒温箱中培养 7 d，置4℃～8℃冰箱内保存；或在斜面上加一层灭菌矿物油(超过斜面顶部 1 cm)后置冰箱冷藏室或室温下保存。

将甘蓝枯萎病菌接种于含 20%丙三醇的液体中，置－80℃冰箱中冷冻保存。

7 室内抗性鉴定

7.1 鉴定室

人工接种鉴定室应具备人工调节温度、湿度及光照的条件，使人工接种后具备良好的发病环境。

7.2 鉴定设计

鉴定材料随机排列或顺序排列，每份鉴定材料重复 3 次，每一重复 10 株苗。

7.3 鉴定对照材料

设甘蓝品种“珍奇”为抗病对照品种，“北农早生”为感病对照品种。

7.4 鉴定材料育苗

鉴定种子在 1%的次氯酸钠溶液中浸种 5 min～10 min，清水冲洗后置于 25℃的恒温培养箱中催芽，种子萌发后播种于育苗盘内。育苗基质为草炭、蛭石和菜田土(2∶1∶1)，经高温蒸汽灭菌(134℃，30 min)。在日光温室里育苗，室内温度白天为 20℃～25℃，夜晚为 18℃～20℃。所有幼苗应生长健壮、一致。

7.5 接种

7.5.1 接种时期

甘蓝生育期 2 叶期～3 叶期。

7.5.2 接种浓度

接种体悬浮液的浓度为 1×10^{6} 个孢子/mL。

7.5.3 接种方法

接种采用浸根接种法。将幼苗连根轻轻拔起后抖落干净根部泥土，然后将根全部浸于接种悬浮液内 10 min～15 min，将接种后的甘蓝苗定植于装有育苗基质的育苗钵中，每钵 1 株。

7.6 接种后管理

接种后将植株置于鉴定室内，每天光照 14 h，强度为 70 $\mu Em^{-2}\cdot s^{-1}$，保持植株正常生长的土壤湿度，接种期间鉴定室温度控制在 26℃～29℃范围内。

8 病情调查

8.1 调查时间

接种后 10 d～15 d 调查病情，根据此期间感病的对照品种病级扩展到感病病级的时间作适当调整。

8.2 病情级别划分

幼苗病情级别及其相对应的症状描述见表1、图1。

表1 甘蓝抗枯萎病室内鉴定病情级别的划分

病情级别	症状描述
0	无症状
1	1片叶叶脉轻微变黄
2	2片叶叶脉轻至中度变黄
3	除心叶外，其余叶中度变黄或萎蔫
4	全部叶片重度变黄或萎蔫
5	植株完全萎蔫并死亡

图1 甘蓝苗期枯萎病病情相应级别

8.3 调查方法

调查每份鉴定材料接种株发病情况，根据病害症状描述，逐份材料进行调查，记载单株病情级别，并计算每份鉴定材料的病情指数(DI)。

病情指数(DI)按式(1)计算。

$$DI=\frac{\sum(s\times n)}{N\times S}\times 100 \quad \cdots\cdots (1)$$

式中：

s ——各病情级别的代表数值；

n ——各病情级别的植株数；

N——调查总植株数；

S ——最高病情级别的代表数值。

计算结果取3次重复平均值。

9 抗病性评价

9.1 抗病性评价标准

依据鉴定材料的病情指数(DI)平均值确定其抗性水平,划分标准见表2。

表2 甘蓝对枯萎病抗性的评价标准

病情指数(DI)	抗性评价
$DI=0$	免疫(I)
$0<DI\leqslant 10$	高抗(HR)
$10<DI\leqslant 30$	抗病(R)
$30<DI\leqslant 50$	中抗(MR)
$50<DI\leqslant 70$	感病(S)
$DI>70$	高感(HS)

9.2 鉴定有效性判别

当感病对照材料达到其相应感病程度($DI>50$),抗病对照材料与实际抗性程度相符,该批次抗枯萎病鉴定视为有效。

10 鉴定材料处理

鉴定完毕后将甘蓝发病植株、残体集中焚烧或深埋处理,接种土壤高温灭菌。

11 鉴定记载

甘蓝抗枯萎病鉴定结果记载表格参见附录C。

附 录 A
(资料性附录)
甘蓝枯萎病病原菌

A.1 学名

尖孢镰刀菌黏团专化型[*Fusarium oxysporum* Schl. f. sp. *conglutinans*(Wollenw.)Snyder & Hansen],属半知菌亚门瘤座菌目镰刀菌属真菌。

A.2 形态描述

病原菌在PDA培养基上,菌落正面呈白色、圆形,菌丝生长茂盛,较紧凑;菌落背面略呈浅黄色。菌丝丝状,无色,有隔。在人工培养基和自然条件下能产生小型分生孢子、大型分生孢子和厚垣孢子3种类型的孢子。小型分生孢子多数单胞,无色,个别具1隔膜,长椭圆至短杆状,直或略弯,大小为(6 μm~18 μm)×(2.8 μm~4.5 μm),多数为10 μm×3 μm;双胞的孢子长约18 μm,下部的细胞较宽,顶端渐尖;大型分生孢子圆筒形至镰刀形,两端尖,基部具小突起,多具2个~3个隔膜,大小(25 μm~33 μm)×(3.5 μm~5.5 μm);厚垣孢子顶生或间生,表面不光滑,球状至长椭圆状,直径多数为15 μm,少数达18 μm(图A.1、图A.2)。

注:左为菌落正面、右为菌落背面。

图A.1 甘蓝枯萎病菌培养性状

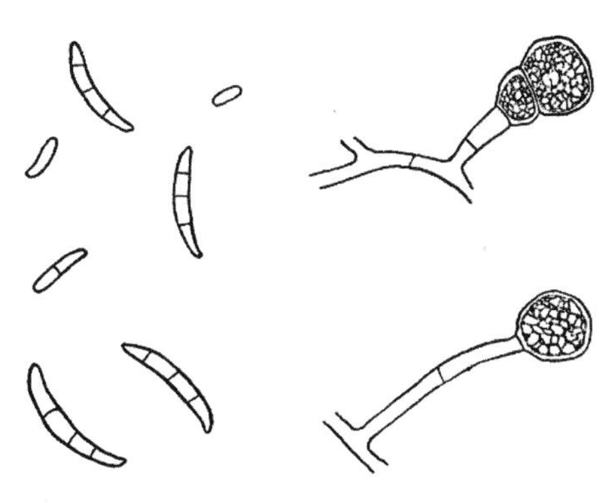

注:引自Annals of the Missouri Botanical Garden,1990。

图A.2 甘蓝枯萎病菌分生孢子(左)、厚垣孢子(右)

附 录 B
(规范性附录)
甘蓝枯萎病菌生理小种

B.1 采用的鉴别寄主

鉴别寄主为3个甘蓝材料:Golden Acre (84)、Wisconsin Golden Acre、BI-16。

B.2 生理小种鉴定

见表B.1。

表B.1 甘蓝枯萎病菌生理小种鉴定

鉴别寄主	生理小种	
	Race 1	Race 2
Golden Acre(84)	S	S
Wisconsin Golden Acre	R	S
BI-16	R	R

注1:S:感病型;R:抗病型。

注2:生理小种鉴定参考文献:Bosland P. W. & P. H. Williams. 1987. An evaluation of *Fusarium oxysporum* from crucifers based on pathogenicity, isozyme polymorphism, vegetative compatibility, and geographic origin. Can. J. Botany 65: 2 067-2 073.

附　录　C
（资料性附录）
鉴定结果原始记录表

鉴定结果记载见表C.1。

表C.1　甘蓝抗枯萎病鉴定结果记载表

<table>
<tr><td rowspan="2">编　号</td><td rowspan="2">品种/种质名　称</td><td rowspan="2">来　源</td><td rowspan="2">重复区号</td><td colspan="6">病情级别</td><td rowspan="2">病情指数</td><td rowspan="2">平均病指</td><td rowspan="2">抗性评价</td></tr>
<tr><td>0</td><td>1</td><td>2</td><td>3</td><td>4</td><td>5</td></tr>
<tr><td rowspan="3"></td><td rowspan="3"></td><td rowspan="3"></td><td>Ⅰ</td><td></td><td></td><td></td><td></td><td></td><td></td><td></td><td rowspan="3"></td><td rowspan="3"></td></tr>
<tr><td>Ⅱ</td><td></td><td></td><td></td><td></td><td></td><td></td><td></td></tr>
<tr><td>Ⅲ</td><td></td><td></td><td></td><td></td><td></td><td></td><td></td></tr>
<tr><td>播种日期</td><td colspan="2"></td><td colspan="4">接种日期</td><td colspan="6"></td></tr>
<tr><td>接种生育期</td><td colspan="2"></td><td colspan="4">接种病原菌分离物编号</td><td colspan="6"></td></tr>
<tr><td>生理小种类型</td><td colspan="2"></td><td colspan="4">调查日期</td><td colspan="6"></td></tr>
</table>

鉴定技术负责人(签字)：

ICS 65.020.30
B 47

中华人民共和国农业行业标准

NY/T 2331—2013

柞蚕种质资源保存与鉴定技术规程

Technical specification for conservation and evaluation of tussah germplasm resources

2013-05-20 发布

2013-08-01 实施

中华人民共和国农业部 发布

目　　次

前　　言

本标准按照 GB/T 1.1—2009 给出的规则起草。

本标准由农业部种植业管理司提出并归口。

本标准起草单位:辽宁省蚕业科学研究所、中国农业科学院蚕业研究所、河南省蚕业科学研究院和吉林省蚕业科学研究院。

本标准主要起草人:王凤成、李喜升、徐安英、陈悦、仝振祥、朱绪伟、冀万杰、朱兴友、张博、王建业。

柞蚕种质资源保存与鉴定技术规程

1 范围

本标准规定了柞蚕种质资源保存与鉴定的内容、方法及程序。

本标准适用于柞蚕种质资源的保存及其生物学性状、主要经济性状和抗病性鉴定。

2 规范性引用文件

下列文件对于本文件的应用是必不可少的。凡是注日期的引用文件,仅注日期的版本适用于本文件。凡是不注日期的引用文件,其最新版本(包括所有的修改单)适用于本文件。

NY/T 1625 柞蚕种质量

NY/T 1626—2008 柞蚕种放养技术规程

3 术语和定义

NY/T 1625 界定的以及下列术语和定义适用于本文件。

3.1

柞蚕种质资源 tussah germplasm resources

经过长期自然演化和人工创造而形成的,可遗传给子代进行繁衍的柞蚕遗传资源。

注:包括地方品种、育成品种、国外引进品种、野生资源种及其他遗传材料。

3.2

继代种群 filial seed population

用于柞蚕种质资源继代的卵、幼虫(蚕)、蛹(茧)、成虫(蛾)等群体。

3.3

亲系 parent line

柞蚕不同群体或个体间的血缘关系或联系脉络和途径。

3.4

收蚁 gathering of newly hatched silkworms

将蚁蚕收集起来进行饲养的技术操作。

3.5

混合卵量育 rearing of mixed amount of seed eggs

将多只继代种蛾所产的卵混合后,随机称取一定卵量作为 1 个饲育区,进行分区饲养的饲育形式。

3.6

单蛾育 single batch rearing

将单只继代种蛾所产的卵作为 1 个饲育区,进行饲养的饲育形式。

3.7

干量折合法 dry mass conversion method

通过干鲜叶的质量分数及蚕粪、残叶干量折算蚕的食下量,计算柞蚕饲料效率的方法。

3.8

化性 voltinism

柞蚕在自然条件下,一年中所发生完整世代数的特性。一年中只发生 1 个世代数的特性称为一化性;一年中发生 2 个世代数的特性称为二化性。

3.9

眠性 moultinism

柞蚕幼虫期蜕皮次数的特性。

3.10

抗病性 disease resistance

柞蚕抵御病原物侵染、扩展及危害的能力。

3.11

熟性 maturity

在自然环境条件下,柞蚕幼虫生长发育经过时间长短的特性。

4 保种方法

4.1 基本要求

妥善保存品种,不致丢失灭绝;保持品种固有性状,不致混杂或退化。

4.2 编写计划

4.2.1 饲育计划

根据保种计划,确定种质材料的饲育方法及饲育量,填写柞蚕种质资源继代饲养计划表,见附录 A。混合卵量育的种质材料设两大亲系,每代各饲育 5 个区,春蚕和秋蚕(含二化一放)每区饲育卵量各为 3.5 g 和 4.0 g;抗性较差的种质材料,应多养 2 个~3 个区。单蛾育的种质材料应饲育不少于 15 个蛾区。

4.2.2 确定区号

区号由 5 部分数字组成,各部分用短线连接:

——第一部分为饲养年度和蚕期,年度取公历最后两位数字,春蚕期(含一化)和秋蚕期(含二化一放)分别用 1、2 代表;

——第二部分为种质编号,用种质分类编号表示;

——第三部分为种质保育世代,是该种质材料从列入资源种保存的当季起为第一世代,以后累加;

——第四部分为亲系,用上一代的饲养区号和制种交配形式表示;

——第五部分为饲育区号。

示例:

饲养区号 051－5018－32－2×3－1,表示 5018 这份种质材料在 2005 年春蚕期已饲养了 32 代。它是当季的第 1 区,其亲系是 2004 年秋蚕期饲养的第 2 区与第 3 区的互交继代种,写作 042－5018－31－2×3;若上代为 2 号区内自交,交配形式是 2⊗,写作 042－5018－31－2⊗。依此类推。

4.3 暖茧制种

4.3.1 出库

按照种质资源保存地的气候条件及饲养时期,计划出库暖茧时间。出库后,将种茧平摊于茧床上。春季在室温 8℃~10℃、自然湿度条件下保护 2 d~3 d,第 4 d 开始升温暖茧;二化一放蚕区,在室内自然温湿度条件下保护。

4.3.2 穿茧

将各种质材料两亲系按饲育区雌、雄分别穿串,茧串两端加挂标明种质名称、区号和雌雄的标签后,同区茧串系在一起,按种质材料依次平放于茧床上。

4.3.3 暖茧

暖茧温度为 18℃~22℃,相对湿度在 75%左右;应定期倒茧,使种茧感温均匀、羽化齐一。春蚕暖茧从 11℃开始施温，每天升温 1℃，至 19℃保持平温；一化性蚕区温度可适当提高 2℃～3℃。二化一放蚕及秋蚕以自然温度暖茧，防止 28℃以上高温及 16℃以下低温，注意通风。

4.3.4 挂茧

将形态性状差异较大的种质材料依次相间排布挂茧，并在制种架笼上贴上标有种质名、亲系和区号的标签；按标签将茧串放入制种架笼内，雌、雄茧串分挂，防止种质资源混杂。

4.3.5 制种

4.3.5.1 交配方式

混合卵量育的各种质材料采用异亲系交配；单蛾育的种质材料采用异蛾区互交或同蛾区自交。

4.3.5.2 留蛾标准

淘汰苗蛾、尾蛾，按种质材料雌雄蛾标准进行初选蛾。

4.3.5.3 捉蛾晾蛾

捉蛾前，核对筐盖和筐内标签上的种质材料名称及区号与制种架上的标记内容一致后，先捉雄蛾投入筐(口径 40 cm)中盖严，每筐约 30 只；雌蛾挂于架笼中晾蛾，超过 15 只时可装筐，每筐约 25 只；蛾筐内外标明种质材料名称、区号和雌雄。

4.3.5.4 交配

春期制种采用隔夜交配，秋期(含二化一放)及一化性蚕区制种采用当夜交配。春期交配室温度为 19℃～20℃，相对湿度为 75%～80%；秋期(含二化一放)自然温度。交配时，将雌蛾投入雄蛾筐内并标明交配形式，雄蛾数应比雌蛾数多 20%左右。

4.3.5.5 提对

交尾 40 min 后，将蛾对轻轻提入晾对筐中，蛾对间距以蛾翅不相接触为宜。2 次提对后，淘汰未交配雌蛾，雄蛾装入标有种质名称、区号、日期和未交配或交配一次的蛾筐中，置阴凉处冷藏，备用。

4.3.5.6 晾对

室内光线柔和，避免强光、高温及剧烈震动等。春期晾对筐距地面 40 cm 以上，温度为 18℃～20℃，相对湿度为 75%；秋期(含二化一放)自然温度，注意调节湿度，防止高温；晾对时间为 12 h 以上。

4.3.5.7 拆对

按交配时间先后拆对。先核对筐盖与筐内的标签内容一致后，填写选蛾记录表，再淘汰开对蛾和不符合种质固有体征的蛾对，然后将雌、雄蛾轻轻分开后，轻震蛾筐使雌蛾充分排尿。

4.3.5.8 选蛾装袋

按 NY/T 1626—2008 中 4.5.4 的要求选蛾；特殊遗传材料按其特征特性选蛾。选留的雌蛾剪去 1/2 翅后，装入附有种质名称、交配形式及产卵日期等标签的产卵袋(16 cm×12 cm)中单蛾产卵，记录各类蛾数。

4.3.5.9 产卵镜检

春期卵袋摆放于温度为 20℃～22℃、相对湿度为 75%～80%的黑暗环境中产卵；秋期卵袋悬挂于通风的室内产卵。春期产卵 48 h、秋期产卵 24 h 后，逐蛾进行显微镜检查，实行复检，严格淘汰微粒子病蛾卵。

4.3.5.10 填写清单

制种结束后，根据饲养计划表与选蛾记录表，核对种质材料名称、交配形式及其蚕种数量，填写制种清单。

4.4 卵期

4.4.1 选卵

选留各种质材料固有卵色、卵形的种蛾卵，淘汰卵色杂、卵量少或不良卵多的种蛾卵。

4.4.2 调查

选卵后调查各种质材料的单蛾产卵数、产卵量。混合卵量育的种质材料抽样调查10只种蛾；单蛾育的全部调查。

4.4.3 留种

4.4.3.1 继代种卵

按饲养计划，卵量育种质材料的两大亲系，分别从混匀的5只～6只种蛾卵中，随机称取一定量卵作为一个区的饲育量，进行定量分区。各区种卵装入收蚁用卵袋(10 cm×12 cm)后，附种质名、亲系、区号及产卵日期的标签保存。单蛾育的种质根据试验内容留种。

4.4.3.2 备份种卵

从各种质材料剩余种卵中分别称取10 g～15 g或选留10只种蛾卵，置于4℃、自然湿度环境中存放备用。

4.4.4 挂串记录

用系有种质材料名称标牌的尼龙绳，将4.4.3.1继代种卵按亲系、饲养区号顺序串成一串，记录标牌及卵袋上的标签内容于卵期调查表并核对。

4.4.5 暖卵

根据收蚁日期和种质材料卵的有效积温，确定暖卵日期。春蚕暖卵温度从15℃起，每天升温1℃，到19℃或20℃平温；一化性蚕区，可每天升温1℃～2℃，到22℃平温。在胚胎形成期(叫籽)相对湿度70%～75%，反转期后为75%～80%。秋蚕及二化一以自然温度暖卵，避免28℃以上高温。暖卵时应逐日解剖胚胎，掌握卵的发育情况。

4.4.6 卵面消毒

种卵叫籽结束后，将4.4.4中的种卵，按种质材料名称、区号顺序依次拆下卵袋上的标签，然后将标签分别扎起包好并标上标牌名，与“饲养区卡”一起放入高压灭菌锅消毒备用。同时，选择干净、无毒且远离收蚁蚕室的场所，以0.8%氢氧化钠溶液轻轻揉搓种卵50 s后，用18℃左右的清水迅速漂洗干净并控水，再放入24℃～26℃的盐酸甲醛溶液(盐酸、甲醛和水的比例为1∶1∶11)中浸泡30 min，取出后再用20℃左右的清水冲洗2次～3次，控净水，将成串的卵袋悬挂在无阳光暴晒的地方，快速晾干并核对串数、加挂标签，即可进入无毒蚕室待收蚁。

4.5 蚕期

4.5.1 柞园要求

选择坡度在35°以下的地势缓平、树种一致、密度适中的柞园。一般株行距以2.5 m×2.5 m为宜；树龄以2年～4年为宜，干旱性地区或秋蚕期可用1年～3年。

4.5.2 收蚁

4.5.2.1 蚕室、蚕具消毒

收蚁前4 d～5 d彻底冲洗收蚁或养蚕用蚕室、蚕具，将蚕室加温至26℃～28℃，再配制3%甲醛溶液(温度28℃)，用高压喷雾器按135 mL/m² 用量均匀喷洒，确保蚕室内每个部位和养蚕器具喷上药液；随即用毒消散对室内进行气体消毒，门窗密闭24 h后，再开启放气即可使用。

4.5.2.2 春蚕收蚁

4.5.2.2.1 编号装袋

按4.4.6中的每串卵袋上的标签内容，依次将种质名称、区号编写在牛皮纸—塑料薄膜复合养蚕袋(50 cm×40 cm)的一角，核对无误后，分别拆下卵袋将其外挽成1/2袋高，移入对应的养蚕袋底角，并将养蚕袋折成略大于卵袋大小，按区号顺序悬挂于铁线上。收蚁前，蚕室温度为20℃～22℃，相对湿度为80%左右。

4.5.2.2.2 室内收蚁

用同一树种的芽叶，立放于卵袋口处收蚁。以卵袋宽和柞叶上端为折线向牛皮纸面折养蚕袋后，悬挂于铁线上，每日早、晚各给叶1次。湿叶需晾干再用，眠中停叶，扩大蚕座面积。嫩枝长短随蚕生长发育程度而定。

收蚁后第二天傍晚给叶前撤出卵袋并扎口，放于养蚕室继续孵化，待孵化率调查。第四天、上山前各除沙1次，一眠起齐后即可送至山上饲养，蚁场应避风向阳。

蚕室温度为24℃～25℃，相对湿度为60%～70%；保持室内卫生，防止阳光直射。

4.5.2.3 秋蚕收蚁

秋蚕蚁场应高爽通风的柞园。将出蚕后的卵袋打开，立放于柞把中央，袋口向上，与周缘柞叶相接。同时，在该柞墩下部不同方向明显处枝条上，加挂标明种质名称或编号及区号的标签。收蚁第二天下午撤卵袋时，核对柞墩上与袋上的标签信息无误后收回，5 d后调查孵化率。

室外收蚁、饲养，各种质材料之间应留出1棵树位作为隔离带。

4.5.3 管理与调查

4.5.3.1 饲养方法

二化春、秋蚕均三移法；一化蚕为多移法。蚕期应及时匀蚕、剪移，保证饱食良叶；5龄期幼虫活动范围较大、易窜枝或脱枝，应加强巡蚕，严防混杂。

4.5.3.2 食叶程度

按NY/T 1626—2008中4.4.1.1和4.4.1.2中的母种标准执行。

4.5.3.3 蚕期记载

按附录B和附录C中的项目内容调查记载。

4.5.3.4 选蚕

5龄盛食期按照各种质材料的特征特性选蚕，淘汰非固有性状的个体，并作记录。

4.5.3.5 蚕期保护

在柞蚕病虫害发生区，应采取相应措施进行防治。同时，加强鸟、鼠害的防控。

4.6 茧期

4.6.1 摘茧

营茧90%后应及时提蚕，5 d后摘茧。摘茧时，按种质材料及区号顺序摘茧，防止种质间或区间混杂。每区在摘下的第一粒茧的茧蒂上，系上标有种质材料名称及区号的标签，装入纱袋后开始摘茧。茧摘完后，加系2个～3个标签，封袋放阴凉处，再摘下一个区。摘下的茧应及时运回，按放养者、种质、亲系和区号等分别平摊于有隔板的茧床中保护。

4.6.2 蚕茧调查

二化性种质材料春蚕期摘茧5 d、秋蚕期摘茧10 d后，一化性种质材料可在15 d以后，按附录D所示项调查。

4.6.3 选茧

根据每份种质两亲系的各区蚕期表现，选择符合各种质材料固有特征特性的优良饲育区或蛾区，采取“卡两头，留中间”的方法，选茧型、茧色一致，茧层厚薄均匀，茧衣完整的个体留种。一般每亲系留两大子群。

4.6.4 缫丝性状调查

每5年选取优茧100粒以上，进行1次缫丝性状鉴定，调查丝长、解舒率、解舒丝长、纤度和出丝率等项目；也可作单粒茧缫丝调查。

4.7 资料整理存档

蚕期结束，填写保育种质材料主要成绩表和保育种质材料系统成绩表，见附录E、附录F，并将饲养计划表、饲养区卡、蚕茧调查区卡等装订成册存档。

按种质类型、系统、化性、眠性等归类进行分析比较，对各类品种的生物学性状和经济学性状作出评价，提出进一步研究方案，写出工作总结。

4.8 混杂品种的处理

对4个变态期发现有混杂的种质材料，除当代淘汰非固有性状的个体或蛾区外，下一代单蛾饲养20个以上的蛾区，选取符合固有性状的蛾区留种。必要时，还应根据各种质固有特性，对其主要性状作变异系数分析，选变异系数最小的区留种。

4.9 种茧的保护与冷藏

4.9.1 夏秋期保护

一化性继代种茧应以2粒～3粒茧的厚度平摊于保种器具中。保种室温度以18℃～27℃为宜，避免接触27℃以上高温。

4.9.2 冬季种茧保护

9月下旬～10月上旬应将种茧摊开，北方高寒地区温度保持在11℃～15℃；10月中旬～11月中旬仍可采用自然温度保种，常开窗换气；11月下旬入保种库，库温为－2℃～2℃，相对湿度为50%～70%。

5 种质资源鉴定

5.1 鉴定内容

鉴定内容见表1。

表1 柞蚕种质资源鉴定内容

性状类型	鉴定项目
生物学性状	血统、化性、眠性、蛹期积温、卵期积温、卵色、卵长、卵幅、卵厚、卵胶着性、蚁蚕体色、壮蚕体背色、壮蚕体侧色、气门上线色、气门下线色、茧色、茧形、雌茧长、雌茧幅、雄茧长、雄茧幅、蛹体色、雌蛹长、雌蛹幅、雌蛹质量、雄蛹长、雄蛹幅、雄蛹质量、雌蛾体色、雌蛾体长、雌蛾体幅、雌蛾翅展、雄蛾体色、雄蛾体长、雄蛾体幅、雄蛾翅展、蛾翅形态
经济性状	单蛾产卵数、单蛾产卵量、造卵数、产出卵率、克卵粒数、克蚁蚕头数、普通孵化率、实用孵化率、不受精卵率、幼虫生命率、虫蛹统一生命率、死笼率、收蚁结茧率、5龄经过、全龄经过、熟性、全茧量、茧层量、茧层率、千粒茧重、千克卵产茧量、5龄茧重转化率、5龄茧层生产率、茧丝长、解舒丝长、解舒率、茧丝纤度、鲜茧出丝率
抗病性	对柞蚕核型多角体病毒的抗性、对柞蚕链球菌的抗性

5.2 鉴定方法

5.2.1 生物学性状

5.2.1.1 化性

在自然条件下，一化性蚕区正常养蚕结茧，若蛹期滞育率大于或等于90%的种质材料为一化性；若滞育率小于或等于10%的种质材料为二化性。在二化性蚕区，春蚕蛹期滞育率小于或等于5%的种质材料为二化性；滞育率大于或等于85%的种质材料则为一化性。

5.2.1.2 眠性

经4次停食就眠蜕皮，5龄期即营茧化蛹的称为4眠蚕品种。不属于4眠性类型的为其他。

5.2.1.3 血统

在自然条件下，按柞蚕幼虫(2龄～5龄)体色可分4个血统：

——青黄蚕血统：幼虫体色为绿色系的种质资源；

——黄蚕血统：幼虫体色为黄色系的种质资源；

——蓝蚕血统：幼虫体色为蓝色系的种质资源；

——白蚕血统：幼虫体色为白色系的种质资源。

5.2.1.4 蛹期积温

随机抽取 100 粒茧,按 4.3.3 要求暖茧,逐日记录温度,至盛出蛾时为蛹期发育终止日期。按式(1)计算。

$$K = \sum_{i}^{n} (T_i - C) \cdots\cdots (1)$$

式中:

K ——发育有效积温,单位为摄氏度(℃);

n ——发育历期,单位为天(d);

T_i——第 i 天的施温温度,单位为摄氏度(℃);

C ——发育起点温度(10℃),单位为摄氏度(℃)。

以连续 3 年的平均值表示,精确到 1℃。

5.2.1.5 卵期积温

随机抽取 100 粒卵,按 4.4.5 的要求暖卵,逐日记录温度,至羽化盛期时为卵期发育终止日期。计算方法及要求同 5.2.1.4。

5.2.1.6 卵

5.2.1.6.1 卵色

在 20℃条件下,产卵后 72 h~96 h,随机取 10 只中批蛾的卵,在自然光线下直接用肉眼观察卵色,分为白色、浅褐色和深褐色。

5.2.1.6.2 卵长

用 5.2.1.6.1 中的种卵,充分混合后随机抽取 30 粒卵,用电子数显卡尺准确测量每粒卵的长度,计算 30 粒卵的平均长度。以连续 3 年平均数表示,精确到 0.1 mm。

5.2.1.6.3 卵幅

用 5.2.1.6.2 中的样卵,用电子数显卡尺准确测量每粒卵的宽度,计算 30 粒卵的平均宽度。以连续 3 年平均数表示,精确到 0.1 mm。

5.2.1.6.4 卵厚

用 5.2.1.6.2 中的样卵,用电子数显卡尺准确测量每粒卵的厚度,计算 30 粒卵的平均厚度。以连续 3 年平均数表示,精确到 0.1 mm。

5.2.1.6.5 胶着性

随机取拆对后的雌蛾 20 只放在产卵纸上产卵,翌日目测评估蚕卵的黏附状态,分为有胶着性和无胶着性。

5.2.1.7 蚕

5.2.1.7.1 蚁蚕体色

以肉眼观察 20 个蛾区的蚁蚕体色,分为红色、红褐色、黑色和其他。

5.2.1.7.2 壮蚕体背色

随机抽取 5 龄盛食期蚕 20 头,用色谱[a] 按最大相似原则,在自然光线下以肉眼直接观察确定幼虫体背色。

5.2.1.7.3 壮蚕体侧色

用 5.2.1.7.2 中的样蚕和方法,确定壮蚕体侧气门线以下体侧部位的颜色。

5.2.1.7.4 气门上线色

用 5.2.1.7.2 中的样蚕和方法,确定壮蚕体侧气门线上线的颜色。

---

[a] 1957 年科学技术出版社出版的《色谱》。

5.2.1.8 茧

5.2.1.8.1 茧色

在自然光线下，按最大相似原则，以肉眼直接观察化蛹后 7 d 内茧的颜色，分为白色、淡黄色、淡褐色和赤褐色。

5.2.1.8.2 茧形

用 5.2.1.8.1 中的样茧及方法，观察茧的形状，分为椭圆、长椭圆、短椭圆和球形。

5.2.1.8.3 茧长

随机从 5 个试验区中分别抽取雌茧和雄茧各 10 粒，再分别用电子数显卡尺准确测量其长度，计算单粒雌茧或雄茧的平均长度。以连续 3 年的平均值表示，精确到 0.1 mm。

5.2.1.8.4 茧幅

用 5.2.1.8.3 的样茧，以电子数显卡尺分别准确测量雌茧和雄茧的突出部位宽度，计算单粒雌茧或雄茧的平均宽度。以连续 3 年的平均值表示，精确到 0.1 mm。

5.2.1.9 蛹

5.2.1.9.1 蛹体色

剖开 5.2.1.8.3 中的样茧，取出蚕蛹以肉眼直接观察蛹体颜色，可分为黄色、黄褐色和黑褐色。

5.2.1.9.2 蛹体长

用 5.2.1.9.1 中的雌蛹和雄蛹，以电子数显卡尺分别准确测量并计算雌蛹或雄蛹自然蛹体的平均长度。以连续 3 年平均值表示，精确到 0.1 mm。

5.2.1.9.3 蛹体幅

用 5.2.1.9.1 中的雌蛹和雄蛹，以电子数显卡尺分别准确测量并计算雌蛹或雄蛹自然蛹体的平均宽度。以连续 3 年平均值表示，精确到 0.1 mm。

5.2.1.9.4 蛹体重

用 5.2.1.9.1 的雌蛹和雄蛹，分别准确称取其重量，再计算雌蛹或雄蛹的平均蛹重。以连续 3 年平均值表示，精确到 0.01 g。

5.2.1.10 蛾

5.2.1.10.1 蛾体色

按最大相似原则，分别目测充分展翅的雌蛾和雄蛾的体背侧及蛾翅整体颜色，分为白色、浅棕色、棕黄色、棕绿色、棕红色、棕褐色和黑色。

5.2.1.10.2 蛾体长

随机取中批羽化的健康雌蛾和雄蛾各 10 只，分别测量其头部突起部分至蛾腹尾端的自然体长，重复 3 次，计算雌蛾或雄蛾的平均长度。以连续 3 年的平均值表示，精确到 0.1 mm。

5.2.1.10.3 蛾体幅

用 5.2.1.10.2 中的样蛾，分别测量雌蛾和雄蛾胸部最宽部分自然宽度，并计算雌蛾或雄蛾的平均宽度。以连续 3 年的平均值表示，精确到 0.1 mm。

5.2.1.10.4 蛾翅展

用 5.2.1.10.2 中的样蛾，分别测量雌蛾和雄蛾的前翅充分展开后的最大宽度，并计算雌蛾或雄蛾的平均宽度。以连续 3 年的平均值表示，精确到 0.1 mm。

5.2.1.10.5 蛾翅形态

蛾翅完全展开后，直接肉眼观察蛾翅形态类型如下：

——常翅蛾：蛾体无异常变态，蛾翅能充分展开，翅缘整齐；

——小翅蛾：蛾的翅缘仅及正常的 90%；

——雏翅蛾：与小翅相似，但翅更小；

——皱翅蛾：蛾翅不发达，展翅不良；

——黑翅脉蛾：蛾前翅的前缘脉呈黑色或黑紫色；

——眼斑蛾：蛾后翅网状斑纹外侧有眼状半圆形斑纹；

——不属于以上类型的其他类型。

5.2.2 经济性状

5.2.2.1 单蛾产卵数

在20℃～22℃条件下，单蛾袋中产卵48 h后，常规法保护2 d～3 d，再随机抽取10只蛾调查单蛾产卵数，求其平均数。以连续3年的平均值表示，精确到1粒。

5.2.2.2 单蛾产卵量

在20℃、相对湿度75%～85%条件下，称取5.2.2.1单个样本的产卵量，求其平均数。以连续3年的平均值表示，精确到0.01 g。

5.2.2.3 造卵数

解剖调查5.2.2.1中各样本的遗腹卵数，按造卵数等于产卵数加遗腹卵数，计算样本的造卵数平均数。以连续3年的平均值表示，精确到1粒。

5.2.2.4 产出卵率

用5.2.2.1和5.2.2.3中的调查数据，计算雌蛾产卵粒数占造卵粒数的百分率。以连续3年的平均值表示，精确到0.01%。

5.2.2.5 克卵粒数

用5.2.2.1和5.2.2.2中的调查数据，计算1 g产出卵的卵粒数及其平均数。以连续3年的平均值表示，精确到1粒/g。

5.2.2.6 克蚁蚕头数

用5.2.2.1中的样卵施温孵化后3 h～5 h，快速称取1.5 g的蚁蚕并计数，重复3次。计算1 g蚁蚕的平均头数。以连续3年的平均值表示，精确到1头/g。

5.2.2.7 普通孵化率

随机取10只种蛾正常室外单蛾收蚁，按4.5和4.6的方法饲育、调查和记载。收蚁2 d后，将各蛾区的卵袋扎口收回继续任其孵化。5 d后分别调查迟出蚁蚕(卵)数和逐粒解剖未孵化卵，鉴别记录不受精卵数、死胚卵数，计算平均普通孵化率。按式(2)计算。

$$R_{ho}=\frac{N_{ep}-N_{en}-N_{ed}}{N_{ep}-N_{en}}\times 100 \quad\cdots\cdots(2)$$

式中：

R_{ho}——普通孵化率，单位为百分率(%)；

N_{ep}——单蛾产卵数，单位为粒；

N_{en}——不受精卵数，单位为粒；

N_{ed}——死胚卵数，单位为粒。

以连续3年的平均值表示，精确到0.01%。

5.2.2.8 实用孵化率

调查方法、标准同5.2.2.7，按式(3)计算。

$$R_{hp}=\frac{N_{ep}-N_{en}-N_{ed}-N_{el}}{N_{ep}-N_{en}}\times 100 \quad\cdots\cdots(3)$$

式中：

R_{hp}——实用孵化率，单位为百分率(%)；

N_{el}——迟出蚁蚕卵数,单位为粒。

以连续3年的平均值表示,精确到0.01%。

5.2.2.9 不受精卵率

用5.2.2.7中的不受精卵数及产卵数的平均值,计算平均不受精卵率。按式(4)计算。

$$R_n = \frac{N_{en}}{N_{ep}} \times 100 \qquad (4)$$

式中:

R_n——不受精卵率,单位为百分率(%)。

以连续3年的平均值表示,精确到0.01%。

5.2.2.10 幼虫生命率

从收蚁开始,每日调查记载5.2.2.7中各蛾区病死蚕、淘汰的弱小蚕头数,直至采茧。调查每区总收茧数,再计算平均幼虫生命率。按式(5)计算。

$$R_{ls} = \frac{N_c}{N_c + N_{sl}} \times 100 \qquad (5)$$

式中:

R_{ls}——幼虫生命率,单位为百分率(%);

N_c——总收茧数,单位为粒;

N_{sl}——病死蚕、弱蚕、小蚕数,单位为头(粒);

以连续3年的平均值表示,精确到0.01%。

5.2.2.11 死笼率

逐一剖开5.2.2.7中的各区劣茧,调查其死笼茧数,计算平均死笼率。按式(6)计算。

$$R_{dc} = \frac{N_{dc}}{N_c} \times 100 \qquad (6)$$

式中:

R_{dc}——死笼率,单位为百分率(%);

N_{dc}——死笼茧数,单位为粒。

以连续3年的平均值表示,精确到0.01%。

5.2.2.12 虫蛹统一生命率

用5.2.2.10和5.2.2.11中的调查数据,计算平均虫蛹统一生命率。按式(7)计算。

$$R_{lp} = R_{ls} \times (1 - R_{dc}) \qquad (7)$$

式中:

R_{lp}——虫蛹统一生命率,单位为百分率(%)。

以连续3年的平均值表示,精确到0.01%。

5.2.2.13 收蚁结茧率

用5.2.2.7和5.2.2.10中的数据,按式(8)计算。

$$R_c = \frac{N_c}{N_{ep} - N_{en} - N_{ed} - N_{el}} \times 100 \qquad (8)$$

式中:

R_c——收蚁结茧率,单位为百分率(%)。

以连续3年的平均值表示,精确到0.01%。

5.2.2.14 5龄经过

记载5.2.2.7中的各区自四眠起齐至90%蚕营茧所经过的时间,并计算平均日、时数。以连续3年的平均值表示,精确到1 h。

5.2.2.15 全龄经过

方法、标准同 5.2.2.14。记载各区自孵化至营茧 90%所经过的日、时数。

5.2.2.16 熟性

记载 5.2.2.7 中的各区自孵化至营茧 90%所经过的日数及日平均气温，按式(1)计算蚕期有效积温。二化性种质计算第二世代的有效积温，以连续 3 年的平均值表示，精确到 1℃。按表 2 分级。

表 2 柞蚕种质资源熟性分级标准

级　别	一化性蚕区			二化性蚕区		
	早熟性	中熟性	晚熟性	早熟性	中熟性	晚熟性
有效积温(K)	$K \leqslant 400℃$	$400℃ < K < 460℃$	$K \geqslant 460℃$	$K \leqslant 530℃$	$530℃ < K < 610℃$	$K \geqslant 610℃$

5.2.2.17 全茧量

化蛹 7 d 后随机调查 5.2.2.7 中的 5 个区，每区随机取雌、雄茧各 10 粒，分别称取并计算出雌茧和雄茧的全茧量后，再求雌雄茧的平均全茧量。以连续 3 年的平均值表示，精确到 0.01 g。

5.2.2.18 茧层量

用 5.2.2.17 中的样茧，分别称取并计算出雌茧和雄茧的茧层量后，再求雌雄茧的平均茧层量。以连续 3 年的平均值表示，精确到 0.01 g。

5.2.2.19 茧层率

按 5.2.2.17 和 5.2.2.18 的调查数据计算平均茧层率。按式(9)计算。

$$R_{cs} = \frac{G_{cs}}{G_c} \times 100 \quad (9)$$

式中：

R_{cs}——茧层率，单位为百分率(%)；

G_{cs}——雌雄平均茧层量，单位为克(g)；

G_c——雌雄平均全茧量，单位为克(g)。

以连续 3 年的平均值表示，精确到 0.01%。

5.2.2.20 千粒茧重

化蛹 7 d 后随机取 5.2.2.7 中的 5 个区，每蛾区再随机取 100 粒(不足者全取)优茧称取总重量，计算平均千粒茧质重。按式(10)计算。

$$G_{kc} = G_{hc} \times 10 \quad (10)$$

式中：

G_{kc}——千粒茧重量，单位为千克(kg)；

G_{hc}——百粒茧重量，单位为千克(kg)。

以连续 3 年的平均值表示，精确到 0.01 kg。

5.2.2.21 千克卵产茧量

化蛹 7 d 后，称量 5.2.2.7 中各区的收茧总重量，计算平均千克卵产茧量。按式(11)计算。

$$G_{ce} = \frac{G_{tc}}{G_e} \quad (11)$$

式中：

G_{ce}——千克卵产茧质量，单位为千克(kg)；

G_{tc}——区产茧总重量，单位为克(g)；

G_e——区卵质量，单位为克(g)。

以连续 3 年的平均值表示，精确到 0.01 kg。

5.2.2.22 5 龄茧重转化率

按附录 G 执行。

5.2.2.23 5 龄茧层生产率

按附录 G 方法和式(12)计算。

$$R_s = \frac{G_{cs}}{G_i} \times 100 \quad \cdots\cdots (12)$$

式中：

R_s ——茧层生产率，单位为百分率(%)；

G_{cs}——茧层量，单位为克(g)；

G_i ——食下量，单位为克(g)。

以平均值表示，精确到 0.01%。

5.2.2.24 茧丝长

5.2.2.24.1 单粒缫丝

按附录 H 方法和式(13)计算。

$$L_s = \frac{N_{cs} \times 1.125}{N_{tc}} \quad \cdots\cdots (13)$$

式中：

L_s ——单粒缫茧丝长，单位为米(m)；

N_{cs}——供试茧缫丝总回数；

N_{tc}——供试茧总粒数。

1 回等于 1.125 m。

以平均值表示，精确到 1 m。

5.2.2.24.2 百粒缫丝

按附录 H 方法和式(14)计算。

$$L_s = \frac{N_{cs} \times N \times 1.125}{N_{tc}} \quad \cdots\cdots (14)$$

式中：

L_s ——百粒缫茧丝长，单位为米(m)；

N ——定粒茧数。

以平均值表示，精确到 1 m。

5.2.2.25 解舒丝长

按附录 H 方法和式(15)计算。

$$L_r = \frac{L_t}{N_{tc} + N_d} \quad \cdots\cdots (15)$$

式中：

L_r ——解舒丝长，单位为米(m)；

L_t ——茧丝总长，单位为米(m)；

N_d——落绪茧次数。

以平均值表示，精确到 1 m。

5.2.2.26 解舒率

按附录 H 方法和式(16)计算。

$$R_r = \frac{L_r}{L_s} \times 100 \quad \cdots\cdots (16)$$

式中：

R_r ——解舒率，单位为百分率（%）；
L_r ——解舒丝长，单位为米（m）；
L_s ——茧丝长，单位为米（m）。
以平均值表示，精确到0.01%。

5.2.2.27 **茧丝纤度**

按附录H方法和式（17）计算。

$$S = \frac{L_t}{G_{sy}} \times 10^4 \quad \cdots\cdots (17)$$

式中：

S ——茧丝纤度，单位为分特克斯（dtex）；
L_t ——茧丝总长，单位为米（m）；
G_{sy} ——茧丝总量，单位为克（g）。
以平均值表示，精确到0.01%。

5.2.2.28 **缫丝性能**

按附录H的规定执行。

5.2.3 **抗病性**

5.2.3.1 **对柞蚕核型多角体病毒的抗性**

按附录I的规定执行。

5.2.3.2 **对柞蚕链球菌的抗性**

按附录J的规定执行。

附　录　A
（规范性附录）
柞蚕种质资源继代饲养计划表

柞蚕种质资源继代饲养计划表见表 A.1。

表 A.1　柞蚕种质资源继代饲养计划

保育单位：

种质类型：			年　季					第　页		
种质编号										
种质名称										
亲　系										
区　号										
种质编号										
种质名称										
亲　系										
区　号										
种质编号										
种质名称										
亲　系										
区　号										
种质编号										
种质名称										
亲　系										
区　号										
种质编号										
种质名称										
亲　系										
区　号										

附 录 B
（规范性附录）
柞蚕种质资源继代饲养区卡 A

柞蚕种质资源继代饲养区卡 A 见表 B.1。

表 B.1 柞蚕种质资源继代饲养区卡 A

<table>
<tr><td>种质编号</td><td colspan="2"></td><td>种质名称</td><td></td><td colspan="2">亲 系</td><td></td><td>区 号</td><td></td></tr>
<tr><td>阶 段</td><td colspan="3">处 理</td><td colspan="3">经 过</td><td colspan="2">保 护</td><td>记 事</td></tr>
<tr><td rowspan="2">暖 卵
经 过</td><td>开始</td><td colspan="2">月 日 时</td><td colspan="3">日 时</td><td>温 度
℃</td><td>湿 度
%</td><td rowspan="2"></td></tr>
<tr><td>结束</td><td colspan="2">月 日 时</td><td>食 中</td><td>眠 中</td><td>合 计</td><td></td><td></td></tr>
<tr><td rowspan="21">饲
育
过
程</td><td rowspan="3">1
龄</td><td>收 蚁</td><td>月 日 时</td><td rowspan="3"></td><td rowspan="3"></td><td rowspan="3"></td><td rowspan="3"></td><td rowspan="3"></td><td rowspan="3"></td></tr>
<tr><td>眠 始</td><td>月 日 时</td></tr>
<tr><td>眠 齐</td><td>月 日 时</td></tr>
<tr><td rowspan="4">2
龄</td><td>起 始</td><td>月 日 时</td><td rowspan="4"></td><td rowspan="4"></td><td rowspan="4"></td><td rowspan="4"></td><td rowspan="4"></td><td rowspan="4"></td></tr>
<tr><td>起 齐</td><td>月 日 时</td></tr>
<tr><td>眠 始</td><td>月 日 时</td></tr>
<tr><td>眠 齐</td><td>月 日 时</td></tr>
<tr><td rowspan="4">3
龄</td><td>起 始</td><td>月 日 时</td><td rowspan="4"></td><td rowspan="4"></td><td rowspan="4"></td><td rowspan="4"></td><td rowspan="4"></td><td rowspan="4"></td></tr>
<tr><td>起 齐</td><td>月 日 时</td></tr>
<tr><td>眠 始</td><td>月 日 时</td></tr>
<tr><td>眠 齐</td><td>月 日 时</td></tr>
<tr><td rowspan="4">4
龄</td><td>起 始</td><td>月 日 时</td><td rowspan="4"></td><td rowspan="4"></td><td rowspan="4"></td><td rowspan="4"></td><td rowspan="4"></td><td rowspan="4"></td></tr>
<tr><td>起 齐</td><td>月 日 时</td></tr>
<tr><td>眠 始</td><td>月 日 时</td></tr>
<tr><td>眠 齐</td><td>月 日 时</td></tr>
<tr><td rowspan="4">5
龄</td><td>起 始</td><td>月 日 时</td><td rowspan="4"></td><td rowspan="4"></td><td rowspan="4"></td><td rowspan="4"></td><td rowspan="4"></td><td rowspan="4"></td></tr>
<tr><td>起 齐</td><td>月 日 时</td></tr>
<tr><td>营茧始</td><td>月 日 时</td></tr>
<tr><td>营茧终</td><td>月 日 时</td></tr>
<tr><td rowspan="2">全
龄</td><td>收 蚁</td><td>月 日 时</td><td rowspan="2"></td><td rowspan="2"></td><td rowspan="2"></td><td rowspan="2"></td><td rowspan="2"></td><td rowspan="2"></td></tr>
<tr><td>营 茧</td><td>月 日 时</td></tr>
</table>

年 季　　　　　　　　组别：

附 录 C
（规范性附录）
柞蚕种质资源继代饲养区卡 B

柞蚕种质资源继代饲养区卡 B 见表 C.1。

表 C.1 柞蚕种质资源继代饲养区卡 B

<table>
<tr><td colspan="2">卵 色</td><td colspan="2"></td><td>蚁蚕体色</td><td></td><td>壮蚕体背色</td><td></td></tr>
<tr><td colspan="2">卵壳色</td><td colspan="2"></td><td>饲养卵量</td><td></td><td>壮蚕体色</td><td></td></tr>
<tr><td rowspan="13">幼虫发育调查</td><td>龄别</td><td colspan="2">眠起及营茧情况</td><td colspan="2">有关生命力个体淘汰记载</td><td>偶因淘汰记载</td><td>合 计</td></tr>
<tr><td rowspan="2">1</td><td>收蚁</td><td></td><td colspan="2" rowspan="2"></td><td rowspan="2"></td><td rowspan="2"></td></tr>
<tr><td>眠</td><td></td></tr>
<tr><td rowspan="2">2</td><td>起</td><td></td><td colspan="2" rowspan="2"></td><td rowspan="2"></td><td rowspan="2"></td></tr>
<tr><td>眠</td><td></td></tr>
<tr><td rowspan="2">3</td><td>起</td><td></td><td colspan="2" rowspan="2"></td><td rowspan="2"></td><td rowspan="2"></td></tr>
<tr><td>眠</td><td></td></tr>
<tr><td rowspan="2">4</td><td>起</td><td></td><td colspan="2" rowspan="2"></td><td rowspan="2"></td><td rowspan="2"></td></tr>
<tr><td>眠</td><td></td></tr>
<tr><td rowspan="3">5</td><td>起</td><td></td><td colspan="2" rowspan="3"></td><td rowspan="3"></td><td rowspan="3"></td></tr>
<tr><td>营茧</td><td></td></tr>
<tr><td></td><td></td></tr>
<tr><td colspan="3">合 计</td><td colspan="2"></td><td></td><td></td></tr>
<tr><td>习性记载</td><td colspan="7"></td></tr>
</table>

保育单位：

附 录 D
(规范性附录)
柞蚕种质资源蚕茧调查区卡

柞蚕种质资源蚕茧调查区卡见表 D.1。

表 D.1 柞蚕种质资源蚕茧调查区卡

年 季

<table>
<tr><td colspan="2">种质编号</td><td colspan="2"></td><td>种质名称</td><td></td><td colspan="2">区 号</td><td></td></tr>
<tr><td rowspan="12">产茧调查</td><td colspan="2">茧 类</td><td>重量,g</td><td>粒数,粒</td><td>粒数百分率,%</td><td rowspan="12">虫蛹统一生命率</td><td>实际饲养头数</td><td></td></tr>
<tr><td colspan="2">总 茧</td><td></td><td></td><td></td><td>5 龄病死头数</td><td></td></tr>
<tr><td colspan="2">优 茧</td><td></td><td></td><td></td><td>全龄病、弱蚕头数</td><td></td></tr>
<tr><td colspan="2">薄 皮 茧</td><td></td><td></td><td></td><td>死笼茧(蚕、蛹)总数</td><td></td></tr>
<tr><td colspan="2">油 烂 茧</td><td></td><td></td><td></td><td>结茧粒数</td><td></td></tr>
<tr><td colspan="2">同 宫 茧</td><td></td><td></td><td></td><td>收蚁结茧率,%</td><td></td></tr>
<tr><td colspan="2">干 涸 茧</td><td></td><td></td><td></td><td>幼虫生命率,%</td><td></td></tr>
<tr><td colspan="2">伤 蛹</td><td></td><td></td><td></td><td>普通孵化率,%</td><td></td></tr>
<tr><td colspan="2">鸟 兽 害</td><td></td><td></td><td></td><td>实用孵化率,%</td><td></td></tr>
<tr><td colspan="2">畸 形 茧</td><td></td><td></td><td></td><td>不受精卵率,%</td><td></td></tr>
<tr><td colspan="2">千粒茧重</td><td></td><td></td><td></td><td>死笼百分率,%</td><td></td></tr>
<tr><td colspan="2">千克卵收茧量,kg</td><td></td><td>千克卵茧层量,kg</td><td></td><td>虫蛹统一生命率,%</td><td></td></tr>
<tr><td colspan="3">项 目</td><td>♀</td><td>♂</td><td>♀♂</td><td rowspan="6">茧形调查</td><td rowspan="3">茧 形
概 评</td><td rowspan="3"></td></tr>
<tr><td rowspan="5">茧质调查</td><td rowspan="2">全茧量
g</td><td>10 粒</td><td></td><td></td><td></td></tr>
<tr><td>单粒</td><td></td><td></td><td></td></tr>
<tr><td rowspan="2">茧层量
g</td><td>10 粒</td><td></td><td></td><td></td><td rowspan="3">茧 色
概 评</td><td rowspan="3"></td></tr>
<tr><td>单粒</td><td></td><td></td><td></td></tr>
<tr><td colspan="2">茧 层 率,%</td><td></td><td></td><td></td></tr>
<tr><td colspan="2">备 注</td><td colspan="7"></td></tr>
</table>

采茧日期: 月 日 组别:

附 录 E
(规范性附录)
柞蚕保育种质材料的主要成绩表

柞蚕保育种质材料的主要成绩表见表 E.1。

表 E.1 柞蚕保育种质材料的主要成绩表

年 季

种质名称	亲系	区号	5龄经过 dh	全龄经过 dh	幼生率 %	死笼率 %	虫蛹率 %	全茧量 g	茧层量 g	茧层率 %	千粒茧重 kg	千克卵收茧数 千粒	千克卵收茧量 kg	茧丝长 m	解舒率 %	解舒丝长 m	鲜茧出丝率 %	纤度 dtex	备注

附 录 F
(规范性附录)
柞蚕保育种质材料的系统成绩表

柞蚕保育种质材料的系统成绩表见表 F.1。

表 F.1 柞蚕保育种质材料的系统成绩表

种质名称　　收集编号　　分类编号　来源　　　　　　页

亲系	区号	5龄经过 dh	全龄经过 dh	幼生率 %	死笼率 %	虫蛹率 %	全茧量 g	茧层量 g	茧层率 %	千粒茧重 kg	千克卵收茧数粒 千粒	千克卵收茧量 kg	茧丝长 m	解舒率 %	解舒丝长 m	鲜茧出丝率 %	纤度 dtex	备注

附 录 G
(规范性附录)
柞蚕种质资源饲料效率鉴定

G.1 范围

本附录适用于柞蚕种质资源饲料效率鉴定。

G.2 仪器设备

电子秤(精度 0.01),八篮烘箱。

G.3 试验方法

G.3.1 取样与分区

随机取鉴定材料及对照青 6 号(或以当地当家品种为对照种)的 4 眠蚕 80 头～90 头,逐头称量蚕体重后按大小搭配均匀分区,每 20 头蚕为一试验区,设 3 个试验区及一个预备区。

G.3.2 饲养与调查

采用干量折合法,单头瓶中室内育至结茧,7 d 后茧质调查。每区每天称取一定量的柞叶给蚕添食,一日二回育,同时称取 3 包对照鲜叶,每包 10 g,与每天除沙捡出的残叶一起放入 100℃烘箱中 4 h～5 h 烘干,分别称重并记录。根据标准叶的干叶量计算鲜、干叶质量分数,再依残叶干量计算相应的残叶鲜量。以添食叶量减去残叶量计算每日食下量,并累积总食下量。

G.4 计算方法

按式(G.1)计算 5 龄茧重转化率(%),以平均值表示,精确到 0.01%。

$$R_{tc}=\frac{G_c}{G_i}\times 100 \qquad (G.1)$$

式中:

R_{tc}——茧重转化率,单位为百分率(%);

G_c——全茧量,单位为克(g);

G_i——食下量,单位为克(g)。

按式(G.2)计算鉴定材料与对照的茧重转化率的质量分数。

$$x=\frac{R_{tc}}{R_{ck}}\times 100 \qquad (G.2)$$

式中:

x——质量分数,单位为百分率(%);

R_{tc}——鉴定材料茧重转化率,单位为百分率(%);

R_{ck}——对照茧重转化率,单位为百分率(%)。

G.5 评价标准

见表 G.1。

表 G.1 柞蚕种质资源饲料效率鉴定评价标准

质量分数(x),%	级别
$x \geqslant 115$	高
$115 > x \geqslant 100$	中
$x < 100$	低

附　录　H
（规范性附录）
柞蚕种质资源缫丝性能鉴定

H.1　范围

本附录适用于柞蚕种质资源缫丝性能鉴定。

H.2　仪器设备

八篮烘箱，检尺器，缫丝机。

H.3　实验步骤

H.3.1　取样

从鉴定材料的5个～7个试验区中，随机等量抽取优茧充分混合后，百粒缫再随机抽取3组试样，每样105粒（含备用茧5粒），单粒缫随机取试样23粒（含备用茧3粒），并对各试样称重、记录。

H.3.2　煮漂茧

将样茧放入沸水中煮6 min～7 min（视茧质、茧层厚薄而定）后，再移入含有碱性解舒剂进行处理60 min左右，即可放在40℃～42℃的温汤中进行缫丝。

H.3.3　缫丝

H.3.3.1　百粒缫

在缫丝机上，以车速65 r/min（±5 r/min），绪数4绪，定粒7粒，进行试缫。测定每组样茧的落绪分布和上额次数，观察并记录茧的解舒程度。供试茧将要添完绪时，逐绪并缫至最后一绪，绪下不能保持定粒时，结束试缫。缫得样丝，用检尺器摇取。400回为一绞，摇至最后不足整绞时须记准零绞回数。

H.3.3.2　单粒缫

取煮漂好的一粒样茧，找出丝头，用检尺器以速度为60 r/min摇取茧丝至蛹衬为止，记载切断次数及总回数。

H.3.4　烘验干量

将样丝放入八篮烘箱，温度控制在100℃～120℃，50 min后即可开始进行第一次称量，每隔5 min称量一次。标准规定干量的允许差：前后2次称量相比，公量在200 g以上，允许差0.2 g；公量在200 g以下，允许差0.1 g。

H.4　计算方法

按式（H.1）计算鲜茧出丝率。

$$R_{sy}=\frac{G_{sy}}{G_{fc}}\times 100 \quad \text{(H.1)}$$

式中：

R_{sy}——鲜茧出丝率，单位为百分率（%）；

G_{sy}——茧丝总量，单位为克（g）；

G_{fc}——供试鲜茧量，单位为克（g）。

以平均值表示，精确到0.01%。

H.5 评价标准

见表 H.1。

表 H.1 柞蚕种质资源缫丝性能鉴定评价标准

鲜茧出丝率(R_{sy}),%	评价级别
$R_{sy} \leqslant 5.83$	差
$5.83 < R_{sy} \leqslant 6.94$	一般
$6.94 < R_{sy} \leqslant 8.05$	优
$R_{sy} > 8.05$	优异

附　录　I
（规范性附录）
柞蚕种质资源对柞蚕核型多角体病毒（*Ap*NPV）的抗性鉴定

I.1　范围

本附录适用于柞蚕种质资源对 *Ap*NPV 的抗性鉴定。

I.2　仪器设备

显微镜，旋涡混合器，离心机，血球计数板。

I.3　鉴定步骤

I.3.1　接种液制备

用微量注射器将鲜纯的 *Ap*NPV 的游离态病毒注入健蛹体内后，置于25℃恒温条件下培养。待蛹体组织细胞溃烂破裂时，镜检选择无杂菌污染的体液研磨过滤，再加无菌水以 3 000 r/min 反复离心，去游离态病毒与杂物，配制成浓度为 1×10^9 P/mL～3×10^9 P/mL 多角体新毒悬浊液，置4℃冰箱保存备用。添毒前，按 10 倍系列稀释成 10^8、10^7、10^6、10^5、10^4 5 种分别装入三角瓶待用。

I.3.2　接种与饲养方法

取鉴定种质材料及对照青 6 号的无毒样卵各 6 份（1.5 g/份），于孵化前 1 d，将其中 5 份分别放入 5 种浓度病毒液中，另 1 份放入无菌水（处理对照）中，浸泡 2 min 后取出，分别装入无菌袋中。蚁蚕孵出后，鉴定种质与青 6 号的不同浓度处理及对照分别取 15 头蚕收蚁于罐头瓶中，重复 3 次，次日选食叶健康蚕定头（10 头）。每日喂叶 1 次，同时除沙，调查感染 *Ap*NPV 而发病蚕数至 2 眠起结束。饲养温度为25℃～26℃，相对湿度为 70%～75%。

I.4　计算方法

按 Reed-Muench 法计算 LC_{50}，式（I.1）为：

$$LC_{50} = \text{Antilg}(A + B \times C) \quad \text{(I.1)}$$

式中：

LC_{50} ——半致死浓度，单位为每毫升病毒数（P/mL）；

Antilg ——反对数；

A ——死亡率高于 50%的稀释度的对数；

B ——稀释因子的对数；

C ——比距（高于 50%的死亡率－50%）/（高于 50%的死亡率－低于 50%的死亡率）。

I.5　评价标准

以鉴定种质材料的 LC_{50} 较对照的倍数（x）来评价其对 *Ap*NPV 抗性。评价标准见表 I.1。

表 I.1 柞蚕种质资源对 *Ap*NPV 抗性鉴定评价标准

抗病倍数(x)	抗病级别
$x \geqslant 3$	抗
$1 \leqslant x < 3$	中抗
$x < 1$	感

附　录　J
（规范性附录）
柞蚕种质资源对柞蚕链球菌（*Streptococcus pernyi* sp. *nov.*）的抗性鉴定

J.1　范围

本附录适用于柞蚕种质资源对柞蚕链球菌的抗性鉴定。

J.2　仪器设备

显微镜，旋涡混合器，离心机，血球计数板。

J.3　鉴定步骤

J.3.1　菌悬液制备

将斜面培养的柞蚕链球菌以无菌水稀释、匀浆后，血球计数板计数。配制成浓度为 5×10^{8} P/mL～8×10^{8} P/mL 新毒悬浊液，置 4℃冰箱保存备用。添毒前按 2 倍系列稀释成 2^{-1}、2^{-2}、2^{-3}、2^{-4}、2^{-5} 5 种分别装入三角瓶待用。

J.3.2　接种与饲养方法

将鉴定种质材料及对照青 6 号的无毒样卵各 6 份（1.5 g/份）分别装入无菌袋中，待蚁蚕孵出当日晨，将 5 种浓度的菌悬液分别均匀地涂于柞叶叶面，阴干后分别收蚁，对照区以无菌水涂叶喂蚕。不同浓度处理分别取 15 头蚕收蚁于罐头瓶中，重复 3 次，48 h 后选食叶健康蚕定头（10 头）并换鲜叶饲养。每日喂叶 1 次，同时除沙，调查感染柞蚕链球菌而发病蚕数至 2 眠起结束。饲养温度为 25℃～26℃，相对湿度为 70%～75%。

J.4　计算方法

同附录 I.4。

J.5　评价方法

以鉴定种质材料的 LC_{50} 较对照的倍数（x）来评价其对柞蚕链球菌的抗性。评价标准见表 J.1。

表 J.1　柞蚕种质资源对柞蚕链球菌的抗性评价标准

抗病倍数（x）	抗病级别
$x\geqslant2$	抗
$1\leqslant x<2$	中抗
$x<1$	感

ICS 65.100
B 17

中华人民共和国农业行业标准

NY/T 2339—2013

农药登记用杀蛐剂药效试验方法及评价

Efficacy test methods and evaluation of cercaria-killing for pesticide registration

2013-05-20 发布 2013-08-01 实施

中华人民共和国农业部 发布

前 言

本标准按照 GB/T 1.1—2009 给出的规则起草。

本标准由中华人民共和国农业部提出并归口。

本标准起草单位:农业部农药检定所、江苏省血吸虫病防治研究所。

本标准主要起草人:戴建荣、李贤宾、朱春雨、张佳、王晓军、张宏军、张文君。

农药登记用杀蚴剂药效试验方法及评价

1 范围

本标准规定了日本血吸虫(*Schistisoma japonicum*)尾蚴杀蚴剂室内和模拟现场药效试验方法和药效评价指标。

本标准适用于农药登记用杀蚴剂的效果评价。

2 术语和定义

下列术语和定义适用于本文件。

2.1

日本血吸虫尾蚴 cercaria

日本血吸虫生活史的一个阶段,由体部和尾部组成;尾蚴感染终宿主后发育成熟为日本血吸虫成虫。

2.2

感染性钉螺 infected *Oncomelania* snail

这里仅指能逸出日本血吸虫尾蚴的钉螺。

2.3

虫负荷 worm burden

小鼠体内感染日本血吸虫成虫的数量。

3 仪器设备

3.1 体式显微镜:放大倍数不低于10倍。

3.2 塑料杯:直径7 cm~10 cm,高10 cm圆柱形带盖塑料杯,杯盖开有直径0.5 cm的通气孔3个~5个。

3.3 玻璃缸:50 cm×25 cm×25 cm矩形玻璃缸。

3.4 铁丝笼:用铁丝制作成长方体网格型鼠笼,鼠笼规格为45 cm×7 cm×7 cm,隔成5格,周边网格孔径<1 cm。鼠笼的两端有可调挂钩,使测定鼠笼可挂于玻璃缸上,让小鼠腹部和尾部接触到缸中水面。

3.5 培养板:24孔或16孔培养板。

3.6 移液器或微量移液管:0.1 μL~200 μL。

3.7 医用乳胶手套。

4 试剂与材料

4.1 生物试材

4.1.1 日本血吸虫尾蚴:将30只~50只日本血吸虫感染性钉螺,放入100 mL的烧杯中,上盖尼龙沙网,倒入28℃脱氯水至淹没沙网,在白炽灯下逸蚴2 h,获得尾蚴备用。

4.1.2 实验小鼠:选取体重(20±2)g清洁级小鼠,在卫生纸为垫料的饲养盒中饲养1 d以上,去除小鼠皮肤可能沾有的松油后备用。

4.1.3 感染性钉螺:获取50只以上日本血吸虫感染性钉螺,在钉螺饲养盘中28℃饲养7 d以上待用。

4.2 试验药剂

原药与制剂。

4.3 对照药剂

选择已登记的常用药剂。

4.4 空白对照

脱氯自来水。

5 试验条件与方法

5.1 试验条件

温度为(25±1)℃,相对湿度为(60±5)%。

5.2 杀蚴活性测定

根据药剂特性,水溶性药物直接用脱氯水稀释,非水溶性药物选用适当的助剂进行稀释,将试验药剂配制成5个~7个等比浓度。在培养板的各孔中加入2 mL脱氯水,用接种环吊取新逸出的日本血吸虫尾蚴10条~30条放入培养孔中,然后在各孔中分别滴入上述各浓度药液10 μL,设对照药剂组和空白对照组,每浓度组处理3孔以上,用针刺法观察尾蚴的死亡情况,记录5 min和30 min尾蚴死亡数,计算LC_{50}值。试验不少于3次重复。

5.3 杀蚴感染试验

设3个待测药剂剂量组,1个对照药剂组和1个空白对照组。将30 mL脱氯水倒入圆柱形带盖塑料杯,移入200条刚逸出的日本血吸虫尾蚴,分别将上述各剂量组药液施于水体表面,在用药后0.5 h,每个杯内放入1只实验小鼠并加盖,0.5 h后,将小鼠移入饲养盒内,分组常规饲养,35 d后按鼠解剖法解剖收集血吸虫虫体,计数检获成虫数,计算感染率下降率和虫负荷下降率。每个剂量组10只鼠。试验不少于3次重复。

5.4 模拟现场试验

设3个待测药剂剂量组,1个对照药剂组和1个空白对照组。取50 cm×25 cm×25 cm矩形玻璃缸10只,分别注入28℃脱氯水20 L,然后在各缸中放置10只~20只感染性钉螺,1 h后分别将上述各剂量组药液施于水体表面,在用药后0.5 h和2 h,分别将装有10只小鼠的铁丝笼悬浮于水体表面,使得小鼠腹部和尾部接触水面0.5 h后将小鼠移入饲养盒内分组常规饲养,35 d后按鼠解剖法解剖收集血吸虫虫体,计数检获成虫数,计算感染率下降率和虫负荷下降率。试验不少于3次重复。

6 数据统计与分析

6.1 将试验数据按式(1)和式(2)计算各处理的死亡率或校正死亡率。计算结果均保留到小数点后两位。

$$P=\frac{\sum K_i}{\sum N_i}\times 100 \quad\cdots\cdots(1)$$

式中:

P ——死亡率,单位为百分率(%);

$\sum K_i$ ——表示死亡尾蚴数,单位为只;

$\sum N_i$ ——表示处理总尾蚴数,单位为只。

$$P_1=\frac{P_t-P_0}{1-P_0}\times 100 \quad\cdots\cdots(2)$$

式中:

P_1 ——校正死亡率,单位为百分率(%);
P_t ——处理死亡率,单位为百分率(%);
P_0 ——空白对照死亡率,单位为百分率(%)。

若空白对照死亡率<5%,无需校正;空白对照死亡率在5%~10%,应按式(2)进行校正;空白对照死亡率>10%,试验需重新进行。

6.2 感染率按照式(3)计算。

$$P_t = \frac{C_t}{N_t} \times 100 \quad \cdots\cdots (3)$$

式中:
P_t ——感染率,单位为百分率(%);
C_t ——实际观察到感染血吸虫的小鼠数量,单位为只;
N_t ——实际观察的小鼠总数,单位为只。

6.3 感染率下降率按照式(4)计算。

$$P_{0-t} = \frac{P_0 - P_t}{P_0} \times 100 \quad \cdots\cdots (4)$$

式中:
P_{0-t} ——感染率下降率,单位为百分率(%);
P_0 ——观察期内空白对照组小鼠感染率;
P_t ——观察期内用药组小鼠感染率。

6.4 平均虫负荷按照式(5)计算。

$$n = \frac{\sum K_i}{\sum N_i} \quad \cdots\cdots (5)$$

式中:
n ——平均虫负荷;
$\sum K_i$ ——表示观察组收集日本血吸虫总虫数,单位为只;
$\sum N_i$ ——表示观察组小鼠总数,单位为只。

6.5 虫负荷下降率按照式(6)计算。

$$P_{0-i} = \frac{n_0 - n_i}{n_0} \times 100 \quad \cdots\cdots (6)$$

式中:
P_{0-i} ——虫负荷下降率,单位为百分率(%);
n_0 ——观察期内空白对照组平均虫负荷;
n_i ——观察期内用药组平均虫负荷。

采用几率值分析的方法对数据进行处理。可采用SAS统计分析系统、POLO等软件进行统计分析,求出LC_{50}值及其95%置信区间。

7 药效评价指标

测试药物推荐应用剂量各试验结果均达到评价指标的为合格产品(表1)。

表1 药效评价指标

方 法	评价指标
杀蚴感染试验	推荐应用剂量感染率下降≥85%
	推荐应用剂量虫负荷下降≥95%

表 1（续）

方　法	评价指标
模拟现场试验(0.5 h 和 2 h)	推荐应用剂量感染率下降≥80%
	推荐应用剂量虫负荷下降≥90%

8 结果与报告编写

根据 LC_{50}、感染率、感染率下降率、虫负荷下降率统计结果进行分析评价，写出正式试验报告，并列出原始数据。

附 录 A
(规范性附录)
杀蚴剂药效调查方法

A.1 针刺法

试验时将尾蚴置于解剖镜下观察,用解剖针轻刺尾蚴,尾蚴活动良好者为活蚴,不活动或有软体肿胀、断尾、透明化的为死亡尾蚴或丧失入侵能力的尾蚴。

A.2 鼠解剖法

用镊子将处死后的小鼠腹部皮肤提起,用剪刀剪开腹壁,打开腹腔,观察小鼠肝脏有无日本血吸虫虫卵沉着引起的肉芽肿,观察肝门静脉、肠系膜静脉有无血吸虫成虫。若发现成虫,则将内脏取出放入平皿中,加入生理盐水,分离检出所有血吸虫成虫,解剖镜下观察并计数。

ICS 65.020
B 16

中华人民共和国农业行业标准

NY/T 2358—2013

亚洲飞蝗测报技术规范

Rules for investigation and forecast technology of the Asian migratory locust (*Locusta migratoria migratoria* Linnaeus)

2013-05-20 发布 2013-08-01 实施

中华人民共和国农业部 发布

前　言

本标准按照GB/T 1.1—2009给出的规则起草。

本标准由农业部种植业管理司提出并归口。

本标准起草单位:全国农业技术推广服务中心、新疆维吾尔自治区植物保护站。

本标准主要起草人:姜玉英、芦屹、李晶、王惠卿、黄冲、杨春昭、王振坤、朱晓华、陈蓉、沈浩。

亚洲飞蝗测报技术规范

1 范围

本标准规定了农区(亚洲飞蝗多发生在农田以及与农田相邻或交错分布的湖库滩涂、河泛荒地或草滩等生境区域,这些区域的蝗虫极有可能危及农作物生长安全)亚洲飞蝗的发生程度分级指标、虫情调查、预测预报方法、资料整理和汇报规程等。

本标准适用于农区亚洲飞蝗虫情调查和预测预报。

2 术语和定义

下列术语和定义适用于本文件。

2.1

亚洲飞蝗蝗区　breeding region of the Asian migratory locust

适宜亚洲飞蝗孳生和栖息的地理生态区域统称为亚洲飞蝗蝗区。我国分为常发区和偶发区,常发区指新疆维吾尔自治区,偶发区指黑龙江和吉林等东北地区。

2.2

系统调查　systemic survey

为了解某蝗区亚洲飞蝗种群消长动态,对其进行定点、定期、定内容的调查。

2.3

普查　widespread survey

为了解某蝗区亚洲飞蝗总体发生情况,在其发生为害的某段时间,进行较大范围的多点取样调查。

2.4

发生期　occurrence period

用于表述亚洲飞蝗某一虫态的发育进度,一般分为始见期、始盛期、高峰期、盛末期。当代各虫态累计发生量占发生总量的16%、50%、84%的时间分别为始盛期、高峰期、盛末期,从始盛期至盛末期一段时间统称为发生盛期。

2.5

宜蝗面积　the Asian migratory locust suitable breeding area

指适宜亚洲飞蝗发生的农区面积。

2.6

发生面积　occurrence area of the Asian migratory locust

指蝗虫发生密度大于或等于0.02头/m^2区域的面积。

2.7

残蝗面积　occurrence area of remnant the Asian migratory locust after control

残蝗指防治活动结束后仍然存活的蝗虫,此时每667 m^2蝗虫数量大于或等于1头的蝗区面积为亚洲飞蝗残蝗面积。

3 发生程度分级指标

亚洲飞蝗发生程度分为5级,即轻发生(1级)、偏轻发生(2级)、中等发生(3级)、偏重发生(4级)和大发生(5级)。以蝗虫平均密度为主要指标,发生面积占宜蝗面积比率为参考指标进行级别划分。常发区各级分级指标见表1。

表1 常发区亚洲飞蝗发生程度分级指标

发生程度(级)	1	2	3	4	5
蝗虫平均密度，D，头/m^2	$0.02<D\leqslant0.1$	$0.1<D\leqslant0.3$	$0.3<D\leqslant0.5$	$0.5<D\leqslant1.0$	$D>1.0$
发生面积占宜蝗面积比率，P，%	$P\leqslant20$	$P>20$	$P>20$	$P>20$	$P>20$

4 常发区蝗情调查

4.1 春季卵存活情况调查

早春土壤解冻后开始调查蝗卵存活情况(主要蝗区亚洲飞蝗生活史参见附录C)，每10 d一次。根据当地亚洲飞蝗宜蝗区不同生态类型，随机调查5个～10个样点。每点样面积为1 m^2，挖取2 cm～5 cm的表土层，分别计数样点内卵块数和卵粒数；再随机抽取5块～10块卵，逐粒观察卵粒存活状态，统计总卵粒数和死亡卵粒数，计算卵死亡率。调查结果记入亚洲飞蝗卵越冬死亡调查记载表(见表A.1)。

4.2 蝗蝻和成虫调查

4.2.1 发育进度系统调查

春季气温达10℃时，在室外人工罩笼或饲养棚中，调查蝗卵的发育进度(亚洲飞蝗卵形态及胚胎发育特征参见附录D)，以此辅助确定大田蝗蝻出土期的调查日期。当在室外罩笼中的蝗卵发育至胚熟期时，选择有代表性的不同生境的蝗区进行野外调查，每隔5 d调查1次，直至蝗蝻始见，以确定蝗蝻始见期和出土盛期。自蝗蝻始见期至成虫羽化盛期，进行发育进度调查，每隔10 d调查1次。选择不同生境，每个生境随机捕获蝗蝻不少于30头，统计各龄期蝗蝻、成虫的数量(亚洲飞蝗各龄期蝗蝻主要特征参见附录E，成虫形态特征参见附录F)，计算各龄蝗蝻、成虫比率和成虫雌雄比例。调查结果记入亚洲飞蝗蝗蝻发育进度调查记载表(见表A.2)。

同时，将各生境捕获的蝗蝻和未产卵成虫，按雌、雄约1∶1比例、不低于每平方米5头～10头的密度放入人工罩笼或饲养棚中，总饲养面积不少于50 m^2。每天用采集的新鲜禾本科植物饲养，直至交配产卵，以备翌年春季观测蝗蝻发育进度。

4.2.2 蝗蝻及天敌普查

在3龄蝗蝻发生盛期即采取防治措施前普查1次。选择不同生境蝗区，随机取5个样点，每点调查10 m^2，即目测1 m宽前行10 m范围内的蝗虫数量，记载样点内蝗虫总头数、蝗蝻密度，观察记录群居型或散居型蝗群，并用GPS进行发生范围定位；并估算本地发生面积。调查结果记入亚洲飞蝗蝗蝻发生密度和面积调查记载表(见表A.3)。

在普查蝗蝻的同时进行各类天敌的调查。蜘蛛、蚂蚁、步甲等，每点调查1 m^2，目测蛙类与鸟类数量。寄生性天敌调查，观察是否被昆虫、细菌、真菌等所寄生(具体特征参见附录G)。调查结果记入亚洲飞蝗天敌调查记载表(见表A.4)。

4.3 边境蝗情调查

7月至8月成虫发生期，在适宜亚洲飞蝗发生的边境地区，沿边境线对亚洲飞蝗入境情况开展调查。前期以巡查为主，每隔10 d调查1次，观测是否有境外成虫迁入；一旦发现迁飞成虫随即开展普查，调查方法同4.2.2，记载亚洲飞蝗发生密度、发生类型，并估算本地发生面积。调查结果记入亚洲飞蝗边境虫情调查记载表(见表A.5)。

4.4 残蝗普查

每年在亚洲飞蝗即将越冬时普查1次。选择不同生境蝗区，随机取5个样点。每样点调查667 m^2，即步行222 m目测3 m宽范围内的蝗虫数量，记载亚洲飞蝗成虫数量，并估算本地残蝗面积。扫网捕捉蝗虫30头以上，调查成虫雌雄比例。调查结果记入亚洲飞蝗残蝗密度普查记载表(见表A.6)。

5 偶发区蝗情调查

在亚洲飞蝗历史曾经发生地区及相邻适生区，7 月上旬至 8 月上旬，开展以目测为主的拉网式普查，每隔 5 d 调查一次。发现蝗虫后再进行定点调查，方法见 4.2.2，调查结果记入亚洲飞蝗蝗蝻发生密度和面积调查记载表（见表 A.3）和亚洲飞蝗天敌调查记载表（见表 A.4）。

6 预测预报方法

6.1 发生期预报

6.1.1 历期法

蝗蝻出土期：根据不同生境蝗卵发育进度及当地气候条件，预测蝗蝻孵化出土盛期（亚洲飞蝗越冬卵发育历期参见 H.1）。

蝗蝻 3 龄盛期：根据当地历年积累的资料和气候情况，以及当年蝗蝻出土情况，预测蝗蝻 3 龄盛期（即防治适期，亚洲飞蝗各龄蝗蝻发育历期参见 H.2、H.3）。

6.1.2 有效积温法

有效积温法则按式（1）和当地下一段时间气温的预测值进行发生期和防治适期预测（亚洲飞蝗卵及各龄蝗蝻发育起点温度和有效积温参见附录 I）。

$$N = \frac{K}{T - C} \tag{1}$$

式中：

N ——发育天数；

K ——有效积温，单位为日・度；

T ——实际温度，单位为摄氏度（℃）；

C ——发育起点温度，单位为摄氏度（℃）。

6.2 发生面积预测

根据上年残蝗分布区域、面积和当年春季卵期调查卵死亡率，结合蝗区气象和生态环境等因素，做出当年发生面积预测。

6.3 发生程度预测

根据上年残蝗密度、面积以及占宜蝗面积比率，结合当年春季卵死亡率，对照常发区亚洲飞蝗发生程度分级指标，作出发生程度预报。

7 资料整理和汇报

7.1 发生实况统计表

11 月份，总结统计当年亚洲飞蝗发生情况，整理数据资料，填写亚洲飞蝗发生实况统计表（见表 B.1），按规定时间汇报。

7.2 翌年发生预测表

11 月份，根据当年亚洲飞蝗发生情况和残蝗调查结果，整理数据资料，作出翌年发生预测，填写亚洲飞蝗翌年发生预测表（见表 B.2），按规定时间汇报。

7.3 当年发生趋势预测表

春季，根据上年残蝗调查情况、春季卵存活率和发育进度调查情况，整理数据资料，填写亚洲飞蝗发生期预测表（见表 B.3）、亚洲飞蝗发生程度和发生面积预测表（见表 B.4），按规定时间汇报。

附　录　A
（规范性附录）
亚洲飞蝗调查资料表册

亚洲飞蝗调查资料见表 A.1～表 A.6。

表 A.1　亚洲飞蝗卵越冬死亡调查记载表

调查日期	调查地点	调查生境	经度	纬度	海拔高度	卵块数 块	总卵粒数 粒	死亡卵粒数 粒	卵死亡率 %	备注
注：调查生境指草滩、荒地、撂荒地、田埂、渠道和滩地等。										

表 A.2　亚洲飞蝗蝗蝻发育进度调查记载表

调查日期	调查地点	调查生境	经度	纬度	海拔高度	调查面积 m^2	总头数 头	各龄蝗蝻、成虫的数量及其比率													备注
								1 龄		2 龄		3 龄		4 龄		5 龄		成虫			
								数量 头	比率 %	数量 头	比率 %	数量 头	比率 %	数量 头	比率 %	数量 头	比率 %	数量 头	比率 %	雌雄 比例	

表 A.3　亚洲飞蝗蝗蝻密度和面积调查记载表

调查日期	调查地点	调查生境	经度	纬度	海拔高度	调查面积 m^2	总头数 头	蝗蝻密度 头/m^2	群居型/散居型		备注
									类型	蝗群数量	

表 A.4 亚洲飞蝗天敌调查记载表

调查日期	调查地点	调查生境	调查面积 m^2	捕食性天敌						寄生性天敌比率 %			
				蜘蛛 头/m^2	蚂蚁 头/m^2	步甲 头/m^2	蛙类 只/667 m^2	鸟类 只/667 m^2	其他	昆虫寄生	细菌寄生	真菌寄生	其他

表 A.5 亚洲飞蝗边境虫情调查记载表

调查日期	调查地点	调查生境	经度	纬度	海拔高度	调查面积 m^2	平均密度 头/m^2	最高密度 头/m^2	群居型/散居型	备注

表 A.6 亚洲飞蝗残蝗密度普查记载表

调查日期	调查地点	调查生境	经度	纬度	海拔高度	调查面积 m^2	总头数 头	平均密度 头/667 m^2	最高密度 头/667 m^2	成虫雌雄比例	备注

附　录　B
（规范性附录）
亚洲飞蝗测报模式报表

亚洲飞蝗测报模式见表 B.1～表 B.4。

表 B.1　亚洲飞蝗发生实况统计表

调查地点	发生期					不同虫口密度的面积，hm^2					平均密度 头/m^2	最高密度 头/m^2	发生程度级	发生面积 hm^2	达标面积 hm^2	侵入农田面积 hm^2	防治面积 hm^2
	蝗蝻出土始期	蝗蝻出土盛期	三龄蝗蝻发生盛期	成虫发生盛期	成虫产卵盛期	0.02～0.10（头/m^2）	0.11～0.30（头/m^2）	0.31～0.50（头/m^2）	0.51～1.0（头/m^2）	>1.0（头/m^2）							
注：每年 11 月 30 日前上报。																	

表 B.2　亚洲飞蝗翌年发生预测表

调查时间	调查地点	普查面积，hm^2	取样点数 个	有蝗点数 个	有蝗样点比率 %	残蝗面积 hm^2	不同密度的残蝗面积，hm^2					残蝗平均密度 头/667 m^2	残蝗最高密度 头/667 m^2	残蝗最高密度面积 hm^2	最高密度出现地点	翌年发生预测				
							1～5（头/667 m^2）	6～20（头/667 m^2）	21～50（头/667 m^2）	51～100（头/667 m^2）	>100（头/667 m^2）					现有宜蝗面积 hm^2	发生面积 hm^2	达防治指标面积 hm^2	发生程度级	主要发生区域
注：每年 11 月 30 日前上报。																				

表 B.3　亚洲飞蝗发生期预测表

调查日期	调查地点	活卵胚胎发育进度及发生早晚					3月下旬至4月上旬平均气温距平（+或−℃）	预计蝗蝻发生期和发生早晚			
		原头期 %	胚转期 %	显节期 %	胚熟期 %	比常年早（+天）晚（−天）		出土始期	出土高峰期	3龄高峰期	比常年早（+天）晚（−天）

注：每年4月15日前上报。

表 B.4　亚洲飞蝗发生程度和发生面积预测表

调查日期	调查地点	卵越冬死亡率 %	卵越冬死亡率比常年高（+%）低（−%）	现有宜蝗面积 hm^2	发生趋势预测			
					发生程度（级）	发生面积 hm^2	达标面积 hm^2	主要发生区域

注：每年4月15日前上报。

附　录　C
（资料性附录）
主要蝗区亚洲飞蝗生活史

主要蝗区亚洲飞蝗生活史见表 C.1～表 C.3。

表 C.1　新疆博斯腾湖蝗区亚洲飞蝗生活史

（陈永林）

月份	1	2	3	4	5	6	7	8	9	10	11	12
旬	上中下	上中下	上中下	上中下	上中下	上中下	上中下	上中下	上中下	上中下	上中下	上中下
1953 年	○○○	○○○	○○○	○○○	○○○							
				———	———	———	———					
						＋＋＋	＋＋＋	＋＋＋	＋＋＋	＋＋＋	＋	
									○○	○○○	○○○	○○○
1969 年	○○○	○○○	○○○	○○○	○○○	○						
					——	———	———	——				
						＋	＋＋＋	＋＋＋	＋＋＋	＋＋＋		
							○○	○○○	○○○	○○○	○○○	○○○
1980 年	○○○	○○○	○○○	○○○	○○○	○○						
					——	———	———	—				
						＋	＋＋＋	＋＋＋	＋＋＋	＋＋＋		
							○○	○○○	○○○	○○○	○○○	○○○
1985 年	○○○	○○○	○○○	○○○	○○○	○○						
					——	———	———					
						＋	＋＋＋	＋＋＋	＋＋＋	＋＋＋		
							○○	○○○	○○○	○○○	○○○	○○○
注：○卵　— 蝗蝻　＋ 成虫												

表 C.2　新疆吐鲁番盆地和哈密亚洲飞蝗生活史(1954—1955)

（齐普林科夫）

蝗虫发育阶段	3	4	5	6	7	8	9	10	11
	上中下	上中下	上中下	上中下	上中下	上中下	上中下	上中下	上中下
第一代									
卵	○○○	○○○	○						
蝗蝻		——	———	—					
成虫			＋	＋＋＋	＋＋＋	＋＋			
第二代									
卵				○	○○○	○○			
蝗蝻					——	———	—		
成虫						＋	＋＋＋	＋＋＋	
卵							○○○	○○○	○○○
注：○ 卵　— 蝗蝻　＋ 成虫									

表 C.3　新疆哈密亚洲飞蝗发生世代(1982)

(张世孝)

月份	3			4			5			6			7			8			9			10			11		
旬	上	中	下	上	中	下	上	中	下	上	中	下	上	中	下	上	中	下	上	中	下	上	中	下	上	中	下
第一代	○	○	○	○	○	○	○	○																			
					—	—	—	—	—	—	—																
									+	+	+	+	+	+	+	+	+	+	+	+	+						
第二代											○	○	○	○	○	○	○	○	○	○							
													—	—	—	—	—	—	—	—	—	—	—				
															+	+	+	+	+	+	+	+	+	+			
																		○	○	○	○	○	○	○	○	○	○

注:○ 卵　— 蝗蝻　＋ 成虫

附 录 D
（资料性附录）
亚洲飞蝗卵形态及胚胎发育特征

亚洲飞蝗产卵于卵囊中，卵囊黄褐色或淡褐色，长筒形，略弯曲，长 50 mm～75 mm；含卵粒 55 粒～115 粒，占卵囊的 2/3～4/5，一般排成四行，有时也出现排成五行的情况。卵囊上部和下部与卵粒之间具有褐色或微红色的泡沫状物质。卵囊外壁质软，是由褐玫瑰色的小室状泡沫物质形成，并常附有土粒。卵粒黄褐色，长 7 mm～8mm，卵粒外壳具有小突起，其间则有细线相连。根据卵的发育进度，将之分为原头期、胚转期、显节期和胚熟期四个时期，见表 D. 1、表 D. 2。

表 D. 1 亚洲飞蝗卵胚胎各发育时期形态特征

发育时期	形态特征
原头期	胚胎尚未发育，破壳后，用肉眼难以在卵浆中找到胚胎
胚转期	胚胎开始发育，破壳后，用肉眼可见芝麻大的白色胚胎
显节期	胚胎已形成，个体较大，几乎充满整个卵壳，眼点、腹部及足明显，腹、足已分节
胚熟期	胚胎发育完全，体呈红褐色，待孵化

表 D. 2 30℃恒温条件下亚洲飞蝗越冬卵逐日胚胎发育特征(1990)

（王元信）

发育阶段	胚胎发育特征
越冬卵	胚胎头部已离开卵的后端，腹部前端开始分节，胚胎外形细长，呈狭“V”形
第一天	胚胎头部仍向后端，胸部、腹部宽度增大，呈宽“V”形，腹部分节明显
第二天	胚胎转移期，离开原位做 180°反转，头向上背向转，呈“U”形
第三天	胚胎转移完成，眼点出现色素，略呈新月形，位于卵长度 1/2 内
第四天	胚胎向上端生长，达卵长的 1/2～2/3，复眼色素增加，背面逐渐向前面愈合
第五天	胚胎继续生长，卵黄完全包入体内，眼点还未达到顶部
第六天	胚胎已占满卵的全部长度，卵黄包围完全，腹部各节、腹板与侧板已可区分，复眼酱色
第七天	胚胎形体完整，复眼色素更深，触角分节明显，后足胫节顶端达第六腹节
第八天	胚胎体壁灰色增多，复眼细褐色，中央有条横白线，后足胫节顶端达第八腹节
第九天	体壁灰色加深，复眼黑色，身体各节全部长成
第十天	孵化为蝗蝻

附 录 E
(资料性附录)
亚洲飞蝗各龄期蝗蝻主要特征

卵孵化形成的若虫称蝗蝻,蝗蝻经 5 次蜕皮变为成虫。各龄蝗蝻除大小、色泽有差别外,形态上也有明显差别。各龄期蝗蝻主要特征如下:

1 龄:触角 13 节～14 节。初期体长 7 mm～8 mm,末期 9 mm～10 mm。群居型体色橙黄色或黑褐色,无光泽;前胸背板具黑绒色纵纹,背板镶有狭波状的黄色边缘,中胸及后胸背板微凸。散居型体色为绿色、黄绿色或淡褐色。

2 龄:触角 15 节～17 节,有时 18 节～19 节。体长 10 mm～14mm。群居型体色橙黄色或黑褐色。前胸背板两条黑丝绒状纵纹明显;散居型多呈绿色、黄绿色或淡褐色,其前胸背板无黑色绒状纵条纹。翅芽较明显,顶端指向下方,但翅脉很弱且稀少。

3 龄:触角 22 节～23 节。体长 15 mm～21mm。体色同 2 龄。翅芽明显指向后下方,翅脉明显并增多,群居型翅芽呈黑色,散居型则为绿色或淡褐色。

4 龄:触角 21 节～25 节。体长 24 mm～26mm。前翅芽狭短,后翅芽呈三角形,皆翻向背方且常短于前胸背板,前翅芽被后翅芽所覆盖。翅芽色泽同 3 龄,端部皆指向后方,其长度可达到腹部第 3 节。

5 龄:触角 23 节～26 节。体长:雄性 25 mm～36 mm,雌性 32 mm～40 mm。群居型体色呈黑褐色并具橙黄色;散居型为绿色、黄绿色或灰褐色。翅芽较前胸背板长或等长,前翅芽不短于后翅芽并被三角形后翅芽所覆盖。翅芽长度可到达腹部第 4 节～第 5 节。

附　录　F
（资料性附录）
亚洲飞蝗成虫形态特征

亚洲飞蝗(*Locusta migratoria migratoria* Linnaeus)属直翅目，短角亚目，蝗总科。成虫体形粗大，身体腹面具有细密的茸毛；体色绿色、黄绿色、灰褐色，多因型、性别、羽化后时间的长短以及环境背景而变化。颜顶角宽短，前端和颜面隆起相连，组成圆形的顶端；颜面垂直。触角丝状，细长。头侧窝消失。前胸背板的前端缩狭，后端较宽；中隆线较发达，由侧面看，中隆线呈弧形隆起(散居型)或较平直或微凹(群居型)。前胸背板高度和头宽的比数比 1.05～1.22(平均 1.16)；前横沟和中横沟较不明显，仅在侧片处略可看见；后横沟较明显，并微微割断中隆线，几乎位于前胸背板的中部。前胸背板前缘中部明显向前突出，后缘呈钝角或弧形。中胸腹板侧叶间的中隔较狭，中隔的长度明显长于最宽处。后足股节匀称，其上隆线呈细齿状，内侧黑色斑纹宽而明显。前后翅均发达，超过后足胫节的中部；前翅光泽透明，顶端之半有四方形的网格，中脉域的中闰脉远离中脉而接近前肘脉。体长：雄性 35.0 mm～50.0 mm，雌性 45.0 mm～55.0 mm；前翅长：雄性 43.5 mm～56.0 mm，雌性 49.0 mm～61.0 mm。

亚洲飞蝗具变型特征，当种群密度大时成群居型；密度低时，为散居型。两型之间尚有中间型(或转变型)，由高密度蝻群分散或低密度蝻群聚集而形成。群居型和散居型飞蝗不仅在形态和生物学特征上有明显区别，在猖獗为害周期上也不同。二型的区别如下：

群居型：头部较宽，复眼较大。前胸背板略短，沟前区明显缩狭，沟后区较宽平，形成鞍状；由侧面看，前胸背板中隆线较平直或在中部微凹；前缘近圆形，后缘呈钝圆形。前翅较长，远远超过腹部末端。后足股节较短，较短于或相当于前翅长度的一半，E/F(E——前翅长度：自前翅基部的前缘脉的会合处到顶端的长度；F——后足股节长度：自股节基部顶端到端部的长度)的比值：雄性为 2.0～2.19，雌性 1.96～2.24。后足胫节淡黄色，略带红色。体色呈黑褐色且较固定，前胸背板常有两条绒状黑色纵纹。前翅长：雄性 43.0 mm～55.0 mm，雌性 53.0 mm～61.0 mm；后足股节长：雄性 21.0 mm～26.0 mm，雌性 24.0 mm～31.0 mm。

散居型：头部较狭，复眼较小。前胸背板稍长，沟前区不明显缩狭，沟后区略高，不呈鞍状；由侧面看前胸背板中隆线呈弧状隆起，如屋脊形；前胸背板前缘为锐角形向前突出，后缘呈直角形。前翅较短，略超过腹部末端。后足股节较长，通常较长于前翅长度的 1/2(其 E/F 的比值雌雄两性为 1.76～1.97)。后足胫节通常为淡白色。体色常随着环境的变化而改变，一般呈绿色或黄绿色、灰褐色等，前胸背板不具丝绒状黑色纵纹。前翅长：雄性 43.0 mm～55.0 mm，雌性 53.0 mm～60.0 mm。后足股节长：雄性 22.0 mm～26.0 mm，雌性 27.0 mm～31.0 mm。

中间型(或转变型)：头部缩狭不明显，复眼大小介于群居型与散居型之间。前胸背板沟前区缩狭不明显，沟后区较高，略呈鞍状。侧面观，前胸背板中隆线微呈弧状隆起。前翅超过腹部末端较多或略超过。后足股节略长于或几乎等于前翅长度的一半。体色变异较大，介于群居型与散居型之间，前胸背板无黑色丝绒状条纹或具不明显的暗色条纹。

附　录　G
(资料性附录)
被寄生蝗虫虫体识别特征

昆虫寄生:活动迟缓,死亡虫体一般内部中空;细菌寄生:活动停滞,食欲减退,口腔与肛门带有排泄物等现象,死亡虫体软化,颜色加深,一般还带有臭味;真菌寄生:运动呆滞,死亡虫体有菌丝外生物附着表皮,虫体干枯或僵化。

附 录 H
(资料性附录)
亚洲飞蝗各虫态发育历期

亚洲飞蝗各虫态发育历期见表 H.1~表 H.3。

表 H.1 亚洲飞蝗越冬卵不同温度(恒温)下发育历期(1990)
(王元信)

温度,℃	36	32	30	28	24
平均历期,d	8.435 8	8.850 8	10.550 0	12.391 8	18.515 0

表 H.2 亚洲飞蝗各龄蝗蝻不同恒温下发育历期(1990)
(王元信)

单位为天

虫态 温度,℃	1龄	2龄	3龄	4龄	5龄	孵化期~3龄期	孵化期~羽化期	3龄期~羽化期
34.5	3.82	3.25	3.51	4.63	7.64	7.07	22.85	15.79
33.0	4.06	3.79	4.24	5.51	8.78	7.85	26.38	18.53
31.0	4.67	4.15	5.00	6.18	10.09	8.82	30.09	21.27
27.0	7.10	5.923	6.20	8.10	11.79	13.02	39.11	26.09
26.5	7.63	7.30	9.00	9.17	11.84	14.93	44.94	30.01
24.0	10.24	8.50	9.30	12.95	18.80	18.74	59.79	41.05

表 H.3 亚洲飞蝗各龄蝗蝻自然变温下发育历期(1990)
(王元信)

发育阶段	1龄	2龄	3龄	4龄	5龄
历期,d	9.5	8.0	7.5	7.5	10.5

消除误差常数计算结果

发育期	孵化期~3龄期	孵化期~羽化期	3龄期~羽化期
历期,d	17.5	43.0	25.5
当年当期平均气温,℃	20.6	21.8	22.1
计算得理论温度,℃	24.7	26.8	28.1
理论温度与气温之差	4.1	5.0	6.0

附 录 I
(资料性附录)
亚洲飞蝗卵及各龄蝗蝻发育起点温度和有效积温(1990)

亚洲飞蝗卵及各龄蝗蝻发育起点温度和有效积温见表 I.1。

表 I.1 亚洲飞蝗卵及各龄蝗蝻发育起点温度和有效积温

(王元信)

虫态	发育起点,℃	有效积温,K	标准差,S_c	标准差,S_k	相关系数,r
越冬卵	14.705 1	165.899 0	2.33	24.50	0.967 919
1 龄期	18.291 5	60.681 6			0.997 751
2 龄期	18.276 5	53.677 0			0.990 140
3 龄期	18.939 0	56.672 0			0.968 970
4 龄期	17.725 0	80.149 0			0.992 300
5 龄期	15.310 5	148.560 0			0.970 789
孵化期～3 龄期	18.234 0	114.947 0	0.47	4.63	0.996 772
孵化期～羽化期	17.295 9	402.474 0	0.65	20.60	0.994 786
3 龄期～羽化期	16.984 5	283.981 0	0.98	21.68	0.988 541

ICS 65.020
B 16

中华人民共和国农业行业标准

NY/T 2359—2013

三化螟测报技术规范

Rules for investigation and forecast technology
of the Paddy stem borer
[*Tryporyza incertulas* (Walker)]

2013-05-20 发布　　2013-08-01 实施

中华人民共和国农业部　发布

前　言

本标准按照 GB/T 1.1—2009 给出的规则起草。

本标准由农业部种植业管理司提出并归口。

本标准起草单位:全国农业技术推广服务中心、江苏省植物保护站、福建省植保植检站、广东省植物保护总站、广西壮族自治区植物保护总站、上海市农业技术推广服务中心。

本标准主要起草人:陆明红、杨荣明、刘万才、关瑞峰、杨伟新、谢茂昌、武向文。

三化螟测报技术规范

1 范围

本标准规定了水稻三化螟卵、幼虫、蛹发育进度、虫口密度、成虫诱测及螟害率的调查和预测预报方法，以及调查数据记载归档的要求。

本标准适用于水稻三化螟测报调查和预报。

2 术语和定义

下列术语和定义适用于本文件。

2.1

越冬 hibernation

当地秋季三化螟最后1代3龄～5龄幼虫进入滞育状态，到来年春季解除滞育前的行为。

2.2

虫口密度 population density

单位面积内三化螟幼虫、蛹、成虫的数量，通常以“头/667 m^2”表示。

2.3

卵块密度 ovum density

单位面积内三化螟卵块数量，通常以“块/667 m^2”表示。

2.4

发生期 emergence period

成虫、卵、幼虫、蛹等各虫态的数量在被调查三化螟总虫量中所占比例分别达16%、50%、84%时，该虫态分别进入始盛期、高峰期和盛末期。

2.5

螟害率 damage ratio of paddy stem borer

受三化螟为害后，水稻表现出枯心、枯孕穗、白穗等症状的株数或丛数占调查总株数或总丛数的百分率。

3 调查内容

3.1 虫口密度和死亡率调查

3.1.1 越冬代

3.1.1.1 调查时间

越冬前调查一次，于水稻收割前结合末代螟害率调查；越冬后调查一次，在当地稻田春耕前或越冬代幼虫化蛹始盛期进行。

3.1.1.2 调查方法

冬前虫口密度和死亡率调查与发生末代螟害率调查结合进行。按稻作方式、品种、水稻生育期早晚，选择螟害程度不同的代表类型田，每种类型田调查3块田，总数不少于10块。每块田调查枯心团或白穗团20团，不足20团的以实际团数计数，记录水稻丛数，剥查活虫、死虫数，计算虫口密度和死亡率。

冬后选择有代表性的田块，根据上年末代螟害发生程度和秋冬播时翻耕、免耕情况分成2种类型，每种类型调查3块田，每块田采用5点取样，每点捡拾4 m^2～5 m^2 的外露稻桩，剥查稻桩中的活虫数、死虫数，计算各类型田平均活虫虫口密度、死亡率。调查结果记入表A.1。

3.1.2 发生代

3.1.2.1 调查时间

在各代化蛹始盛期进行。

3.1.2.2 调查方法

按稻作方式、品种、水稻生育期早晚，选择螟害程度不同的代表类型田，每种类型田调查3块田，总数不少于10块。每块田调查枯心团或白穗团20团，不足20团的以实际团数计数，记录水稻丛数，剥查活虫、死虫数，计算虫口密度和死亡率。调查结果记入表A.2。

3.2 幼虫、蛹发育进度调查

3.2.1 调查时间

幼虫发育进度调查可结合各次虫口密度调查进行，调查2次；蛹发育进度调查，在各代常年化蛹始盛期开始第一次调查，隔5 d～7 d后调查第二次。

3.2.2 调查方法

取样方法同3.1.2.2。每次剥查活虫数不少于50头，记载幼虫龄级、蛹级和蛹壳数，计算化蛹和羽化进度，同时观察幼虫、蛹的寄生率。幼虫分龄、蛹分级标准，参见表C.3、表C.4。调查结果记入表A.2、表A.3。

3.3 成虫诱测

3.3.1 诱测时间

从越冬代化蛹始盛期开始，至秋季末代螟蛾终见后1周止。每天傍晚天黑开灯，翌日早晨天亮关灯。

3.3.2 诱测方法

在三化螟常年发生稻区，设置1台20 W黑光灯或200 W白炽灯，灯具周围没有高大建筑物或树林遮挡，没有强光源影响。灯管下端与地表垂直距离为1.5 m，上方架设防雨罩，下方装集虫漏斗和杀虫装置。逐日清点三化螟雌雄成虫数，并记入表A.4。

3.4 卵块密度和孵化进度调查

3.4.1 调查时间

每代调查3次，分别于各代成虫始盛、高峰、盛末期后2天各调查一次。

3.4.2 调查方法

按稻作类型、水稻品种，以及播期、栽插期、抽穗期早晚等，将稻田划分成几种主要类型田。每种类型田选择有代表性的稻田3块，秧田每块田调查10 m^2～20 m^2；本田采用平行跳跃式取样，每块田取5个样点，每样点调查50丛水稻，计算卵块密度。

将调查时摘取的卵块按点分放至试管内，1管放1块，管口用湿脱脂棉塞住，保湿培养，室内观察卵块孵化情况，累计孵化进度，同时记载卵块和卵粒寄生数。调查结果记入表A.5。

3.5 螟害率调查

3.5.1 调查时间

在各代为害造成枯心苗、白穗（枯孕穗）基本稳定后各调查一次。可结合各发生代虫口密度调查同时进行。

3.5.2 调查方法

取样方法同3.1.2.2，调查被害丛、株数。同时查20丛水稻的分蘖数或有效穗数，以及每平方米水稻丛数。计算螟害率。调查结果记入表A.6。

3.6 苗情和农事活动调查

调查观测区内水稻不同熟制类型及面积比例、主要品种的种植比例、耕作栽培、药剂防治情况及气象情况等。根据水稻生育期常规记载要求，分别观察记载主要品种的播种期、移栽期、分蘖期、拔节期、孕穗破口期、抽穗期等主要生长发育阶段。调查结果记入表A.7。

4 调查数据记录与归档

在各项调查结束后，填写调查资料表册(见附录A)，用于各地留档保存当年发生测报资料；植保系统内按规定格式、时间和内容填报模式报表(见附录B)，并采用互联系统等传输工具及时上报。

5 预测预报

根据各代虫口密度，幼虫、蛹发育进度，水稻品种布局、生育期及天气预报，结合历年三化螟发生资料，预测发生为害趋势。

5.1 发生期预测

发生期按各虫态发育进度划分为始见期、盛发期和终见期。

5.1.1 化蛹进度预测法

根据田间幼虫、蛹发育进度调查结果，参考气象预报，加上相应的虫态历期，预测成虫发生盛期。方法是幼虫分龄、蛹分级，计算各龄幼虫数、各级蛹数及其占总数的百分率，然后从最高级发育级向下一次逐龄(级)累加，计算累加百分率，做出成虫发生始盛、高峰和盛末期预报。再加上产卵前期和常年当代卵历期，预测卵孵化始盛、高峰和盛末期。

5.1.2 期距预测法

积累有多年历史资料的，可采用期距法预测。根据当地多年的历史资料，计算出两个世代或两个虫态之间的间隔天数(即期距)，计算历年期距的平均值时，还要计算这一平均值的标准差，以衡量平均数的变异大小，并找出早发、中发和迟发年份的期距。在环境条件变化较大时，除参考历年期距平均值外，结合选用历史上气象、苗情等相似年期距，做出预报。

5.2 发生量预测

5.2.1 有效基数预测法

根据上一代有效虫口基数，推算下一代发生量和为害程度。通常按式(1)计算。

$$K=\frac{\sum P\times F\times 0.5}{S} \qquad (1)$$

式中：

K ——卵块密度，单位为块每667平方米(块/667 m^2)；

P ——各类型田有效虫口基数；

F ——每头雌蛾产卵量；

S ——有卵田面积。

对照附录D.1发生程度分级指标，预报下代发生程度。

5.2.2 经验指标预测法

根据历史资料统计，找出与三化螟发生轻重密切相关的因子，分析得出经验性预测指标，当某一因子达到某一指标时，分析未来发生为害趋势。

5.2.3 统计预测法

三化螟田间发生数量消长，与虫源基数、水稻栽培制度与品种布局、气候等密切相关。可根据历史资料，找到影响发生量的主导因子。通过相关显著性测定，建立回归预测式，综合分析后做出预测。

附 录 A
(规范性附录)
三化螟调查资料表册

三化螟调查资料见表 A.1～表 A.7。

表 A.1 三化螟越冬虫量调查表

调查日期	调查地点	类型田	调查面积 m^2	调查丛数	每 667m^2 丛数	活虫数 头	死虫数 头	死亡率 %	折合 667m^2 活虫数 头	占越冬螟虫总数百分率 %	备注

表 A.2 三化螟幼虫发育进度调查表

调查日期	世代	类型田	品种	生育期	总虫数,头			各龄幼虫数量(头)及百分比,%												合计头	幼虫寄生率 %	备注
								1 龄		2 龄		3 龄		4 龄		5 龄		预蛹				
					活虫数	死虫数	死亡率%	虫数	百分率	虫数	百分率	虫数	百分率	虫数	百分率	虫数	百分率	虫数	百分率			

表 A.3 三化螟蛹发育进度调查表

调查日期	世代	类型田	品种	生育期	总虫数,头			各级蛹数(头)及百分比,%																合计头	蛹寄生率%	备注
								1 级		2 级		3 级		4 级		5 级		6 级		7 级		蛹壳				
					活虫数	死虫数	死亡率%	蛹数	百分率	蛹数	百分率	蛹数	百分率	蛹数	百分率	蛹数	百分率	蛹数	百分率	蛹数	百分率	蛹数	百分率			

表 A.4 三化螟灯下诱测记载表

诱蛾日期	地点	蛾量,头			开灯时间内气象要素	备注
		雌蛾	雄蛾	合计		

表 A.5 三化螟卵块密度和孵化进度调查表

调查日期	世代	地点	类型田	品种	生育期	取样数量或面积 丛或 m^2	当天卵块数 块	累计卵块数 块	折合 667m^2 卵块数 块	当天孵化		累计孵化		累计寄生率 %	备注
										块数	%	块数	%		

表 A.6 三化螟为害情况调查表

调查日期	地点	类型田	品种	生育期	调查面积 m^2	调查丛数	调查株数	螟害数		螟害率 %		防治情况	备注
								为害丛数	为害株数	为害丛率	为害株率		

表 A.7 水稻苗情及农事活动调查记载表

调查日期	水稻类型	品种	占观测区面积 %	播种期	移栽期	分蘖盛期	拔节盛期	孕穗盛期	抽穗盛期	成熟期	耕作栽培	防治情况	气象情况	备注

附 录 B
(规范性附录)
三化螟模式报表

三化螟模式报表见表 B.1～表 B.3。

表 B.1 冬前越冬虫口密度调查模式报表

填报单位	填报日期	越冬虫源面积 667m²	各类型田加权平均活虫数 头/667m²	死亡率 %

注: 汇报时间为每年 10 月底至 11 月初。

表 B.2 冬后活虫数及发育进度调查模式报表

填报单位	填报日期	各类型田加权平均活虫数 头/667m²	死亡率 %	预计羽化盛期 月/日	预计卵孵化盛期 月/日	预计一代发生程度 级	预计一代发生面积比例 %

注: 汇报时间在越冬代幼虫化蛹始盛期,华南、江南南部稻区 3 月底至 4 月中旬,长江、江淮稻区在 5 月上旬前。

表 B.3 各代三化螟发生实况调查及下代预测模式报表

填报单位	填报日期	世代	主害类型田	全代蛾量 头	羽化高峰期 月/日	卵孵高峰期 月/日	螟害率 %		螟害率 %	虫口密度 头/667m²	预计下一代			
							为害丛率	为害株率			发生程度 级	蛾盛期 月/日	卵孵盛期 月/日	发生面积比例 %

注: 在各代三化螟螟害率调查完成后上报。

附 录 C
(资料性附录)
三化螟调查资料计算方法

C.1 虫口密度

按式(C.1)或式(C.2)计算各类型田每667m² 活虫数,按式(C.3)计算当地各类型田加权平均每667m² 活虫数。

$$P=\frac{C\times Z}{D} \quad \cdots\cdots (C.1)$$

式中:

P ——每667m² 活虫数,单位为头每667平方米(头/667m²);

C ——查得总活虫数,单位为头(头);

Z ——每667m² 稻丛(或稻根)总数;

D ——调查稻丛(或稻根)数。

$$P=\frac{C\times I}{S} \quad \cdots\cdots (C.2)$$

式中:

P ——每667m² 活虫数,单位为头每667平方米(头/667m²);

C ——查得总活虫数,单位为头(头);

I ——667m²;

S ——调查面积,单位为平方米(m²)。

$$X=\sum(P\times R) \quad \cdots\cdots (C.3)$$

式中:

X ——加权平均活虫数,单位为头每667平方米(头/667m²);

P ——某一种类型田每667m² 活虫数,单位为头(头);

R ——某一类型田面积比例,单位为百分率(%)。

其中:

$$R=\frac{S_i}{S}\times 100 \quad \cdots\cdots (C.4)$$

式中:

R ——某一类型田面积比例,单位为百分率(%);

S_i ——该类型田面积;

S ——各类型田总面积。

C.2 死亡率

按式(C.5)、式(C.6)计算各类型田死亡率,按式(C.7)计算各类型田加权平均死亡率。

$$W=\frac{L+Y}{N}\times 100 \quad \cdots\cdots (C.5)$$

式中:

W ——每块田的死亡率,单位为百分率(%);

L ——死幼虫数,单位为头(头);
Y ——死蛹数,单位为头(头);
N ——总虫数,单位为头(头)。

$$V = \frac{W_Z}{H} \quad \cdots\cdots (C.6)$$

式中:
V ——每类型田平均死亡率,单位为百分率(%);
W_Z——该类型田调查田死亡率的总和;
H ——该类型田调查田块数。

$$W_1 = \sum(V_1 \times R) \quad \cdots\cdots (C.7)$$

式中:
W_1 ——各类型田加权平均死亡率,单位为百分率(%);
V_1 ——某类型田平均死亡率,单位为百分率(%);
R ——某类型对应的面积比率,单位为百分率(%)。

C.3 幼虫、蛹发育进度

按式(C.8)计算各龄幼虫或各级蛹占百分率,按式(C.9)计算加权发育进度。

$$P_P = \frac{L_P}{Z_P} \times 100 \quad \cdots\cdots (C.8)$$

式中:
P_P ——某龄幼虫(或某级蛹)占百分率,单位为百分率(%);
L_P ——某龄幼虫数(或某级蛹数),单位为头(头);
Z_P ——剥查活幼虫、蛹和蛹壳总数。

$$P_W = \sum(E_1 \times A_1) \quad \cdots\cdots (C.9)$$

式中:
P_W ——某龄幼虫(或某级蛹)平均百分率,单位为百分率(%);
E_1 ——每类型田某龄幼虫(或某级蛹)百分率,单位为百分率(%);
A_1 ——该类型田代表百分率,单位为百分率(%)。
其中,该类型田代表百分率按式(C.10)计算。

$$A_1 = \frac{O_1 \times T_1}{\sum(M_1 \times N_1)} \times 100 \quad \cdots\cdots (C.10)$$

式中:
A_1 ——该类型田代表百分率,单位为百分率(%);
O_1 ——该类型田面积,单位为平方米(m^2);
T_1 ——该类型田虫口密度,单位为头(头);
M_1 ——每类型田面积,单位为平方米(m^2);
N_1 ——每类型田平均虫口密度,单位为头(头)。

C.4 卵块密度

按式(C.11)计算每块田累计卵块密度,按式(C.12)计算每块秧田累计卵块密度,按式(C.13)计算当地加权平均累计卵块密度。

$$K_C = \frac{L_C \times S_C}{M_C} \quad \cdots\cdots (C.11)$$

式中：
K_C ——每块田累计卵块密度，单位为块每 667 平方米(块/$667m^2$)；
L_C ——查得累计卵块数；
S_C ——每 $667m^2$ 稻丛总数；
M_C ——调查水稻丛数。

$$K_S = \frac{L_S}{S_S} \times 667 \cdots\cdots (C.12)$$

式中：
K_S ——每块秧田累计卵块密度，单位为块每 667 平方米(块/$667m^2$)；
L_S ——查得累计卵块数；
S_S ——调查的秧田面积，单位为平方米(m^2)。

$$K_R = \sum (L_R \cdot P_R) \cdots\cdots (C.13)$$

式中：
K_R ——当地平均卵块密度，单位为块每 667 平方米(块/$667m^2$)；
L_R ——某类型田平均卵块密度，单位为块每 667 平方米(块/$667m^2$)；
P_R ——某类型田对应的面积百分率，单位为百分率(%)。

C.5 卵块寄生率

按式(C.14)计算卵块寄生率。

$$S = \frac{J}{Z} \times 100 \cdots\cdots (C.14)$$

式中：
S ——卵块寄生率，单位为百分率(%)；
J ——卵块被寄生总数；
Z ——卵块总数。

C.6 螟害率

按式(C.15)计算调查田块的枯心(或白穗)率，按式(C.16)计算一种类型田平均枯心(白穗)率，按式(C.17)计算当地平均枯心(白穗)率，按式(C.18)计算螟害率。

$$K_x = \frac{C_x}{Z_x \times 10} \times 100 \cdots\cdots (C.15)$$

式中：
K_x ——调查田块的枯心(或白穗)率，单位为百分率(%)；
C_x ——100 丛稻内的枯心(白穗)数；
Z_x ——10 丛稻分蘖数(穗数)。

$$L_V = \frac{K_Z}{K} \times 100 \cdots\cdots (C.16)$$

式中：
L_V ——一种类型田平均枯心(白穗)率，单位为百分率(%)；
K_Z ——调查同一类型田块枯心(白穗)率(%)的总和；
K ——调查同一类型田块数。

$$B_A = \sum (L_A \times P_A) \cdots\cdots (C.17)$$

式中：

B_A ——当地平均枯心(白穗)率,单位为百分率(%);

L_A ——一种类型田的枯心(或白穗)率,单位为百分率(%);

P_A ——该类型田面积的百分率,单位为百分率(%)。

$$M_3 = K_3 + (1 - K_3) \times B_3 \quad \text{(C.18)}$$

式中:

M_3 ——螟害率,单位为百分率(%);

K_3 ——枯心率,单位为百分率(%);

B_3 ——白穗率,单位为百分率(%)。

附 录 D
（资料性附录）
三化螟发生程度及发育进度分级指标

三化螟发生程度及发育进度分级指标见表 D.1～表 D.5。

表 D.1 三化螟发生为害程度分级标准

指标＼分级	轻发生 （1 级）	偏轻发生 （2 级）	中等发生 （3 级）	偏重发生 （4 级）	大发生 （5 级）
卵块，块/667m^2	＜50	51～150	151～300	301～500	＞500
面积比例，%	80 以上	25～50	20～50	20～50	50 以上

表 D.2 三化螟卵的分级标准

级别	卵块底面颜色	卵粒颜色
1	乳白色	白色、半透明
2	淡褐到灰褐	黄白到灰白，半透明
3	灰白	灰白
4	灰黑到黑色	可见卵内幼虫

表 D.3 三化螟幼虫分龄标准

龄期	体长，mm	体色	头壳宽，mm	头壳色	其他特征
1	1.2～3	灰黑	0.20～0.29	黑	前胸背板黑色，第一腹节背面白色或有明显白环
2	4～7	黄白	0.30～0.46	黄褐	前胸和中胸交界处可以透见 1 对纺锤形的隐斑，链接头壳后缘上，腹足趾钩 12 个～16 个
3	7～9	淡黄	0.44～0.70	淡褐	背部中央可透见背血管（半透明线），前胸背板后半部有 1 对淡黄褐色三角型隐斑，腹足趾钩 16 个～22 个
4	9～15	黄绿	0.65～1.18	褐	前胸背板后部有 1 对新月形的褐斑，靠中央排列，腹足趾钩 21 个～27 个
5	15～20	绿	＞1	褐	前胸背板与四龄幼虫相同，但趾钩比四龄粗壮，有 29 个～32 个
预蛹					幼虫老熟，体节缩短，稻茎上已咬出羽化孔

表 D.4 三化螟蛹分级标准（浙江）

蛹级	特　　征
1	复眼后缘处有 1/4 眼面变淡红褐色
2	复眼褐色范围扩大到 1/3～1/2
3	复眼褐色范围扩大到 3/4 以上，近头顶部分界线不明显
4	复眼全部褐色，雌蛹尾节背面由黄绿色变绸白色
5	复眼变黑或黑褐色，翅芽变蜡白色
6	复眼蒙上白色薄膜，但能透见内部黑色
7	复眼全部蒙上金色薄膜，但仍能透见内部黑点，翅芽开始变色（雄的变灰褐色至茶褐色，翅点与斜纹开始显现；雌的变鲜橙红色，翅点明显）；腹部背面后期现淡金黄色
8	复眼由褐变灰黑色，雄蛹全身银灰色，翅芽由茶褐色变灰黑色，雌蛹全身金黄色，翅芽变鲜金黄色；腹节开始膨胀，后期节间伸长

表 D.5　三化螟蛹分级标准(江苏)

级别	体　　色	主要形态特征			分级口诀
		复眼色泽	翅点	雄蛹尾节	
1	淡青白色	透明,眼点蓝紫色,眼表面有褐斑	无	淡黄绿色	1级复眼同体色
2	淡黄绿色	灰褐色,眼表面褐斑大	无	淡黄绿色	2级复眼褐半边
3	淡黄褐色转乳白色	全呈深褐色,眼点消失	无	蜡白色	3级复眼全褐色
4	乳白色	乌黑色	无	银白色	4级复眼乌黑色
5	头、胸和翅基淡褐色	乌黑色,外包乳白色薄膜	不明显	银灰色	5级复眼银灰色
6	头、胸、翅基全褐色,翅芽外缘及腹部背面橙黄色,腹渐显金色光泽	外包金色薄膜	明显	金褐色	6级复眼转赤金
7	全体金黄色,有光泽	外包金色薄膜加厚	不明显	金褐色	7级羽化待天黑

附　录　E
（资料性附录）
三化螟不同虫态发育历期

三化螟不同虫态发育历期见表 E.1～表 E.3。

表 E.1　三化螟卵各级历期

单位为天

级别	发育平均所需天数			
	第一代	第二代	第三代	第四代
1	3	1	1	2
2	3	2	2	2
3	4	3	3	3
4	2～3	1～2	1～2	2
温度范围，℃	21 左右	28 左右	28 左右	24 左右

表 E.2　三化螟幼虫各龄历期

单位为天

龄期 代 别	一龄	二龄	三龄	四龄	五龄
一	4.7	5.4	5.6	12.3	—
二	3.5	3.8	3.7	6.2	—
三	3.7	4.0	4.3	8.0	—

表 E.3　三化螟各级蛹历期和到羽化的天数

蛹级	越冬代		第一代		第二代	
	当级需要天数	到羽化平均天数	当级需要天数	到羽化平均天数	当级需要天数	到羽化平均天数
1	2.8	19.6	1.0	8.7	1.2	7.9
2	2.5	16.8	1.6	7.7	1.2	6.7
3	3.5	14.3	1.5	6.1	1.0	5.5
4	1.4	10.8	1.0	4.6	1.0	4.5
5	4.3	9.4	1.5	3.6	1.3	3.5
6	1.9	5.1	1.0	2.1	1.2	2.3
7	3.2	3.2	1.1	1.1	1.1	1.1
温度	19℃～24℃，平均 20℃		26℃～31.7℃，平均 27℃		27.2℃～30.4℃，平均 29℃	

附　录　F
（资料性附录）
三化螟各代雌成虫产卵数及造成的螟害数

三化螟各代雌成虫产卵数及造成的螟害数见表F.1。

表F.1　三化螟各代雌成虫产卵数及造成的螟害数

世代	一头雌蛾产卵块数，块	一个卵块平均卵粒数，粒	一个卵块平均孵化幼虫数，头	一个卵块可能造成的被害株数	
				枯心苗，枝	白穗，枝
一代	3	56.8	31	20～30	—
二代	2	106.7	61.7	40～50	30～40
三代	2	112.0	95.4	40～50	30～40

ICS 65.100
B 17

中华人民共和国农业行业标准

NY/T 2360—2013

十字花科小菜蛾抗药性监测技术规程

Guideline for insecticide resistance monitoring of *Plutella xylostella* (L.) on cruciferous vegetables

2013-05-20 发布 2013-08-01 实施

中华人民共和国农业部 发布

前　言

本标准按照 GB/T 1.1—2009 给出的规则起草。

本标准由农业部种植业管理司提出并归口。

本标准起草单位:全国农业技术推广服务中心、广东省农业科学院植物保护研究所、广东省农业有害生物预警防控中心。

本标准主要起草人:邵振润、冯夏、张帅、李振宇、黄军定、陈焕瑜、胡珍娣。

十字花科小菜蛾抗药性监测技术规程

1 范围

本标准规定了浸叶法监测小菜蛾[*Plutella xylostella* (L.)]抗药性的方法。

本标准适用于小菜蛾对杀虫剂抗药性监测。

2 术语与定义

下列术语和定义适用于本文件。

2.1

抗药性 insecticide resistance

由于杀虫剂的使用,在昆虫或螨类种群中发展并可以遗传给后代的对杀死正常种群药剂剂量的忍受能力。

2.2

F_1 代 F_1 generation

从田间采集害虫的幼虫或蛹,室内饲养,繁殖后得到的第一代幼虫。

2.3

敏感基线 susceptibility baseline

通过生物测定方法得到的害虫敏感品系(或种群)对杀虫剂的剂量反应曲线。

2.4

浸叶法 leaf-dipping method

将浸过药液的叶碟置于含有琼脂或保湿滤纸上,接入靶标昆虫进行的生物测定方法。

3 试剂与材料

试剂为分析纯试剂。

3.1 生物试材

小菜蛾:田间采集,经室内饲养的 F_1 代 3 龄幼虫。

供试植物:未被药剂污染的甘蓝(*Brassica oleracea*)。

3.2 试验药剂

原药或母药。

4 仪器设备

4.1 实验室通常使用仪器设备

4.2 特殊仪器设备

电子天平(感量 0.1 mg);

培养皿(直径 7 cm,高 1.5 cm);

养虫笼(长 40 cm×宽 40 cm×高 40 cm);

烧杯(500 mL);

移液管或移液器(200 μL,1 000 μL,5 000 μL);

容量瓶(10 mL、25 mL);

恒温培养箱、恒温养虫室或人工气候箱。

5 试验步骤

5.1 试材准备

5.1.1 试虫

5.1.1.1 试虫采集

选当地具有代表性的菜田2块～3块，每块田随机多点采集生长发育较一致的小菜蛾高龄幼虫或蛹，每地采集幼虫或蛹200头以上，置于事先放置的寄主植物叶片的养虫盒中，供室内饲养。

5.1.1.2 试虫饲养

采集的幼虫在室内用寄主植物饲养到成虫分批产卵，取 F_1 代3龄初期幼虫供试。

5.1.2 供试植物

使用新鲜、洁净、无农药污染的甘蓝叶片，并制成直径6.5 cm的圆片供试。

5.2 药剂配制

将药剂原药或母药溶于有机溶剂(如丙酮、乙醇等)，按要求配成一定浓度的母液。

5.3 处理方法

用含0.05% Triton X-100的蒸馏水稀释母液成系列梯度浓度(通过预实验确定药剂的浓度系列范围，最低浓度时死亡率小于20%，最大浓度时死亡率大于80%)，每质量浓度药液量不少于200 mL。将清洗干净的甘蓝叶片浸于不同浓度的溶液中10 s，取出后在室内晾干至表面无游离水。用0.05 % Triton X-100水溶液浸渍的叶片作为对照。将晾干的叶片放入培养皿中，用滤纸或琼脂保湿，接入3龄幼虫，每个培养皿中10头，重复4次。

5.4 结果检查

根据杀虫剂的速效性分别于接虫后的48 h～96 h检查。啶虫隆等昆虫生长调节剂、Bt等微生物制剂，于药后96 h调查，速效性好的药剂于药后48 h调查。

以小毛笔或尖锐镊子轻触虫体，不能协调运动的个体视为死亡。

6 数据统计与分析

6.1 计算方法

根据调查数据，计算各处理的校正死亡率。按式(1)和式(2)计算，计算结果均保留到小数点后两位。

$$P_1 = \frac{K}{N} \times 100 \quad \cdots\cdots (1)$$

式中：

P_1 ——死亡率，单位为百分率(%)；

K ——表示每处理浓度总死亡虫数，单位为头；

N ——表示每处理浓度总虫数，单位为头。

$$P_2 = \frac{P_t - P_0}{100 - P_0} \times 100 \quad \cdots\cdots (2)$$

式中：

P_2 ——校正死亡率，单位为百分率(%)；

P_t ——处理死亡率，单位为百分率(%)；

P_0 ——空白对照死亡率，单位为百分率(%)。

若对照死亡率<5%，无需校正；对照死亡率在5%～20%之间，应按式(2)进行校正；对照死亡率>20%，试验需重做。

6.2 统计分析

采用 SAS、POLO、PROBIT、DPS、SPSS 等软件进行机率值分析，求出每种药剂的毒力回归方程式、LC_{50}值及其 95%置信限、b 值及其标准误。

7 抗药性水平的计算与评估

7.1 敏感毒力基线

小菜蛾对部分杀虫剂的敏感毒力基线(参见附录 A)。

7.2 抗药性水平的分级标准

见表 1。

表 1 抗药性水平的分级标准

抗药性水平分级	抗性倍数,倍
低水平抗性	$RR \leqslant 10.0$
中等水平抗性	$10.0 < RR < 100.0$
高水平抗性	$RR \geqslant 100.0$

7.3 抗药性水平的计算

根据敏感品系的 LC_{50}值和测试种群的 LC_{50}值，按式(3)计算测试种群的抗性倍数。

$$RR = \frac{\text{测试种群的 } LC_{50}}{\text{敏感品系的 } LC_{50}} \quad \cdots\cdots (3)$$

按照抗药性水平的分级标准，对测试种群的抗药性水平做出评估。

附 录 A
(资料性附录)
小菜蛾对部分杀虫剂敏感毒力基线

小菜蛾对部分杀虫剂敏感毒力基线数据见表 A.1。

表 A.1 南京敏感品系(NJS)和北京敏感品系(BJS)对部分杀虫剂的毒力基线数据

药 剂	LC_{50}(mg a.i./L)	毒力回归方程	95%置信限	备注
氯虫苯甲酰胺	0.23	$Y=0.98X+5.63$	0.18～0.28	(NJS)
氟苯虫酰胺	0.06	$Y=2.45X+7.94$	0.04～0.10	(BJS)
阿维菌素	0.02	$Y=2.04X+8.50$	0.01～0.03	(NJS)
苏云金杆菌	0.26	$Y=1.54X+0.91$	0.03～0.50	(BJS)
多杀菌素	0.12	$Y=2.05X+6.96$	0.09～0.14	(NJS)
高效氯氰菊酯	3.55	$Y=1.58X+4.06$	3.05～5.21	(NJS)
啶虫隆	0.33	$Y=1.59X+5.77$	0.11～0.58	(NJS)
丁醚脲	21.39	$Y=1.46X+2.86$	18.52～46.11	(BJS)
溴虫腈	0.40	$Y=1.17X+5.47$	0.20～0.79	(BJS)
茚虫威	0.52	$Y=1.48X+5.42$	0.37～0.72	(NJS)
氰氟虫腙	16.31	$Y=1.69X+2.95$	8.38～31.75	(BJS)

注 1:南京敏感品系(NJS)的毒力基线制订:2001 年引自英国洛桑试验站,在室内经单对纯化筛选的敏感品系,在不接触任何药剂的情况下在室内饲养。

注 2:北京敏感品系(BJS)的毒力基线制订:1995 年引自美国康奈尔大学,在室内经单对纯化筛选的敏感品系,在不接触任何药剂的情况下在室内饲养。

ICS 65.100
B 17

中华人民共和国农业行业标准

NY/T 2361—2013

蔬菜夜蛾类害虫抗药性监测技术规程

Guideline for insecticide resistance monitoring of noctuid larvae on vegetables

2013-05-20 发布　　2013-08-01 实施

中华人民共和国农业部　发布

前　　言

本标准按照 GB/T 1.1—2009 给出的规则起草。

本标准由农业部种植业管理司提出并归口。

本标准起草单位：全国农业技术推广服务中心、中国农业大学。

本标准主要起草人：张帅、高希武、邵振润、李永平、马凤娟、郭亭亭、李永丹。

蔬菜夜蛾类害虫抗药性监测技术规程

1 范围

本标准规定了蔬菜夜蛾类害虫抗药性监测的基本方法。

本标准适用于危害蔬菜的甜菜夜蛾(*Spodoptera exigua* Hübner)、斜纹夜蛾(*Prodenia litura* Fabricius)等夜蛾类害虫对具有触杀、胃毒作用杀虫剂抗药性监测。

2 术语和定义

下列术语和定义适用于本文件。

2.1

抗药性 insecticide resistance

由于杀虫剂的使用,在昆虫或螨类种群中发展并可以遗传给后代的对杀死正常种群药剂剂量的忍受能力。

2.2

F_1 代 F_1 generation

从田间采集害虫的卵或幼虫,室内饲养,繁殖后得到的第一代幼虫。

2.3

敏感性基线 susceptibility baseline

通过生物测定方法得到的害虫敏感品系(或种群)对杀虫剂的剂量反应曲线。

2.4

点滴法 topical application method

通过一定的工具或设备将丙酮等溶解的药剂滴加到靶标昆虫体壁进行的生物测定方法。

2.5

浸叶法 leaf-dipping method

将浸过药液的叶碟置于含有琼脂或保湿滤纸上,接入靶标昆虫进行的生物测定方法。

3 试剂与材料

试剂为分析纯试剂。

3.1 生物试材

3.1.1 试虫

甜菜夜蛾:*Spodoptera exigua* Hübner。

斜纹夜蛾:*Prodenia litura* Fabricius。

3.1.2 供试植物

供试植物:未被药剂污染的甘蓝(*Brassica oleracea*)。

3.2 试验药剂

原药或母药。

4 仪器设备

4.1 实验室通常使用仪器设备

4.2 特殊仪器设备

电子天平(感量 0.1 mg);

培养皿(小培养皿:直径 5 cm,高 1.2 cm;大培养皿:直径 18.5 cm,高 3 cm);

养虫笼(长 40 cm×宽 40 cm×高 40 cm);

移液管或移液器(200 μL,1 000 μL,5 000 μL);

容量瓶(10 mL、25 mL);

微量点滴器:容积通常为 0.4 μL~0.6 μL(精确度为 0.1 μL);

恒温培养箱、恒温养虫室或人工气候箱。

5 试验步骤

5.1 试材准备

5.1.1 试虫

5.1.1.1 试虫采集

在监测田按抽样方法采集靶标昆虫(甜菜夜蛾、斜纹夜蛾)幼虫或卵,幼虫不少于 200 头,卵块不少于 30 块。

5.1.1.2 试虫饲养

采集的幼虫或卵块在室内饲养到成虫分批产卵,取 F_1 代 3 龄初期幼虫供试。

5.1.2 供试植物

使用新鲜、洁净、无农药污染的甘蓝叶片。

5.2 药液配置

将药剂原药或母药溶于有机溶剂(如丙酮、乙醇等),按要求配成一定浓度的母液。

5.3 处理方法

5.3.1 点滴法

挑取个体大小一致的 3 龄幼虫,每 10 头放入一个培养皿内,称重。用丙酮或其他易挥发的有机溶剂将母液稀释成系列浓度(通过预实验确定药剂的浓度系列范围,最低浓度时死亡率小于 20%,最大浓度时死亡率大于 80%)。用微量点滴器将 0.2 μL~0.5 μL 杀虫剂溶液点滴在幼虫的前胸背板上。每个处理点滴 20 头幼虫,单头饲养,以点滴相应体积的溶剂作为空白对照,实验重复 3 次。将处理后的试虫放入具有甘蓝叶片的培养皿内。

5.3.2 浸叶法

用含 0.05% Triton X-100 的蒸馏水稀释母液成系列梯度浓度(通过预实验确定药剂的浓度系列范围,最低浓度时死亡率小于 20%,最大浓度时死亡率大于 80%),每质量浓度药液量不少于 200 mL。将清洗干净的甘蓝叶片浸于不同浓度的溶液中 10 s,取出后在室内晾干至表面无游离水。用 0.05 % Triton X-100 水溶液浸渍的叶片作为对照。将晾干的叶片放入培养皿或试管中,用滤纸或琼脂保湿,接入 3 龄幼虫,单头饲养,每个处理 10 头幼虫,重复 3 次。

5.4 结果检查

根据杀虫剂的速效性分别于接虫后 48 h~96 h 后检查。氯虫苯甲酰胺等双酰胺类、氟铃脲等昆虫几丁质合成抑制剂、阿维菌素等微生物制剂,于药后 72 h~96 h 调查,速效性好的药剂于药后 48 h 调查。

以小毛笔或尖锐镊子轻触虫体,不能协调运动的个体视为死亡。

6 数据统计与分析

6.1 死亡率计算方法

根据调查数据，计算各处理的校正死亡率。按式(1)和式(2)计算，计算结果均保留到小数点后两位。

$$P_1 = \frac{K}{N} \times 100 \qquad (1)$$

式中：

P_1 ——死亡率，单位为百分率(%)；

K ——表示每处理浓度总死亡虫数，单位为头；

N ——表示每处理浓度总虫数，单位为头。

$$P_2 = \frac{P_t - P_0}{100 - P_0} \times 100 \qquad (2)$$

式中：

P_2 ——校正死亡率，单位为百分率(%)；

P_t ——处理死亡率，单位为百分率(%)；

P_0 ——空白对照死亡率，单位为百分率(%)。

若对照死亡率<5%，无需校正；对照死亡率在5%～20%之间，应按式(2)进行校正；对照死亡率>20%，试验需重做。

6.2 回归方程和半致死剂量计算方法

采用SAS、POLO、PROBIT、DPS、SPSS等软件进行机率值分析，求出每种药剂的毒力回归方程式、LD_{50}(LC_{50})值及其95%置信限、b值及其标准误。

7 抗药性水平的计算与评估

7.1 敏感毒力基线

甜菜夜蛾、斜纹夜蛾对部分杀虫剂的敏感毒力基线(参见附录A)。

7.2 抗药性水平的分级标准

见表1。

表1 抗药性水平的分级标准

抗药性水平分级	抗性倍数，倍
低水平抗性	RR≤10.0
中等水平抗性	10.0<RR<100.0
高水平抗性	RR≥100.0

7.3 抗药性水平的计算

根据敏感品系的LD_{50}(LC_{50})值和测试种群的LD_{50}(LC_{50})值，按式(3)计算测试种群的抗性倍数。

$$RR = \frac{\text{测试种群的} LD_{50}(LC_{50})}{\text{敏感品系的} LD_{50}(LC_{50})} \qquad (3)$$

按照抗药性水平的分级标准，对测试种群的抗药性水平做出评估。

附 录 A
(资料性附录)
蔬菜夜蛾类害虫对部分杀虫剂敏感毒力基线

A.1 从河北省农业科学研究院等单位引进的甜菜夜蛾幼虫，在室内不接触任何药剂的情况下喂以人工饲料。连续传代饲养至今，得到敏感品系，已建立的敏感毒力基线见表 A.1。

表 A.1 甜菜夜蛾对部分杀虫剂的敏感毒力基线

药　剂	点滴法		浸叶法	
	Slope±Se	LD_{50}(95%FL)，μg/g	Slope±Se	LC_{50}(95%FL)，μg/mL
氯虫苯甲酰胺	3.220±0.918	0.799(0.560～0.985)	2.832±0.528	0.095(0.079～0.122)
氰氟虫腙			2.198±0.430	76.354(50.206～99.762)
氟铃脲	1.967±0.322	3.322(2.246～4.136)	2.322±0.438	1.588(1.202～2.000)
多杀菌素	1.29±0.17	0.078 3(0.010 0～0.120 2)	5.763	1.067(0.846～1.345)
茚虫威			2.992	0.266(0.170～0.419)
溴虫腈			2.255	0.805(0.537～1.208)
虫酰肼			2.207	8.534(5.744～12.680)
高效氟氯氰菊酯	2.113±0.574	0.078(0.051～0.114)		
高效三氟氯氰菊酯	4.743±0.900	0.027(0.022～0.032)		
溴氰菊酯	3.621±0.763	0.136(0.106～0.170)		
高效氯氰菊酯	3.156±0.852	0.104(0.081～0.140)		
氰戊菊酯	2.180±0.707	0.608(0.466～0.784)		

A.2 从江苏省农业科学院植物保护研究所等单位引进的斜纹夜蛾幼虫，在室内不接触任何药剂的情况下喂以人工饲料。连续传代饲养至今，得到敏感品系，已建立的敏感毒力基线见表 A.2。

表 A.2 斜纹夜蛾对部分杀虫剂的敏感毒力基线

药　剂	点滴法		浸叶法	
	Slope±Se	LD_{50}(95%FL)，μg/g	Slope±Se	LC_{50}(95%FL)，μg/mL
溴虫腈			2.288	0.30(0.26～0.33)
氟铃脲	1.946	1.98(1.69～2.32)		
阿维菌素	3.101	1.68(1.46～1.78)		
氯氰菊酯	2.485	0.012(0.009 4～0.014)	2.807	0.21(0.19～0.23)
氰戊菊酯	2.487	0.001 3(0.001 2～0.001 5)		
溴氰菊酯	1.524	0.000 3(0.000 1～0.000 4)		0.032(0.027～0.038)
三氟氯氰菊酯	2.158	0.001 1(0.000 9～0.001 4)		
辛硫磷	5.019	0.027(0.026～0.029)		
马拉硫磷	9.51	0.023(0.014～0.050)		
甲萘威	5.08	0.014(0.002～0.073)		

ICS 65.020
B 16

中华人民共和国农业行业标准

NY/T 2377—2013

葡萄病毒检测技术规范

Code of practice for the detection of grapevine viruses

2013-09-10 发布　　　　2014-01-01 实施

中华人民共和国农业部　发布

前　言

本标准按照 GB/T 1.1—2009 给出的规则起草。

本标准由农业部种植业管理司提出。

本标准由全国果品标准化技术委员会(SAC/TC 510)归口。

本标准起草单位:中国农业科学院果树研究所、农业部果品及苗木质量监督检验测试中心(兴城)。

本标准主要起草人:董雅凤、张尊平、范旭东、任芳、刘凤之、聂继云。

葡萄病毒检测技术规范

1 范围

本标准规定了葡萄主要病毒检测技术的术语和定义、检测对象、检测方法和检测结果的判定。

本标准适用于葡萄接穗、插条、苗木、组培苗、田间植株中主要葡萄病毒的检测。

2 规范性引用文件

下列文件对于本文件的应用是必不可少的。凡是注日期的引用文件，仅注日期的版本适用于本文件。凡是不注日期的引用文件，其最新版本（包括所有的修改单）适用于本文件。

NY/T 1843 葡萄无病毒母本树和苗木

3 术语和定义

下列术语和定义适用于本文件。

3.1

葡萄无性繁殖材料 grapevine asexual propagation materials

用于嫁接繁殖葡萄苗木的接穗或扦插繁殖葡萄苗木的插条。

3.2

葡萄苗木 grapevine nursery stock

采用品种接穗和砧木嫁接繁育的葡萄嫁接苗，以及通过扦插、组织培养等方法繁育的葡萄自根苗。

3.3

葡萄组培苗 grapevine nursery stock from tissue culture

指利用葡萄外殖体，在无菌和适宜的人工条件下，培育的完整植株。

3.4

指示植物 indicator plant

是指被某种或某类病毒侵染后，在适宜的环境条件下，能够表现典型症状的寄主植物。

3.5

酶联免疫吸附测定 enzyme-linked immunosorbent assay (ELISA)

在固相支持物上（酶联板）包被病毒特异性抗体，加入待测样品后，再用酶标记的病毒抗体进行免疫识别，最后通过酶与底物的颜色反应检测病毒是否存在的一种血清学检测方法。

3.6

逆转录聚合酶链式反应 reverse transcription-polymerase chain reaction (RT-PCR)

利用逆转录酶将 RNA 逆转录为 cDNA，再以此为模板并以耐热 DNA 聚合酶和一对引物（与待测目标核酸分子序列同源的 DNA 片段）通过高温（DNA 分子变性）和低温（引物和目标核酸分子复性并被耐热 DNA 聚合酶延伸）交替循环扩增待测目标核酸分子的方法。

4 检测对象

4.1 葡萄扇叶病毒（*Grapevine fanleaf virus*，GFLV）

4.2 葡萄卷叶相关病毒 1（*Grapevine leafroll-associated virus* 1，GLRaV-1）

4.3 葡萄卷叶相关病毒 2（*Grapevine leafroll-associated virus* 2，GLRaV-2）

4.4　葡萄卷叶相关病毒3(*Grapevine leafroll-associated virus* 3,GLRaV-3)

4.5　葡萄卷叶相关病毒4(*Grapevine leafroll-associated virus* 4,GLRaV-4)

4.6　葡萄卷叶相关病毒5(*Grapevine leafroll-associated virus* 5,GLRaV-5)

4.7　葡萄卷叶相关病毒7(*Grapevine leafroll-associated virus* 7,GLRaV-7)

4.8　葡萄病毒A(*Grapevine virus* A,GVA)

4.9　葡萄病毒B(*Grapevine virus* B,GVB)

4.10　葡萄斑点病毒(*Grapevine fleck virus*,GFkV)

4.11　沙地葡萄茎痘病毒 (*Grapevine rupestris stem pitting-associated virus*, GRSPaV)

5　检测方法

5.1　指示植物嫁接法

5.1.1　葡萄扇叶病毒、葡萄卷叶相关病毒、葡萄病毒A和葡萄斑点病毒均可采用指示植物进行检测。

5.1.2　采用绿枝嫁接和硬枝嫁接方法,将待检样品嫁接到指示植物,或将指示植物嫁接到待检样品上,每个组合重复3株～5株。

5.1.3　生长季节定期观察指示植物的症状表现,具体操作方法和指示植物症状表现参见附录A。

5.2　酶联免疫吸附法(ELISA)

5.2.1　葡萄扇叶病毒,葡萄卷叶相关病毒1,葡萄卷叶相关病毒2,葡萄卷叶相关病毒3,葡萄卷叶相关病毒5,葡萄卷叶相关病毒7,葡萄病毒A,葡萄病毒B和葡萄斑点病毒等能够获得稳定可靠抗血清的病毒,可采用ELISA方法进行检测。

5.2.2　适宜的检测时期和取样部位参见附录B。

5.2.3　具体检测程序参见附录C。

5.3　逆转录聚合酶链式反应(RT-PCR)

5.3.1　葡萄扇叶病毒,葡萄卷叶相关病毒1,葡萄卷叶相关病毒2,葡萄卷叶相关病毒3,葡萄卷叶相关病毒4,葡萄卷叶相关病毒5,葡萄卷叶相关病毒7,葡萄病毒A,葡萄病毒B,葡萄斑点病毒和沙地葡萄茎痘病毒均可采用RT-PCR方法进行检测。

5.3.2　适宜的检测时期和取样部位参见附录B。

5.3.3　具体检测程序参见附录D。

6　检测结果判定

根据附录A、附录C和附录D判定检测结果。检测结果呈阳性,即判定该样品携带相应的病毒;检测结果呈阴性,应进行复检。如采用2种以上的检测方法,且检测结果不一致,则以阳性结果为准,判定该样品携带相应的病毒。

对葡萄无病毒母本树和苗木进行检测时,应根据NY/T 1843的要求进行。

附 录 A
(资料性附录)
指示植物嫁接检测

A.1 嫁接方法

A.1.1 绿枝嫁接

上年培育盆栽指示植物或待检样品的扦插生根苗,翌年5月～6月,当砧木和接穗均达半木质化时开始嫁接。嫁接时,砧木留3片～4片叶平剪,抹除夏芽及副梢,从断面中间垂直劈一个2.5 cm～3.0 cm长的切口;选择与砧木粗度和成熟度相近的待检样品或指示植物作为接穗,抹除接穗上的夏芽或剪去萌发的副梢,在芽下方0.5 cm左右,从芽两侧向下削成长2.5 cm～3.0 cm长的平滑斜面,呈楔形;削好的接穗马上插入砧木的切口中,使二者形成层对齐,接穗斜面露白0.5 mm,用1.0 cm～1.2 cm宽的薄塑料条,从砧木接口下边向上缠绕,只将接芽露出,一直缠到接穗顶端,封严接穗上的所有切口后再回缠打个活结。如果绿枝嫁接时间较早,气温偏低,可套小塑料袋增温、保湿,以提高成活率。

A.1.2 硬枝嫁接

早春萌芽前,以上年培育的盆栽指示植物或待检样品做砧木,剪留10 cm～15 cm长,用切接刀在砧木中心垂直向下劈2.5 cm～3.0 cm长的切口;选择与砧木粗度相近的接穗,用清水浸泡24 h后剪截,接穗上端距芽眼约1.5 cm处平剪,再用切接刀在接穗芽下0.5 cm～1 cm处,从芽两侧向下削成长2.5 cm～3.0 cm长的平滑斜面,呈楔形;将削好的接穗一边的形成层与砧木形成层对齐插入砧木的切口内,接穗削面在砧木劈口上露出1 mm～2 mm。然后用塑料条从砧木切口的下方向上螺旋式缠绕,将接口缠紧封严。

A.2 嫁接数量与对照

检测时,须设阴、阳对照;同一指示植物与同一个样品组合(包括阴、阳对照)嫁接3株～5株。

A.3 嫁接后的管理

嫁接后的盆苗置于防虫温室中,温度控制在20℃～26℃,并及时浇水、除去砧木上萌发的新梢,以促进接芽萌发。嫁接成活后,加强肥水管理和病虫害防治。待指示植物长出嫩叶后,于生长季节定期观察,并记载症状表现。有的病毒病在第2年才开始表现症状,因此,至少观察2年。由于病毒症状表现受温度、指示植物生长状态和病毒浓度等多种因素的影响,有必要在生长季节进行多次调查,以保证鉴定结果准确可靠。

A.4 结果判断

嫁接组合中,只要有1株表现典型症状(表A.1),即判定该样品携带相应的葡萄病毒。

表A.1 葡萄病毒指示植物及症状表现

病毒种类	指示植物	症状表现
葡萄扇叶病毒	沙地葡萄圣乔治(*Vitis rupestris* cv. St. Gorge)	叶片出现褪绿斑点、扇形叶
葡萄卷叶相关病毒	欧亚种葡萄(*Vitis vinifera*)[a]	叶缘向下反卷,叶脉间变红
葡萄病毒A	Kober 5BB	木质部产生茎沟槽,叶片黄斑

表 A.1（续）

病毒种类	指示植物	症状表现
葡萄斑点病毒	沙地葡萄圣乔治(*Vitis rupestris* cv. St. Gorge)	叶脉透明
ᵃ 指红色品种，常用的有品丽珠（Cabernet franc）、赤霞珠（Cabernet sauvignon）、黑比诺（Pinot noir）、梅森（Mission）、巴贝拉（Barbera）等。		

附　录　B
（资料性附录）
ELISA 和 RT-PCR 检测适宜取样时期和部位

ELISA 和 RT-PCR 检测适宜取样时期和部位见表 B.1。

表 B.1　ELISA 和 RT-PCR 检测适宜取样时期和部位

病毒种类	ELISA 检测		RT-PCR 检测	
	适宜时期	取样部位	适宜时期	取样部位
葡萄扇叶病毒	新梢生长期	嫩叶	新梢生长期	嫩叶
葡萄卷叶相关病毒 1，葡萄卷叶相关病毒 2，葡萄卷叶相关病毒 3，葡萄卷叶相关病毒 4，葡萄卷叶相关病毒 5，葡萄卷叶相关病毒 7	休眠期	成熟枝条韧皮部	休眠期	成熟枝条韧皮部
葡萄病毒 A	休眠期	成熟枝条韧皮部	休眠期	成熟枝条韧皮部
葡萄病毒 B	休眠期	成熟枝条韧皮部	休眠期	成熟枝条韧皮部
葡萄斑点病毒	休眠期	成熟枝条韧皮部	休眠期	成熟枝条韧皮部

附 录 C
(资料性附录)
酶联免疫吸附检测(ELISA)

C.1 仪器设备和用具

C.1.1 仪器设备

酶标仪、电子天平(感量 0.000 1 g)、冰箱、恒温箱(0℃~50℃)、酸度计、离心机。

C.1.2 用具

可调式移液器(2 μL、10 μL、100 μL、200 μL、1 000 μL)及相应的吸头、酶标板、离心管、研钵等。

C.2 试剂

C.2.1 包被缓冲液(0.05 mol/L 碳酸盐缓冲液,pH9.6)

Na_2CO_3　　1.59 g

$NaHCO_3$　　2.93 g

溶于 900 mL 蒸馏水中,搅拌至完全溶解,调节 pH 至 9.6,定容至 1 000 mL。

C.2.2 冲洗缓冲液 (PBST, pH7.4)

$Na_2HPO_4 \cdot 12H_2O$　　5.802 g

$NaH_2PO_4 \cdot 2H_2O$　　0.592 g

NaCl　　8.766 g

Tween - 20　　0.5 mL

溶于 900 mL 蒸馏水中,搅拌至完全溶解,调节 pH 至 7.4,定容至 1 000 mL。

C.2.3 样品提取缓冲液(不同抗血清,提取缓冲液不同,应根据血清试剂盒说明配制)

聚乙烯吡咯烷酮(PVP)　　2.0 g

溶于 100 mL 冲洗缓冲液 (C.2.2)。

C.2.4 酶标抗体缓冲液(不同抗血清,提取缓冲液不同,应根据血清试剂盒说明配制)

聚乙烯吡咯烷酮(PVP)　　2.0 g

牛血清白蛋白(BSA)　　0.2 g

溶于 100 mL 冲洗缓冲液 (C.2.2)。

C.2.5 底物缓冲液 (pH9.8)

二乙醇胺　　9.7 mL

定容至 100 mL,用 6 mol/L HCl 调 pH 至 9.8。

C.2.6 底物(现用现配)

在 10 mL 底物缓冲液(C.2.4)中加 10 mg 对硝基苯磷酸二钠盐 (PNPP)。

C.2.7 终止液(1 mol/L NaOH)

NaOH　　4 g

先用少量蒸馏水溶解后,定容至 100 mL。

注:所用试剂均为分析纯,酶标抗体为碱性磷酸酶标记的抗体。

C.3 检测

C.3.1 加抗血清

用包被缓冲液(C.2.1)将病毒特异抗血清 IgG 稀释至工作浓度,加入到酶标板的微孔中,每孔 100 μL,通常在 37℃保温 2 h(不同抗血清,保温时间和温度不同,应根据血清试剂盒说明确定),用 PBST(C.2.2)洗板 3 次~4 次。

C.3.2 加抗原样品

根据检测病毒种类,取嫩叶或一年生休眠枝条韧皮部,每 1 g 样品加入 5 mL~10 mL 样品提取缓冲液(C.2.3),研磨后,3 000 r/min 离心 5 min。每个微孔板需同时设阳性、阴性和空白对照,对照和每个样品分别加 2 个微孔,每个微孔加 100 μL 上清液。4℃冰箱中放置过夜后,按 C.3.1 方法洗板。

C.3.3 加酶标抗体

用酶标抗体缓冲液(C.2.4)将碱性磷酸酶标记的特异抗血清 IgG 稀释至工作浓度,加入到微孔中,每孔 100 μL,按 C.3.1 保温和洗板。

C.3.4 加底物

每个微孔加 100 μL 底物(C.2.5),黑暗中室温放置 15 min~30 min。

C.3.5 终止反应

每个微孔加 25 μL 终止液。

C.3.6 结果判定

测定酶标板各微孔 405 nm 吸光值。若待检样品 2 孔平均吸光值/阴性对照 2 孔平均吸光值≥2,则判定该样品为阳性;如果样品 2 孔平均吸光值/阴性对照 2 孔平均吸光值<2,则判定该样品为阴性。

附　录　D
（资料性附录）
RT-PCR 检测

D.1　仪器设备和材料

D.1.1　微量移液器：200 μL～1 000 μL、20 μL～200 μL、10 μL～100 μL、0.5 μL～10 μL。

D.1.2　电子天平：感量为 0.01 g 和 0.000 1 g。

D.1.3　高速冷冻离心机。

D.1.4　PCR 仪。

D.1.5　水平凝胶电泳仪。

D.1.6　凝胶成像系统。

D.1.7　DEPC 水处理的吸头和离心管。

D.2　试剂

D.2.1　研磨缓冲液

4.0 mol/L　硫氰酸胍	23.6 g
0.2 mol/L　NaAC	0.82 g
25 mmol/L　EDTA	0.365 g
1.0 M　KAC	4.9 g
2.5%　PVP-30	1.25 g

DEPC 处理水定容至 50 mL，4℃保存。使用前加入 2%偏重亚硫酸钠。

D.2.2　清洗缓冲液

10.0 mmol/L　Tris-HCl	0.394 1 g
0.5 mmol/L　EDTA	0.036 5 g
50 mmol/L　NaCl	0.730 5 g
50%　乙醇	125 mL

DEPC 处理水定容至 250 mL，4℃贮存。

D.2.3　50×TAE 缓冲液

Tris	60.5 g
冰乙酸	13.5 mL（或 37.5 mL 36%乙酸）
EDTA	2.3 g

灭菌蒸馏水定容至 250 mL，pH 为 8.0。

D.2.4　6×凝胶加样缓冲液

溴酚蓝	0.125 g
二甲苯青 FF	0.125 g

40%（W/V）蔗糖水溶液

灭菌蒸馏水定容至 50 mL，4℃冰箱保存。

D.3 检测

D.3.1 总 RNA 提取

采用二氧化硅吸附法提取总 RNA：

a) 称取 100 mg 待检材料放入塑料袋中，加入 1 mL 研磨缓冲液磨碎；

b) 取 500 μL 匀浆置于 1.5 mL 消毒离心管中(预先加入 150 μL 10% N - lauroylsarcosine)，70℃保温 10 min、冰中放置 5 min 后，14 000 r/min 离心 10 min；

c) 取 300 μL 上清液，加入 150 μL 100%乙醇、300 μL 6 mol/L 碘化钠、30 μL 10%硅悬浮液(pH2.0)，室温下振荡 20 min；

d) 6 000 r/min 离心 1 min，弃去上清，加入 500 μL 清洗缓冲液重悬浮沉淀，6 000 r/min 离心 1 min；

e) 重复步骤 d)；

f) 将离心管反扣在纸巾上，室温下自然干燥后，重新悬浮于无 RNase 和 DNase 的水中，70℃保温 4 min；

g) 13 000 r/min 离心 3 min，取上清液，保存于－70℃超低温冰箱中。也可采用商品性试剂盒或其他方法提取总 RNA。

D.3.2 合成 cDNA

5 μL 总 RNA 与 1 μL 0.1 μg/μL 随机引物 5'd (NNN NNN)3'和 9 μL 水混合，95℃变性 5 min 后立即置于冰中冷却 2 min。再加入含 5 μL 5×MMLV - RT 缓冲液、1.25 μL 10 mmol/L dNTPs、0.5 μL 200 U/μL M - MLV 逆转录酶和 3.25 μL 灭菌纯水的逆转录混合液，经 37℃ 10 min、42℃ 50 min、70℃ 5 min 合成 cDNA。

D.3.3 PCR 扩增

PCR 反应混合液共 25 μL，包括 2.5 μL cDNA、2.5 μL 10×PCR 缓冲液、0.5 μL 10 mmol/L dNTPs、0.5 μL 10 μmol/L 正向和反向引物(表 D.1)、0.375 μL 2 U/μL *Taq* DNA 聚合酶、18.125 μL 灭菌纯水。按如下程序进行 PCR 扩增：94℃ 10 min；94℃ 30 s，退火(退火温度见表 D.1)45 s，72℃50 s 共 35 个循环，最后 72℃ 延伸 10 min。根据各组引物的退火温度及扩增产物大小设计。

D.3.4 结果判定

检测时设阴性、阳性对照，采用 1.5%琼脂糖凝胶电泳，180 v 电泳约 30 min，0.5 μg/mL EB 溶液染色 10 min ～15 min，观察到与阳性对照位置相同的目的条带的样品为阳性，携带所检病毒；与阴性对照一样，未观察到目的条带的样品为阴性，不携带所检病毒。

表 D.1 葡萄病毒 RT - PCR 引物

病毒名称	引物序列(5'- 3')	退火温度(℃)	产物(bp)
葡萄扇叶病毒(GFLV)	P1:CCAAAGTTGGTTTCCCAAGA P2:ACCGGATTGACGTGGGTGAT	56	605
葡萄卷叶相关病毒 1(GLRaV - 1)	P1: TCTTTACCAACCCCGAGATGAA P2: GTGTCTGGTGACGTGCTAAACG	54	232
葡萄卷叶相关病毒 2(GLRaV - 2)	P1: TTGACAGCAGCCGATTAAGCG P2: CTGACATTATTGGTGCGACGG	51	333
葡萄卷叶相关病毒 3(GLRaV - 3)	P1: CGCTAGGGCTGTGGAAGTATT P2: GTTGTCCCGGGTACCAGATAT	52	546
葡萄卷叶相关病毒 4(GLRaV - 4)	P1:CTCAAACCAGCGGCTGTTG P2:GTGATACCATATACATACCGACC	54	441
葡萄卷叶相关病毒 5(GLRaV - 5)	P1:CCCGTGATACAAGGTAGGACA P2:CAGACTTCACCTCCTGTTAC	54	690

表 D.1（续）

病毒名称	引物序列(5′-3′)	退火温度(℃)	产物(bp)
葡萄卷叶相关病毒 7(GLRaV-7)	P1：TATATCCCAACGGAGATGGC P2：ATGTTCCTCCACCAAAATCG	52	502
葡萄病毒 A(GVA)	P1：AAGCCTGACCTAGTCATCTTGG P2：GACAAATGGCACACTACG	52	430
葡萄病毒 B(GVB)	P1：ATCAGCAAACACGCTTGAACCG P2：GTGCTAAGAACGTCTTCACAGC	55	450
葡萄斑点病毒(GFkV)	P1：GTCCTCCTACACCTCCCTGTCCAT P2：CCTCATCCGCGGAGTTATCGAAT	60	412
沙地葡萄茎痘病毒(GRSPaV)	P1：GGCCAAGGTTCAGTTTG P2：ACACCTGCTGTGAAAGC	50	498

ICS 65.020
B 16

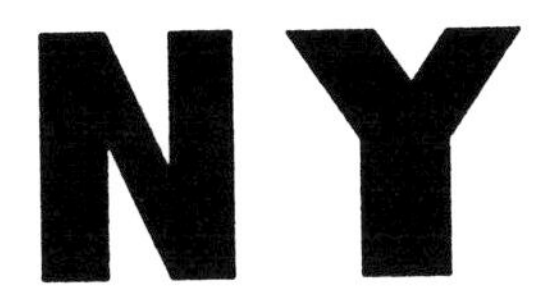

中华人民共和国农业行业标准

NY/T 2382—2013

小菜蛾防治技术规范

Technical specification for diamondback moth control

2013-09-10 发布　　2014-01-01 实施

中华人民共和国农业部　发布

前　言

本标准按照 GB/T 1.1—2009 给出的规则起草。

本标准由农业部种植业管理司提出并归口。

本标准起草单位：全国农业技术推广服务中心、中国农业科学院蔬菜花卉研究所。

本标准主要起草人：李萍、张友军、吴青君、赵中华、朱景全、王少丽。

小菜蛾防治技术规范

1 范围

本标准规定了小菜蛾 *Plutella xylostella*（L.）（Lepidoptera：Plutellidae）防治技术的有关术语、定义及防治要求等。

本标准适用于我国小菜蛾的防治。

2 规范性引用文件

下列文件对于本文件的应用是必不可少的。凡是注日期的引用文件，仅注日期的版本适用于本文件。凡是不注日期的引用文件，其最新版本（包括所有的修改单）适用于本文件。

GB 4285 农药安全使用标准

GB/T 8321（所有部分） 农药合理使用准则

3 术语和定义

下列术语与定义适用本文件。

3.1

行动阈值 action threshold

害虫的虫口密度已达到需要防治的水平，所采取的防治行动能获得经济效益。

3.2

安全间隔期 safety interval

最后一次施药至作物收获时允许的间隔天数。

3.3

农业防治 agricultural control

根据农作物的栽培管理与病虫害发生为害关系的规律，结合整个农事操作过程中土、肥、水、种、密、管、工等各方面有关措施，直接消灭或减少病虫害的来源，或恶化它们的生活环境，从而达到防治病虫害的方法。如耕作制度和种植计划的改进，整地、施肥等有关措施的利用，选育抗病虫品种，加强田间管理，合理灌排等。

3.4

生物农药 biological pesticide

生物农药是指直接利用生物活体或生物产生的活性物质作为农药，以及人工合成的与天然化合物结构相同的农药，生物农药包括微生物农药、植物源农药、生物化学农药、转抗病虫基因生物和天敌生物等。

3.5

生物防治 biological control

利用生物或其代谢产物及生物技术获得的生物产物来治理有害生物的方法。

3.6

昆虫性信息素 insect sex pheromone

又称性外激素，是由同种昆虫的某一性别个体分泌于体外，能被同种异性个体所接受，产生性行为反应的微量化学物质。

3.7

化学防治 chemical control

化学防治又叫农药防治，是利用各种化学物质及其加工产品的毒性来防治病虫害的方法。

3.8

有害生物综合防治 integrated pest management (IPM)

是对有害生物进行科学管理的体系。它从农业生态系统整体出发，根据有害生物和环境之间的相互关系，充分发挥自然控制因素的作用，因地制宜地协调应用农业、生物、化学措施，将有害生物控制在经济允许水平以下，以获得最佳的经济、社会和生态效益。

4 防治

4.1 虫情调查

小菜蛾为害后的典型症状是受害叶片残留半透明的上表皮，虫子受到惊扰有扭动、倒退或吐丝下垂的特点。虫情调查时，采取5点取样法，每点10株，进行整株调查，包括心部及叶片正反两面，参见附录A。

4.2 行动阈值

甘蓝、白菜、菜心和小白菜等十字花科蔬菜，当小菜蛾虫口的密度达到每百株30头幼虫时进行防治。

4.3 防治技术

4.3.1 农业防治

4.3.1.1 培育无虫苗

在远离生产田的苗床播种育苗，并注意及时清除苗床和菜田的作物残体耕翻入土。

4.3.1.2 合理布局

避免十字花科类蔬菜大片连作，在考虑耕作和施药方便及经济效益的基础上，实行十字花科蔬菜与茄果类蔬菜、葱蒜类蔬菜轮作技术，同时几种不同类的蔬菜进行间作套种，可对小菜蛾的转移起到物理屏障作用。

4.3.1.3 适期种植

避开小菜蛾发生高峰期种植，提早或推迟种植，使十字花科蔬菜的危险生育期避开小菜蛾的发生高峰，从而降低小菜蛾的虫口压力。

4.3.2 生物防治

4.3.2.1 利用小菜蛾性信息素诱杀成虫

十字花科蔬菜定植后即在田间摆放小菜蛾性信息素和诱捕器。每亩3个～5个，沿主风向均匀摆放于田间，诱捕器要稳固，防止风吹打翻，诱捕器要高于菜的顶部。诱芯口朝下，防止雨水冲淋其中的有效成分。

4.3.2.2 释放小菜蛾的天敌

可在小菜蛾发生初期(始见幼虫时)，田间释放商品化的半闭弯尾姬蜂(*Diadegma semiclausum*)、菜蛾啮小蜂(*Oomyzus sokolowskii*)等幼虫寄生性天敌或赤眼蜂等卵寄生性天敌。使用时注意，由于天敌昆虫对多数的化学农药敏感，在放蜂后15 d内禁止施用任何化学杀虫剂；在放蜂区，种植适宜不同时期的蜜源植物品种要求在放蜂期能够开花，为寄生蜂提供栖息场所与蜜源，能提高寄生蜂寄生率。

4.3.3 药剂防治

不同地区可根据当地对小菜蛾抗性监测的结果选择合适的药剂。用于防治小菜蛾的常用药剂见表1。小菜蛾虫龄小、虫量低时，建议使用Bt、氟啶脲、小菜蛾颗粒体病毒、植物源杀虫剂等。虫情严重时选择使用多杀菌素、氯虫苯甲酰胺、虫螨腈和茚虫威等，注意不同类型药剂的轮换使用，严格控制使用次数,防治和延缓小菜蛾抗药性的发生发展。施药均匀,重点是心叶和叶片背面。

4.3.4 综合防治

协调应用农业、生物和化学等各种治理手段综合治理,维护菜田生态系统的自然平衡。具体防治措施包括:在单独的育苗房培育无虫苗;尽量避开小菜蛾的发生高峰期种植;清除田间及边缘的十字花科杂草;蔬菜定植后放置小菜蛾性信息素诱杀成虫;始见幼虫时,可释放小菜蛾的天敌;必要时及时喷施药剂进行防治;收获后及时清理田间残株,消除残虫。

表1 防治小菜蛾的药剂、安全间隔期及其使用注意事项

类型	药剂	用药量	安全间隔期及使用注意事项
生物农药	苏云金杆菌 *Bacillus thuringiensis*, 16 000 IU/mg可湿性粉剂	制剂750 g/hm^2~1 125 g/hm^2	施药期比化学农药提前2 d~3 d,连续喷2次,每次间隔7 d~10 d
	小菜蛾颗粒体病毒 *Plutella xylostella* granulosis,300亿OB/mL	制剂375 mL/hm^2~450 mL/hm^2	
	0.5%印楝素乳油 azadirachtin	有效成分9.375 g/hm^2~112.5 g/hm^2	在甘蓝作物上的安全间隔期为5 d,每个作物生长季最多使用3次
	0.5%苦参碱微乳剂 matrine	有效成分4.5 g/hm^2~6.75 g/hm^2	若作物前期使用过化学农药,5 d后方可使用该药
	18 g/L阿维菌素乳油 abamectin	有效成分8.1 g/hm^2~10.8 g/hm^2	在十字花科叶菜类蔬菜上的安全间隔期为7 d,每季最多施用1次
	5%甲氨基阿维菌素苯甲酸盐乳油 emamectin benzoate	有效成分1.5 g/hm^2~3 g/hm^2	在甘蓝上的安全间隔期为3 d,每季作物最多施用2次
	25 g/L多杀霉素悬浮剂 spinosad	有效成分12.375 g/hm^2~24.75 g/hm^2	在甘蓝上的安全间隔期为1 d,每个作物周期最多施用3次
	60 g/L乙基多杀菌素悬浮剂 spinetoram	有效成分18 g/hm^2~37 g/hm^2	
昆虫生长调节剂	50 g/L氟啶脲乳油 chlorfluazuron	有效成分30 g/hm^2~60 g/hm^2	在甘蓝上的安全间隔期为7 d,甘蓝每季使用不超过3次
	5%氟铃脲乳油 hexaflumuron	有效成分37.5 g/hm^2~52.5 g/hm^2	
	40%杀铃脲悬浮剂 triflumuron	有效成分86.4 g/hm^2~108 g/hm^2	
吡咯类	100 g/L虫螨腈悬浮剂 chlorfenapyr	有效成分75 g/hm^2~105 g/hm^2	安全间隔期14 d,每季作物最多使用2次
邻甲酰氨基苯甲酰胺类	5%氯虫苯甲酰胺悬浮剂 chlorantraniliprole	有效成分22.5 g/hm^2~41.25 g/hm^2	安全间隔期1 d,每季最多使用3次
	20%氟虫双酰胺水分散粒剂 flubendiamide	有效成分45 g/hm^2~50 g/hm^2	在白菜上的安全间隔期14 d,每季作物使用不超过3次
缩氨基脲类	240 g/L氰氟虫腙悬浮剂 metaflumizone	有效成分252 g/hm^2~288 g/hm^2	安全间隔期3 d,连续用药不超过2次
嘧啶类	100 g/L三氟甲吡醚乳油 pyridalyl	有效成分75 g/hm^2~105 g/hm^2	在甘蓝和大白菜上的安全间隔期为7 d,每季最多使用2次
噁二嗪类	30%茚虫威水分散粒剂 indoxacarb	有效成分22.5 g/hm^2~40.5 g/hm^2	在十字花科蔬菜上的安全间隔期为3 d,每季作物使用不超过3次
吡唑杂环类	15%唑虫酰胺乳油 tolfenpyrad	有效成分67.5 g/hm^2~112.5 g/hm^2	安全间隔期3 d,每季最多使用2次

附　录　A
（资料性附录）
小菜蛾的为害症状、形态特征及严禁使用的农药

A.1　学名

小菜蛾 *Plutella xylostella* [=*Plutella maculipennis* (Linnaeus) (Lepidoptera：Plutellidae)]。

A.2　小菜蛾的为害症状

以幼虫危害叶片，初孵幼虫在叶片背面潜伏短暂的时间后，随即蛀入叶片的上下表皮之间，蛀食下表皮和叶肉，叶片上表面形成针眼大小的疤痕，2 龄幼虫可将菜叶吃出小洞；3 龄和 4 龄幼虫在叶片背面啃食叶肉，留下上表皮，形成透明斑块，俗称"开天窗"，也可将菜叶食成孔洞和缺刻，严重时全叶被吃成网状。

A.3　小菜蛾不同虫龄的形态特征

小菜蛾共有卵、幼虫、蛹和成虫 4 个虫态。卵浅黄色，椭圆形，扁平，浅黄绿色，表面光滑具闪光，长约 0.5 mm，宽约 0.3 mm。幼虫共 4 龄，初孵幼虫深褐色，后变绿色，偶见浅黄色和红色。末龄幼虫体长 10 mm～12 mm。幼虫体节明显，两头尖细，腹部第 4 节～第 5 节膨大，整个虫体呈纺锤形，并且臀足向后伸长。幼虫活跃，遇惊扰即扭动、倒退或吐丝翻滚落下。体色多变，由绿、黄、褐、粉红等，通常初为淡绿色，渐呈淡黄绿色，最后变灰褐色。茧纺锤形，灰白色，纱网状，可透见蛹体。成虫为灰褐色小蛾，体长 6 mm～7 mm，翅展 12 mm～15 mm，前翅前半部呈灰褐色，中间有 1 条黑色波状纹；后翅灰白色，前翅后缘呈黄白色三度曲折的波浪纹，两翅合拢时呈 3 个连续的菱形斑纹。雄蛾体略小，菱形斑纹明显，雌蛾较肥大，灰黄色，菱形斑纹不明显。

A.4　严禁使用的高剧毒高残留农药

甲拌磷(3911)、治螟磷(苏化 203)、对硫磷(1605)、甲基对硫磷(甲基 1605)、内吸磷(1059)、杀螟威、久效磷、磷胺、甲胺磷、异丙磷、三硫磷、氧化乐果、磷化锌、磷化铝、甲基硫环磷、甲基异柳磷、氰化物、呋喃丹、氟乙酰胺、砒霜、涕灭威(铁灭克)、杀虫脒、西力生、赛力散、溃疡净、氯化苦、五氯酚、二溴氯丙烷、401、六六六、滴滴涕、氯丹及其他高毒农药。

ICS 65.020
B 16

中华人民共和国农业行业标准

NY/T 2383—2013

马铃薯主要病虫害防治技术规程

Technical rules for control of potato diseases and pests

2013-09-10 发布　　　　2014-01-01 实施

中华人民共和国农业部　发布

前　　言

本标准按照 GB/T 1.1—2009 给出的规则起草。

本标准由农业部种植业管理司提出并归口。

本标准起草单位:全国农业技术推广服务中心、云南省农业科学院质量标准与检测技术研究所、河北农业大学、甘肃省植保植检站、内蒙古农业大学。

本标准主要起草人:赵中华、杨万林、朱杰华、朱晓明、张秋萍、胡俊、杨志辉、杨芳。

马铃薯主要病虫害防治技术规程

1 范围

本标准规定了马铃薯病虫害的主要防治技术和方法。

本标准适用于全国马铃薯生产中的主要病虫害综合防治。

2 规范性引用文件

下列文件对于本文件的应用是必不可少的。凡是注日期的引用文件，仅注日期的版本适用于本文件。凡是不注日期的引用文件，其最新版本(包括所有的修改单)适用于本文件。

GB 4285 农药安全使用标准

GB/T 8321.9 农药合理使用准则(九)

NY/T 1276 农药安全使用规范 总则

3 术语和定义

下列术语和定义适用于本文件。

3.1

马铃薯病虫害 potato diseases and pests

指在马铃薯生长和贮藏过程中发生，造成马铃薯产量损失、块茎质量和品质下降的主要病害和虫害的总称，包括晚疫病、早疫病、青枯病、黑胫病、黑痣病、干腐病、环腐病、疮痂病等病害，以及蚜虫、二十八星瓢虫、蛴螬、蝼蛄、金针虫、地老虎、潜叶蝇、豆芫菁等害虫(附录 A)。

3.2

脱毒种薯 virus-free seed potato

通过茎尖剥离—组织培养技术生产的符合我国种薯质量标准的各级马铃薯种薯。

3.3

种薯处理 treatment of seed potato

播种前对种薯的催芽、晾晒、筛选、切块和药剂拌种等农事和化学处理措施的总称。

3.4

杀秧 vine killing

指在马铃薯植株自然死亡前通过物理或化学方法杀灭马铃薯植株地上部分。

4 综合防治措施

4.1 防治原则

坚持"预防为主、综合防治"的植保方针，以农业防治为基础，优先运用物理、生物措施，合理、安全应用化学防治，对马铃薯病虫害进行安全和有效的综合防控。在药剂使用过程中，严格执行 GB 4285、GB/T 8321.9 和 NY/T 1276 的规定。

4.2 农业防治措施

4.2.1 合理轮作

与非茄科作物实行轮作，冬马铃薯实行水旱轮作，轮作年限 2 年以上。

4.2.2 选择抗虫抗病品种

选择抗当地主要病虫害、抗逆性强、适应性广的优良品种，并注意抗病品种布局的合理性。

4.2.3 种植脱毒种薯

种植符合我国马铃薯脱毒种薯质量标准，满足生产目的需求的脱毒种薯。

4.2.4 精选种薯

剔除病、劣、杂薯，选择不带致病病菌和虫源，已通过休眠且生理状态较好，大小适中的健康块茎种植。

4.2.5 切刀消毒

在种薯切块时，用 0.5%的高锰酸钾或 70%～75%的酒精浸泡切刀 5 min 以上进行消毒。切块5 min或切到病薯时必须更换刀具，以防止黑胫病、环腐病、青枯病、干腐病和晚疫病等病害致病菌通过切刀传播。

4.2.6 种薯消毒

播种前种薯可用 0.1%对苯二酚浸种 30 min，或 0.2 %甲醛溶液浸种 10 min～15 min，或 0.1%对苯酚溶液浸种 15 min，或 0.2%福尔马林溶液浸种 15 min 消毒种薯，对疮痂病的防治效果明显。

4.3 物理化学防治措施

4.3.1 播种期

4.3.1.1 病害

根据当地需控制的马铃薯病害种类，选择不同药剂进行组合后稀释拌种，预防病害发生。药剂使用和选择参考附录 B。

4.3.1.2 地下害虫

选用吡虫啉、噻虫嗪、辛硫磷、氯氟氰菊酯、氯吡硫磷、敌百虫等杀虫剂与适量土壤、细沙拌匀沟施或拌入底肥中，防控地老虎、蝼蛄、蛴螬、金针虫等地下害虫发生。

4.3.2 苗期至现蕾期

4.3.2.1 黑胫病和环腐病

拔除萎蔫、叶面病斑较多、黄化死亡的植株，挖出遗留于土壤中的块茎，并在遗留病穴处施用 72%农用链霉素。及时销毁带病的植株和块茎。

4.3.2.2 晚疫病

在西南多雨地区，从苗高 15 cm～20 cm 开始交替喷施代森锰锌、双炔酰菌胺等保护性杀菌剂1 次～2 次。如出现中心病株则交替喷施霜脲·锰锌、噁唑菌酮·霜脲氰、恶霜·锰锌、氟吡菌胺·霜霉威等混剂或内吸性治疗剂 1 次～2 次。施药间隔期为 7 d～10 d。

4.3.2.3 疮痂病

增施绿肥或增施酸性物质(如施用硫黄粉等)，改善土壤酸碱度，增加有益微生物，减轻发病。秋种马铃薯避免施用石灰或用草木灰等拌种，保持土壤 pH 在 5.2 以下。在生长期间常浇水，保持土壤湿度，防止干旱。

4.3.2.4 蚜虫和斑潜蝇

——插挂 15 张/hm^2黄板监测蚜虫和斑潜蝇，并根据害虫群体数量适量增加黄板数量。

——在发生期喷施苦参碱、吡虫啉、啶虫脒、抗蚜威、溴氰菊酯、氰戊菊酯、噻虫嗪等药剂 2 次～3 次，对薯田蚜虫进行防治，并预防病毒病，重点喷植株叶背面，施药间隔期 7 d～10 d。

——在幼虫 2 龄前交替喷施阿维菌素、氟虫氰、毒死蜱、灭蝇胺等药剂 4 次～5 次防治潜叶蝇，施药间隔期 4 d～6 d。

4.3.2.5 二十八星瓢虫和豆芫菁

——人工网捕成虫，摘除卵块。

——在幼虫分散前交替喷施阿维菌素、三氟氯氰菊酯、敌百虫、溴氰菊酯等药剂 2 次～3 次，重点喷叶背面，施药间隔期 7 d～10 d。喷药时间以上午 11 时之前和下午 5 时之后为佳。

4.3.2.6 地下害虫

——悬挂白炽灯、高压汞灯、黑光灯、频振灯等杀虫灯诱杀蛴螬、蝼蛄、地老虎等地下害虫。灯高 1.5 m，每盏灯控制面积 2 hm^2～4 hm^2，根据虫害情况适时增加杀虫灯数量。

——当地下害虫危害严重时，可开展局部防治或全田普防，用辛硫磷乳油或毒死蜱乳油兑水灌根 2 次，施药间隔期 7 d～10 d。

4.3.3 开花期至薯块膨大期

4.3.3.1 晚疫病

有预测预报条件的地区，根据病害预警进行提前防控。没有预测预报条件的地区，根据天气预报，在连阴雨来临之前，选择保护性杀菌剂，如代森锰锌和双炔酰菌胺等，在植株封垄前 1 周或初花期喷药预防 1 次～2 次。中心病株出现后，连根挖除病株和种薯，带出田外深埋，病穴撒上石灰消毒。同时交替喷施内吸性治疗剂 3 次～5 次，如霜脲·锰锌、烯酰吗啉、氟吗啉、噁唑菌酮·霜脲氰、恶霜·锰锌、氟吡菌胺等，根据降雨情况及药剂持效期确定用药间隔期，一般施药间隔期为 5 d～7 d。

4.3.3.2 早疫病

田间马铃薯底部叶片开始出现早疫病病斑时开始施药，交替喷施代森锰锌、醚菌酯、醚菌酯·苯醚甲环唑和丙森锌等药剂 3 次～5 次，施药间隔期为 7 d～10 d。

4.3.3.3 青枯病、环腐病和黑胫病

拔除萎蔫、叶面病斑较多、黄化死亡的植株，挖出遗留于土壤中的块茎，及时销毁带病的植株和块茎，并在遗留病穴处施 72%农用链霉素。

4.3.3.4 二十八星瓢虫和豆芫菁

同 4.3.2.5。

4.3.4 收获期

用物理或化学方法杀秧，防控晚疫病、干腐病、黑痣病等病菌的侵染和扩散。

——在收获前 7 d 喷施 20%立收谷水剂等干燥剂进行化学杀秧，促进薯皮老化，减少收获时的机械损失伤，防控干腐病、晚疫病和早疫病等病原菌的侵染。

深耕冬灌，消灭越冬害虫，减少越冬基数。

4.3.5 贮藏期

——贮藏窖消毒：贮藏前用硫黄粉薰蒸消毒，也可选用 15%百腐烟剂或 45%百菌清烟剂 2 g/m^3 熏蒸消毒，或用石灰水喷洒消毒。

——把好选薯入窖关，要严格剔除病薯和带有伤口的薯块，入窖前放在阴凉透风的场所堆放 3 d，降低薯块湿度，以利伤口愈合，产生木栓层，可减少发病。

——贮藏期间控制窖内的温湿度，必要时用烟雾剂处理，防止病菌在块茎间传染。

附 录 A
(资料性附录)
马铃薯主要病虫害列表

马铃薯主要病虫害列表见表 A.1。

表 A.1 马铃薯主要病虫害列表

<table>
<tr><th colspan="3">马铃薯主要病害</th></tr>
<tr><th>名 称</th><th>病原物</th><th>学 名</th></tr>
<tr><td>晚疫病</td><td>致病疫霉</td><td>Phytophthora infestans (Mont.)de Bary</td></tr>
<tr><td>早疫病</td><td>茄链格孢</td><td>Alternaria solani Sorauer</td></tr>
<tr><td>黑痣病</td><td>立枯丝核菌</td><td>Rhizoctonia solani Ktihn</td></tr>
<tr><td>干腐病</td><td>茄病镰孢
串珠镰孢</td><td>Fusarium solani (Mart.)Sacc.
F. moniliforme Sheldon</td></tr>
<tr><td>环腐病</td><td>环腐棒杆菌</td><td>Corynebacterium sepedonicum (Spieck. & Kotthoff)Skaptason & Burkholder</td></tr>
<tr><td>黑胫病</td><td>胡萝卜软腐欧文氏菌马铃薯黑胫病亚种</td><td>Erwinia carotovora subsp. atroseptica(Van Hall)Dye</td></tr>
<tr><td>青枯病</td><td>假单胞菌属青枯劳尔氏菌</td><td>Pseudomonassolanacearum(Smith)Smith</td></tr>
<tr><td>疮痂病</td><td>疮痂链霉菌</td><td>Streptomyces scabies(Thaxter)Waks. et Henvici</td></tr>
<tr><th colspan="3">马铃薯主要虫害</th></tr>
<tr><th>名 称</th><th colspan="2">学 名</th></tr>
<tr><td>马铃薯蚜虫(桃蚜)</td><td colspan="2">Myzus persicae Sulzer</td></tr>
<tr><td>南美斑潜蝇</td><td colspan="2">Liriomyza huidobrenisis (Blanchard)</td></tr>
<tr><td>美洲斑潜蝇</td><td colspan="2">Liriomyza sativae Blanchard</td></tr>
<tr><td>小地老虎</td><td colspan="2">Agrotis ypsilon Rottemberg</td></tr>
<tr><td>黄地老虎</td><td colspan="2">Agrotis segetum Schiffermuller</td></tr>
<tr><td>大地老虎</td><td colspan="2">Agrotis tokionis Butler</td></tr>
<tr><td>华北蝼蛄</td><td colspan="2">Gryllotalpa unispina Saussure</td></tr>
<tr><td>东方蝼蛄</td><td colspan="2">Gryllotalpa orientalis Burmeister</td></tr>
<tr><td>沟金针虫</td><td colspan="2">Pleonomus canaliculatus Faldermann</td></tr>
<tr><td>细胸金针虫</td><td colspan="2">Agriotes subrittatus Motschulsky</td></tr>
<tr><td>宽背金针虫</td><td colspan="2">Selatosomus latus L.</td></tr>
<tr><td>小云斑鳃金龟</td><td colspan="2">Polyphylla gracilicornis Blanchard</td></tr>
<tr><td>黑绒金龟</td><td colspan="2">Maladera orientalis Motschulsky</td></tr>
<tr><td>马铃薯瓢虫</td><td colspan="2">Henosepilachna vigintioctomaculata (Motschulsky)</td></tr>
<tr><td>双斑长跗莹叶甲</td><td colspan="2">Monolepta hieroglyphica(Motschulsky)</td></tr>
<tr><td>豆芫菁</td><td colspan="2">Epicauta gorhami Marseul</td></tr>
</table>

附 录 B
(资料性附录)
马铃薯主要病虫害防控药剂推荐表

马铃薯主要病虫害防控药剂推荐表见表 B.1。

表 B.1 马铃薯主要病虫害防控药剂推荐表

病虫害	推荐药剂		施用方法	作用方式
	通用名	剂型		
晚疫病	嘧菌酯	悬浮剂	封垄后喷雾	保护、内吸治疗
	丙森锌	可湿性粉剂	喷雾	保护
	代森锰锌	可湿性粉剂	喷雾	保护
	霜脲・锰锌	可湿性粉剂	喷雾	保护、内吸治疗
	双炔酰菌胺	悬浮剂	喷雾	保护、内吸治疗
	氟吡菌胺・霜霉威	悬浮剂	喷雾	内吸治疗
	精甲霜灵・锰锌	水分散粒剂	喷雾	保护、内吸治疗
	烯酰吗啉	可湿性粉剂	喷雾	内吸治疗
	霜霉威	水剂	喷雾	内吸治疗
	氟吗啉	可湿性粉剂	喷雾	保护、内吸治疗
	氰霜唑	悬浮剂	喷雾	保护、内吸治疗
早疫病	代森锰锌	可湿性粉剂	喷雾	保护
	嘧菌酯	悬浮剂	封垄后喷雾	保护、内吸治疗
	丙森锌	可湿性粉剂	喷雾	保护
	苯醚甲环唑	水分散粒剂	喷雾	内吸治疗
	肟菌・戊唑醇	水分散粒剂	喷雾	保护、内吸治疗
黑痣病	嘧菌酯	悬浮剂	垄沟喷雾	保护、内吸治疗
环腐病 黑胫病 青枯病	硫酸链霉素	水溶剂	拌种	内吸治疗
干腐病	甲基硫菌灵	可湿性粉剂	拌种	内吸治疗
蚜虫 斑潜蝇	吡虫啉	可湿性粉剂	喷雾	内吸
	噻虫嗪	水分散粒剂	喷雾	内吸
	啶虫脒	乳油	喷雾	内吸
地下害虫	噻虫嗪	可湿性粉剂	拌种	内吸
	辛硫磷	乳油;颗粒剂	垄沟喷雾,垄沟撒施	触杀、胃毒
	毒死蜱	乳油;颗粒剂	垄沟喷雾,垄沟撒施	触杀、胃毒
二十八星瓢虫 豆芫菁	氯氰菊酯	乳油	喷雾	触杀、胃毒
	氯氟氰菊酯	乳油	喷雾	触杀、胃毒

ICS 65.020.01
B 16

中华人民共和国农业行业标准

NY/T 2384—2013

苹果主要病虫害防治技术规程

Code of practice for main apple diseases and pests

2013-09-10 发布　　2014-01-01 实施

中华人民共和国农业部　发布

前　　言

本标准按照GB/T 1.1—2009给出的规则起草。

本标准由农业部种植业管理司提出。

本标准由全国果品标准化技术委员会(SAC/TC 510)归口。

本标准起草单位:中国农业科学院果树研究所、农业部果品质量安全风险评估实验室(兴城)、农业部果品及苗木质量监督检验测试中心(兴城)。

本标准主要起草人:聂继云、李海飞、毋永龙、宣景宏、李静、徐国锋、李志霞。

苹果主要病虫害防治技术规程

1 范围

本标准规定了苹果病虫害的防治原则和防治方法。

本标准适用于我国苹果生产中主要病虫害的防治。

2 规范性引用文件

下列文件对于本文件的应用是必不可少的。凡是注日期的引用文件，仅注日期的版本适用于本文件。凡是不注日期的引用文件，其最新版本(包括所有的修改单)适用于本文件。

GB 9847 苹果苗木

NY/T 441 苹果生产技术规程

NY/T 496 肥料合理使用准则

NY/T 1276 农药安全使用规范 总则

3 防治原则

3.1 以农业防治和物理防治为基础，生物防治为核心，按照病虫害发生规律，科学使用化学防治技术，减少各类病虫害所造成的损失。

3.2 按照《农药管理条例》的规定，使用的药剂应为在国家农药管理部门登记允许在苹果树上用于防治该病虫的种类，如有调整，按照新的管理规定执行。农药安全使用按照 NY/T 1276 的规定执行。

4 主要病虫害

4.1 主要病害

包括苹果树腐烂病、苹果轮纹病、苹果斑点落叶病、苹果褐斑病、苹果白粉病、苹果炭疽病。

4.2 主要虫害

包括桃小食心虫、绣线菊蚜、金纹细蛾、苹果小卷叶蛾、苹果全爪螨、山楂叶螨。

5 防治方法

5.1 农业防治

5.1.1 品种选择

选用抗病、虫优良品种和健康优质苗木。苗木质量应符合 GB 9847 的规定。

5.1.2 合理布局

合理布局，避免与桃、核桃、梨、李、杏等果树混合栽植，园区附近不种植桧柏。

5.1.3 土肥水管理

加强土、水、肥管理，提高植株抗性。肥料使用应符合 NY/T 496 的规定。

5.1.4 清理果园

及时剪除病僵果、死果台、病枯枝、爆皮枝、病剪口，摘除病虫果和病芽，连同落叶、落果、死树，携出园外集中销毁。

5.2 物理防治

5.2.1 诱杀

利用杀虫灯、悬挂黄板、性诱剂迷向、树干绑草等方式诱杀苹果小卷叶蛾、桃小食心虫、蚜虫、金纹细蛾、山楂叶螨等害虫。

5.2.2 刮治病害

及时刮除枝干病害，剪除病枝，并将残枝及刮除物带出园外集中焚毁。

5.2.3 果实套袋

进行果实套袋，减轻病虫害对果实的为害。

5.3 生物防治

充分利用寄生性、捕食性天敌昆虫及病原微生物，调节害虫种群密度，将其种群数量控制在为害水平以下。在果园行间生草或种植绿肥植物，为天敌提供庇护场所，按 NY/T 441 的规定执行。

5.4 化学防治

5.4.1 苹果树腐烂病

及时检查果园，发现病斑，彻底刮除，然后涂抹消毒保护剂。部分药剂参见附录 A。

5.4.2 苹果轮纹病

落花后至 8 月上旬，根据降水情况，每隔 15 d～20 d 喷一次保护剂或内吸性杀菌剂。部分药剂参见附录 A。

5.4.3 苹果斑点落叶病

春、秋梢旺长期，根据降水情况，每隔 20 d 喷 1 次杀菌剂。部分药剂参见附录 A。

5.4.4 苹果褐斑病

开始发病前 10 d，喷一遍杀菌剂。以后根据降水和田间发病情况，每隔 15 d～20 d 喷一次药。部分药剂参见附录 A。

5.4.5 苹果白粉病

苹果开花前，芽露出 1 cm、嫩叶尚未展开时，喷第一次药。落花 70%时喷第二次药。发病重的果园落花后 10 d 再喷一次药。部分药剂参见附录 A。

5.4.6 苹果炭疽病

发芽前喷一次药，铲除越冬病源。幼果期至 8 月上中旬，每隔 15 d～20 d 喷一次药。发病轻的地区和少雨年份，适当减少喷药次数。部分药剂参见附录 A。

5.4.7 桃小食心虫

幼虫出土期，在距树干 1 m 范围内的地面上喷施药剂，杀灭幼虫。卵临近孵化时，树上喷施药剂，杀灭虫卵、防止幼虫蛀果。部分药剂参见附录 A。

5.4.8 绣线菊蚜

苹果芽开绽后至开花前，进行药剂防治。部分药剂参见附录 A。

5.4.9 金纹细蛾

各代成虫发生盛期进行药剂防治。部分药剂参见附录 A。

5.4.10 苹果小卷叶蛾

冬、春季剪锯口涂抹药剂，消灭越冬幼虫。幼虫出蛰率达到 30%时和各代幼虫孵化盛期，喷药防治。部分药剂参见附录 A。

5.4.11 苹果全爪螨

春季越冬卵孵化期和夏季进行药剂防治。部分药剂参见附录 A。

5.4.12 山楂叶螨

越冬雌成螨出蛰盛期、第一代幼螨孵化期和夏季，进行药剂防治。部分药剂参见附录 A。

附　录　A
（资料性附录）
可用于苹果病虫害防治的部分药剂

可用于苹果病虫害防治的部分药剂见表 A.1。

表 A.1　可用于苹果病虫害防治的部分药剂

病虫害	药　　剂
苹果树腐烂病	代森铵、丁香菌酯悬浮剂、腐殖酸・铜、甲基硫菌灵、甲硫・萘乙酸、硫磺脂膏、络氨铜、噻霉酮、辛菌胺醋酸盐、抑霉唑
苹果轮纹病	代森铵、代森联、代森锰锌、多菌灵、二氰蒽醌、氟硅唑、甲基硫菌灵、甲硫・福美双、甲硫・醚菌酯克菌丹、喹啉铜、噻菌灵、戊唑醇、戊唑・多菌灵、氧化亚铜、乙铝・多菌灵
苹果斑点落叶病	百菌清、苯醚甲环唑、丙森锌、代森联、代森锰锌、代森锌、多菌灵、多・锰锌、多氧霉素、氟环唑、己唑醇、腈菌唑、醚菌酯、宁南霉素、双胍三辛烷基苯磺酸盐、戊唑醇、烯唑醇、肟・氟环唑、亚胺唑、氧化亚铜、异菌脲
苹果褐斑病	多菌灵、代锰・戊唑醇、肟菌・戊唑醇、丙环唑、硫酸铜钙、异菌脲
苹果白粉病	苯醚・甲硫灵、己唑醇、甲基硫菌灵、腈菌唑、硫黄、硫黄・锰锌、嘧啶核苷类抗菌素、醚菌酯、醚菌・啶酰菌、石硫合剂
苹果炭疽病	代森联、代森锰锌、代森锌、多菌灵、福美锌、福・福锌、甲硫・福美双、戊唑醇、戊唑・多菌灵、咪鲜胺、乙铝・锰锌、抑霉唑、唑酮・福美双
桃小食心虫	阿维菌素、阿维・矿物油、毒死蜱、高氯・马、高氯・辛硫磷、高效氯氰菊酯、高氟氯氰菊酯、甲氰菊酯、金龟子绿僵菌、氯虫苯甲酰胺、氰戊・马拉松、三唑磷、苏云金杆菌、乙酰甲胺磷
绣线菊蚜	阿维・啶虫脒、吡虫啉、吡虫・矿物油、吡虫・三唑锡、哒螨・吡虫啉、啶虫脒、氟啶虫酰胺、高氯・吡虫啉、高氯・啶虫脒、矿物油、氯氰・吡虫啉、灭脲・吡虫啉、氰戊菊酯、氰戊・马拉松
金纹细蛾	阿维・灭幼脲、氯虫苯甲酰胺、灭脲・吡虫啉、除虫脲、高氟氯氰菊酯、杀铃脲、灭幼脲
苹果小卷叶蛾	虫酰肼、甲氧虫酰肼、杀螟硫磷、虱螨脲
苹果全爪螨	阿维菌素、阿维・哒螨灵、阿维・丁醚脲、阿维・甲氰、阿维・四螨嗪、吡虫・三唑锡、哒螨・吡虫啉、氟虫脲、苦参碱、矿物油、联苯肼酯、螺螨酯、螨醇・噻螨酮、螨醇・哒螨、炔螨特、噻螨酮、三氯杀螨醇、三唑锡、石硫合剂、双甲脒、四螨嗪
山楂叶螨	阿维菌素、阿维・哒螨灵、阿维・丁醚脲、阿维・甲氰、阿维・四螨嗪、阿维・辛硫磷、吡虫・三唑锡、哒螨灵、哒螨・吡虫啉、氟虫脲、苦参碱、矿物油、联苯肼酯、螺螨酯、螨醇・噻螨酮、螨醇・哒螨灵、炔螨特、噻螨酮、三氯杀螨醇、三唑锡、石硫合剂、双甲脒、四螨嗪
注：药剂种类以农药登记主管部门公布的信息为准。本表所列药剂种类仅供参考，其使用方法以产品标签为准。	

ICS 65.020
B 16

中华人民共和国农业行业标准

NY/T 2385—2013

水稻条纹叶枯病防治技术规程

Technical regulation for rice stripe disease management

2013-09-10 发布 2014-01-01 实施

中华人民共和国农业部 发布

前　言

本标准按照 GB/T 1.1—2009 给出的规则起草。

本标准由农业部种植业管理司提出并归口。

本标准起草单位：全国农业技术推广服务中心、江苏省植物保护站、江苏省农业科学院植物保护研究所、浙江省植物保护检疫局、江苏省金坛市植物保护站、浙江省温岭市植物保护站。

本标准主要起草人：杨荣明、朱叶芹、周益军、朱凤、孙国俊、郭荣、王华弟、施德、叶建人。

水稻条纹叶枯病防治技术规程

1 范围

本标准规定了我国水稻条纹叶枯病防治的基本原则及综合防治方法。

本标准适用于我国各水稻种植区水稻条纹叶枯病的防治。

2 规范性引用文件

下列文件对于本文件的应用是必不可少的。凡是注日期的引用文件，仅注日期的版本适用于本文件。凡是不注日期的引用文件，其最新版本(包括所有的修改单)适用于本文件。

GB 4285 农药安全使用标准

GB/T 8321.1～8321.9 农药合理使用准则(一)～(九)

NY/T 1609—2008 水稻条纹叶枯病测报技术规范

NY/T 2059 灰飞虱携带水稻条纹病毒检测技术免疫斑点法

NY/T 2156 水稻主要病害防治技术规程

3 术语和定义

下列术语和定义适用于本文件。

3.1

水稻条纹叶枯病 rice stripe disease

水稻的一种病毒病，由灰飞虱(*Laodelphax striatellus* Fallén，small brown planthopper，SBPH)传播，病原为水稻条纹病毒(*Rice stripe virus*，RSV)。

3.2

灰飞虱迁移期 migration period of SBPH

灰飞虱迁入稻田的时期，可分为始盛期、高峰期和盛末期，分别指迁入虫量占迁入阶段总虫量的16%、50%、84%的时期。

3.3

灰飞虱带毒率 rate of viruliferous SBPH

灰飞虱带毒虫量占调查总虫量的百分率。灰飞虱带毒率的测定，按NY/T 2059规定的方法执行。

3.4

灰飞虱带毒虫量 number of viruliferous SBPH

调查所得单位面积总虫量与带毒率的乘积。

3.5

治虫控病 disease management by insect control strategy

防治灰飞虱，控制水稻条纹叶枯病的发生。

4 防治策略

以选用抗(耐)病品种、适当调整播栽期、秧田期覆盖无纺布或防虫网为基础，与药剂防治灰飞虱“治虫控病”相结合的综合控制策略。

5 防治技术要点

5.1 农业防治措施

5.1.1 种植抗(耐)病品种

因地制宜选用适合当地种植的抗(耐)病虫良种。

5.1.2 调整播栽期

应用小苗抛栽、机插等栽培措施，在适期范围内适当调整播栽期，使水稻易感病期避开灰飞虱迁入高峰期。

5.1.3 集中育秧

秧田选址应远离麦田，集中连片育秧。

5.1.4 清洁田园

稻田及麦田耕翻，恶化灰飞虱生存和食料条件；人工或化学方法清除田埂和稻田周边禾本科杂草，减少灰飞虱的桥梁寄主。

5.1.5 发病田块管理

秧田移栽时要剔除病株，适当增加每穴株数，保证基本苗数量；分蘖盛期前及时拔除病株，同时调余补缺，剥蘖补苗，加强肥水管理，促进苗情转化。对病株率大于50%的大田要翻耕改种。

5.2 物理防治措施

秧田全程覆盖无纺布或防虫网，即在水稻落谷出苗前或覆膜育苗揭膜后，选用15 g/m^2～20 g/m^{2}规格的无纺布或20目以上的防虫网覆盖秧苗。防虫网覆盖时要于四周设立支架，支架顶端与秧苗保持30 cm以上高度，以利于通风透光。

5.3 化学防治措施

5.3.1 农药使用原则

选用农药应符合GB 4285和GB/T 8321.1～8321.9的要求，并参照NY/T 2156。稻田禁止使用拟除虫菊酯类农药品种，慎用三唑磷、杀虫双等农药品种；轮换、交替使用农药，每种农药每个生长季节使用不超过2次。

5.3.2 灰飞虱虫源田防治

提倡防治麦田和冬闲虫源田灰飞虱，可结合麦田赤霉病、蚜虫等病虫防治一并进行，减少水稻秧田与大田基数。

5.3.2.1 施药时期

灰飞虱低龄若虫盛期。

5.3.2.2 防治药剂

每667 m^{2}可选用25%吡蚜酮悬浮剂25 g～30 g或20%异丙威乳油150 mL～200 mL等药剂喷雾，或80%敌敌畏乳油250 mL～300 mL毒土熏蒸。

5.3.2.3 施药方法

喷雾法，采用手动喷雾器或机动弥雾机，手动喷雾每667 m^{2}用水量30 kg～45 kg，机动弥雾每667 m^{2}用水量15 kg～20 kg，应避免在雨天或风速大于8 m/s时施药。毒土法，将适当剂量药剂加入适量水中，混匀后拌入15 kg～20 kg细土，充分拌匀制成毒土，毒土要求握之成团、松之即散，于晴天下午均匀洒施，施药时田间保持干燥。

5.3.3 药剂拌种

选用噻虫嗪、吡虫啉等药剂拌种。每kg稻种选用30%噻虫嗪种子处理悬浮剂1.2 g～3.5 g或60%吡虫啉种子悬浮剂2 mL～4 mL均匀拌种。

5.3.4 秧田期防治

对未实施无纺布或防虫网覆盖的秧田进行药剂防治。

5.3.4.1 防治时期和防治对象

灰飞虱迁入秧田盛期,稻麦连作区通常为当地麦收盛期。

于灰飞虱迁移盛期,对带毒灰飞虱虫量高、品种感病的秧田进行防治,用药间隔期为 3 d～5 d,连续防治 2 次～3 次;对带毒虫量低或品种较抗病的秧田,可延长用药间隔期,减少用药次数。秧苗移栽前 2 d～3 d 用药防治 1 次,带药移栽。

5.3.4.2 防治指标

以单位面积灰飞虱带毒虫量定防治指标。一代成虫防治指标,每 667 m^2 有带毒虫 6 700 头,即每平方米 10 头。二代若虫防治指标,每 667 m^2 有带毒虫 10 000 头,即每平方米 15 头。

5.3.4.3 防治药剂

应坚持速效性强与持效期长的药剂结合使用。每 667 m^2 可选用 25%吡蚜酮悬浮剂 25 mL～30 mL 或 20%烯啶虫胺水剂 25 mL 或 20%异丙威乳油 150 mL～200 mL 或 10%醚菊酯乳油 80 mL 或 25%噻虫嗪水分散粒剂 4 g～6 g 等药剂。

5.3.4.4 施药方法

采用喷雾法,均匀喷施,药后保持 3 cm～5 cm 水层 3 d～5 d;避免在雨天或风速大于 8 m/s 进行防治作业。

5.3.5 大田防治

5.3.5.1 移栽大田防治

5.3.5.1.1 施药时期

水稻返青活棵后,灰飞虱低龄若虫盛期。

5.3.5.1.2 防治指标

二代、三代若虫防治指标为每 667 m^2 有带毒灰飞虱 2 000 头,折水稻百丛 10 头。

5.3.5.1.3 防治药剂

吡蚜酮、烯啶虫胺、醚菊酯、噻虫嗪、异丙威等任选一种或混配使用,用量参阅 5.3.4.3。

5.3.5.1.4 施药方法

采用喷雾法,手动喷雾每 667 m^2 用水量 30 L～45 L,机动弥雾每 667 m^2 用水量 15 L～20 L,喷施要均匀,药后保持 3 cm～5 cm 水层 3 d～5 d;避免在雨天及风速大于 8 m/s 进行防治作业。

5.3.5.2 直播稻田防治

5.3.5.2.1 防治时期

于播种后 7 d～10 d(秧苗现青期)第 1 次用药,之后视虫情进行防治。

5.3.5.2.2 防治指标

每 667 m^2 有带毒灰飞虱 10 000 头,即每平方米 15 头。

5.3.5.2.3 防治药剂

同 5.3.4.3。

5.3.5.2.4 施药方法

同 5.3.5.1.4。

6 防治效果评价

6.1 防治记录

建立防治台账,每次防治要做好用药品种、剂量及时间等的记录。记录保存时间不少于 2 年。

6.2 防治效果评价

介体灰飞虱防治效果调查可在施药后 3 d～5 d 进行；病害防效调查可在分蘖末期、拔节孕穗期 2 个时期进行，处理田与非处理田（对照田）的土壤类型、品种、播期、移栽期、水肥和其他病虫管理应一致。按稻作类型、品种、生育期划分类型田，每类型田查 3 块田，直线平行取样，每块田查水稻 200 丛，记载调查总丛数、株数，发病丛数、发病株数、病级，计算水稻病丛（株）率、病情指数（见附录 B），评估发病程度与危害损失和防治效果。

田间调查方法、病情分级方法按照 NY/T 1609 的规定执行。

附　录　A
（规范性附录）
灰飞虱带毒率和有效虫量计算方法

A.1　灰飞虱带毒率按式(A.1)计算。

$$L_c = \frac{N_c}{N_t} \times 100 \quad \cdots\cdots (A.1)$$

式中：

L_c——灰飞虱带毒率，单位为百分率（%）；

N_c——带毒灰飞虱虫量；

N_t——测定灰飞虱总虫量。

A.2　灰飞虱有效虫量按式(A.2)计算。

$$N_e = N_s \times L_c \quad \cdots\cdots (A.2)$$

式中：

N_e——单位面积灰飞虱有效虫量；

N_s——单位面积灰飞虱总虫量。

附 录 B
（规范性附录）
灰飞虱药剂防治效果及条纹叶枯病防治效果计算方法

B.1 灰飞虱虫口减退率按式(B.1)计算。

$$D = \frac{N_0 - N_1}{N_0} \times 100 \quad \cdots\cdots (B.1)$$

式中：

D ——虫口减退率，单位为百分率(%)；

N_0——防治前虫量；

N_1——防治后虫量。

B.2 灰飞虱防治效果按式(B.2)计算。

$$P_l = \frac{D_p - D_{ck}}{100 - D_{ck}} \times 100 \quad \cdots\cdots (B.2)$$

式中：

P_l ——灰飞虱的防治效果，单位为百分率(%)；

D_p——防治区虫口减退率，单位为百分率(%)；

D_{ck}——空白对照区虫口减退率，单位为百分率(%)。

B.3 水稻丛(株)发病率按式(B.3)计算。

$$I = \frac{N_d}{N} \times 100 \quad \cdots\cdots (B.3)$$

式中：

I ——发病丛(株)率，单位为百分率(%)；

N_d——发病丛(株)数；

N ——调查总丛(株)数。

B.4 条纹叶枯病病情指数按式(B.4)计算。

$$R = \frac{\sum (Nd \times Di)}{N \times D_m} \times 100 \quad \cdots\cdots (B.4)$$

式中：

R ——病情指数；

Nd ——各级病叶数；

Di ——各级代表值；

N ——调查总叶数；

D_m ——最高级代表值。

B.5 条纹叶枯病防治效果按式(B.5)或(B.6)计算。

$$P = \frac{CK_1 - Pt_1}{CK_1} \times 100 \quad \text{(B. 5)}$$

式中：

P ——防治效果，单位为百分率(%)；

CK_1——喷药后不施药对照区的病情指数[病株率(%)]；

Pt_1 ——喷药后处理区的病情指数[病株率(%)]。

$$P = \frac{I_{ck} - I_t}{I_{ck}} \times 100 \quad \text{(B. 6)}$$

式中：

P ——防治效果，单位为百分率(%)；

I_{ck}——防治后空白对照区丛(株)发病率，单位为百分率(%)；

I_t ——防治后处理区丛(株)发病率，单位为百分率(%)。

ICS 65.020
B 16

中华人民共和国农业行业标准

NY/T 2386—2013

水稻黑条矮缩病防治技术规程

Technical regulation for rice black-streaked dwarf disease management

2013-09-10 发布　　　　2014-01-01 实施

中华人民共和国农业部　发布

前　　言

本标准按照 GB/T 1.1—2009 给出的规则起草。

本标准由农业部种植业管理司提出并归口。

本标准起草单位:全国农业技术推广服务中心、浙江省植物保护检疫局、江苏省植物保护站、浙江省农业科学院病毒学与生物技术研究所、江苏省农业科学院植物保护研究所、浙江省杭州市植保土肥总站、浙江省温岭市植物保护检疫站。

本标准主要起草人:王华弟、郭荣、施德、叶建人、朱叶芹、杨荣明、刘晋、周益军、王道泽、张恒木。

水稻黑条矮缩病防治技术规程

1 范围

本标准规定了我国水稻黑条矮缩病及传毒介体灰飞虱的防治指标、防控策略及综合防治的方法。

本标准适用于我国各水稻种植区水稻黑条矮缩病及传毒介体灰飞虱的防治。

2 规范性引用文件

下列文件对于本文件的应用是必不可少的。凡是注日期的引用文件，仅注日期的版本适用于本文件，凡是不注日期的引用文件，其最新版本(包括所有的修改单)适用于本文件。

GB 4285—1989 农药安全使用标准

GB/T 8321.1～8321.9 农药合理使用准则(一)～(九)

NY/T 2156—2012 水稻主要病害防治技术规程

3 术语和定义

下列术语和定义适用于本文件。

3.1

水稻黑条矮缩病 rice black-streaked dwarf disease

水稻的一种病毒病，由灰飞虱(*Laodelphax striatelles* Fallén，small brown planthopper，SBPH)传播，病原为水稻黑条矮缩病毒(*Rice black-streaked dwarf virus*，RBSDV)。

3.2

灰飞虱带毒率 rate of viruliferous SBPH

灰飞虱带毒虫量占调查总虫量的百分率。灰飞虱带毒率的测定，采用斑点免疫快速测定法和生物学测定方法，见附录 A、附录 B。

3.3

灰飞虱带毒虫量 number of viruliferous SBPH

调查所得单位面积总虫量与带毒率的乘积。

3.4

治虫控病 disease management by insect control strategy

防治灰飞虱，控制水稻黑条矮缩病的发生。

4 防控策略

以选用抗(耐)病品种、适当调整播栽期为基础，秧田期覆盖防虫网或无纺布、药剂防治灰飞虱“治虫控病”相结合的综合治理策略。

5 防治指标

5.1 防治指标

杂交稻秧田每 667 m^2 灰飞虱带毒虫量 1 000 头、大田初期每 667 m^2 灰飞虱带毒虫量 3 000 头，其他品种类型稻田可适当放宽。

5.2 调查方法

见附录C。

5.3 防治对象田

水稻秧苗2叶期～5叶期、大田移栽后20 d内,带毒灰飞虱数量达到防治指标的田块,确定为防治对象田。带毒灰飞虱数量计算见附录D。

6 防治技术要点

6.1 农业防治

6.1.1 种植抗(耐)病品种

因地制宜,推广应用优质、高产、抗(耐)病良种。

6.1.2 调整水稻播栽期

依据灰飞虱迁入期,适当调整水稻播栽期,使水稻感病敏感期避开灰飞虱迁入高峰期。

6.1.3 集中育秧

秧田选址应远离麦田和荒草地,集中连片育秧。加强田间肥水管理,科学合理施用氮肥、磷肥、钾肥,促进水稻健壮生长,提高植株抗逆性和抗病性。

6.1.4 清洁田园

结合农田翻耕、中耕除草和化学除草等方法,做好春季麦田和冬闲田的虫源地杂草防除,减少越冬虫源基数。

6.2 物理防治

秧田全程覆盖防虫网或无纺布,即在水稻落谷出苗前或覆膜育苗揭膜后,选用20目以上的防虫网或15 g/m^2～20 g/m^2 规格的无纺布覆盖秧苗。防虫网覆盖时要于四周设立支架,支架顶端与秧苗保持30 cm以上高度,以利于通风透光。

6.3 化学防治

6.3.1 麦田和休闲地防治

重病区结合麦田赤霉病、蚜虫等病虫防治,兼治灰飞虱。每667 m^2 可选用25%吡蚜酮可湿性粉剂30 g,或20%异丙威乳油150 mL～200 mL,对水30 L～45 L喷雾。

6.3.2 药剂拌种

选用噻虫嗪、吡虫啉等药剂拌种。每千克稻种选用30%噻虫嗪种子处理悬浮剂1.2 g～3.5 g或60%吡虫啉种子处理悬浮剂2 mL～4 mL均匀拌种。

6.3.3 秧田防治

每667 m^2 可选用20%烯啶虫胺水剂25 mL,或25%吡蚜酮可湿性粉剂30 g,或20%异丙威乳油150 mL～200 mL,或10%醚菊酯悬浮剂60 mL～80 mL,对水30 L～45 L,叶面均匀喷雾。第1次施药后,进行田间防治效果调查,视虫(病)情,连续防治2次～3次,防治间隔7 d～10 d。水稻秧苗移栽前2 d～3 d或覆盖育秧揭网(布)的同时防治1次,带药移栽。

6.3.4 大田防治

大田秧苗移栽后20 d之内应防治1次。每667 m^2 可选用20%烯啶虫胺水剂25 mL,或10%醚菊酯悬浮剂60 mL～80 mL,或25%吡蚜酮可湿性粉剂30 g,或20%异丙威乳油150 mL～200 mL,或25%噻虫嗪水分散粒剂4 g～6 g,对水30 L～45 L,叶面均匀喷雾。施药后保持3 cm～5 cm水层3 d～5 d,保证防治效果。

7 应急补救

水稻发病初期,每667 m^2 选用8%宁南霉素水剂50 mL,或30%毒氟磷可湿性粉剂60 g等抗病毒剂,对水30 L～45 L,叶面均匀喷雾1次～2次,缓解症状。发病较重田块,在分蘖期及时拔除病株,补栽秧苗,或从健丛上剥蘖补栽。

8 防治效果评价

8.1 防治记录

建立防治台账,每次防治要做好用药品种、剂量及时间等的记录。记录保存时间不少于 2 年。

8.2 防治效果评价

大田施药后 3d～5d 检查介体灰飞虱的防治效果,灰飞虱虫口数量调查方法同 5.2。对防治后虫量仍超过防治指标的田块,需做好补治。在水稻拔节末期发病稳定后,开展 1 次田间病情普查,按稻作类型、品种、生育期划分类型田,每类型田查 3 块田,直线平行取样,每块田查水稻 200 丛,记载调查总丛数、总株数,发病丛数、发病株数,计算水稻病丛(株)率(见附录 E),评估发病程度与危害损失(见附录 F)和防治效果。

附 录 A
(规范性附录)
灰飞虱带毒率斑点免疫快速测定方法

将采集的灰飞虱成虫或高龄若虫,单头虫置于 200 μL 离心管中加 100 μL 碳酸盐缓冲液,用木质牙签捣碎后制成待测样品。在硝酸纤维素膜上划 0.5 cm×0.5 cm 方格,每格加入 3 μL 样品室温晾干。在 37℃温度条件下,4%牛血清(或 0.4%BSA)封闭 0.5 h 后浸入酶标单抗(封闭液稀释 500 倍)孵育 1.5 h,洗涤后浸入固体显色底物液中 0.5 h。每步用磷酸缓冲液(PBST)洗涤 3 次,每次 3 min。检查反应类型(带毒灰飞虱呈现阳性反应),记载带毒虫量。

附 录 B
(规范性附录)
灰飞虱带毒率生物学测定方法

在防虫网条件下(网罩),播种当地主要水稻品种,在秧苗2叶期～3叶期,每株秧苗用两头相通的铜纱管或玻璃管套住,在每管内用吸管放入1头灰飞虱成虫,上端扎上纱布,单管、单苗、单虫饲养4 d后去掉成虫(接虫后2 d做1次检查,如果虫子成活不到2 d的,应连同秧苗一起剔除不计),将秧苗单株移栽在防虫棚内继续观察,如产有灰飞虱卵块,出现低龄若虫,要及时喷药灭虫。在发病稳定后,记载水稻黑条矮缩病发病株数,计算发病株率,即为该代灰飞虱带毒率。

附　录　C
（规范性附录）
灰飞虱带毒虫量调查方法

根据稻作、品种、生育期划分类型田，每类型田查 3 块田，秧田每块田查 10 个点，采用白瓷盆扫查，棋盘式取样，每点 0.15 m^2；大田每块田查 50 丛，平行跳跃式取样，每点取样 2 丛，采用白瓷盆拍查，记载灰飞虱数量。测定灰飞虱带毒率，计算灰飞虱带毒虫量。

附　录　D
（规范性附录）
灰飞虱带毒率和带毒虫量计算方法

D.1　灰飞虱带毒率按式(D.1)计算。

$$L_c = \frac{N_c}{N_t} \times 100 \quad \cdots\cdots (D.1)$$

式中：

L_c——灰飞虱带毒率，单位为百分率(%)；

N_c——带毒灰飞虱虫量；

N_t——测定灰飞虱总虫量。

D.2　灰飞虱带毒虫量按式(D.2)计算。

$$N_e = N_s \times L_c \quad \cdots\cdots (D.2)$$

式中：

N_e——单位面积灰飞虱带毒虫量；

N_s——单位面积灰飞虱总虫量。

附 录 E
(规范性附录)
发病率和防治效果

E.1 水稻丛(株)发病率按式(E.3)计算。

$$I=\frac{N_d}{N}\times 100 \quad \cdots\cdots (E.1)$$

式中:

I ——丛(株)发病率,单位为百分率(%);

N_d ——病丛(株)数;

N ——调查总丛(株)数。

E.2 病害的防治效果按式(E.2)计算。

$$P=\frac{I_{ck}-I_t}{I_{ck}}\times 100 \quad \cdots\cdots (E.2)$$

式中:

P ——防治效果,单位为百分率(%);

I_{ck} ——防治后空白对照区丛(株)发病率,单位为百分率(%);

I_t ——防治后处理区丛(株)发病率,单位为百分率(%)。

E.3 灰飞虱虫口减退率按式(E.3)计算。

$$D=\frac{N_0-N_1}{N_0}\times 100 \quad \cdots\cdots (E.3)$$

式中:

D ——虫口减退率,单位为百分率(%);

N_0 ——防治前虫量;

N_1 ——防治后虫量。

E.4 灰飞虱防治效果按式(E.4)计算。

$$P_L=\frac{D_p-D_{ck}}{100-D_{ck}}\times 100 \quad \cdots\cdots (E.4)$$

式中:

P_L ——灰飞虱的防治效果,单位为百分率(%);

D_p ——防治区虫口减退率,单位为百分率(%);

D_{ck} ——空白对照区虫口减退率,单位为百分率(%)。

附　录　F
（规范性附录）
水稻黑条矮缩病发病程度分级标准

水稻黑条矮缩病发病程度分级标准见表 F.1。

表 F.1　水稻黑条矮缩病发病程度分级标准

项　　目	轻发生 （1 级）	中等偏轻发生 （2 级）	中等发生 （3 级）	中等偏重发生 （4 级）	重发生 （5 级）
株发病率，%	＜3	≥3，＜10	≥10，＜20	≥20，＜30	≥30
发病面积比例，%	≥80	≥20	≥20	≥20	≥20

ICS 65.020.20
B 16

中华人民共和国农业行业标准

NY/T 2389—2013

柑橘采后病害防治技术规范

Guide to postharvest of citrus diseases control

2013-09-10 发布 2014-01-01 实施

中华人民共和国农业部 发布

前　　言

本标准按照 GB/T 1.1—2009 给出的规则起草。

本标准由农业部种植业管理司提出。

本标准由全国果品标准化技术委员会(SAC/TC 501)归口。

本标准起草单位:中国农业科学院柑橘研究所、农业部柑橘及苗木质量监督检验测试中心、西南大学、重庆大学、重庆市农业技术推广总站、四川省农业厅植物保护站。

本标准主要起草人:胡军华、焦必宁、王日葵、冉春、李鸿筠、姚廷山、刘浩强、李正国、曾凯芳、董鹏、张伟、周炼。

柑橘采后病害防治技术规范

1 范围

本标准规定了柑橘果实采后病害的防治原则和防治方法。

本标准适用于柑橘果实贮藏期病害的监测和防治。

2 规范性引用文件

下列文件对于本文件的应用是必不可少的。凡是注日期的引用文件，仅注日期的版本适用于本文件。凡是不注日期的引用文件，其最新版本(包括所有的修改单)适用于本文件。

GB/T 12947 鲜柑橘

NY/T 1189 柑橘贮藏

3 术语和定义

NY/T 1189 界定的以及下列术语和定义适用于本文件。

3.1

柑橘采后病害 citrus postharvest diseases

包括侵染性病害和非侵染性病害。

3.2

侵染性病害 infectious diseases

由病原生物引起的病害，在柑橘个体间可以互相传染，自然环境中发病不均匀，病害由少到多，由局部到普遍，病害数量及严重程度随着时间和温度、湿度等其他因素的变化而变化显著。

3.3

非侵染性病害 noninfectious diseases

又称生理性病害，由非生物病原因素，即不良的外界环境条件或生理变化而引起的一类病害。一般成片同期发生，发展迅速，无传染性。

4 侵染性病害的防治原则及方法

4.1 防治原则

加强田间病虫害的防治。适时采收，并及时进行药剂处理。贮藏场所需提前进行消毒处理，库房及周边环境保持清洁。

4.2 防治时期

柑橘黑腐病、褐色蒂腐病和炭疽病等潜伏性侵染病害在柑橘谢花期开始防治，其他病害在柑橘采收前 1 个月进行田间药剂防治，果实采收后 24 h 以内进行药剂处理。

4.3 防治方法

果实采收前 1 个月对树冠喷 1 次～2 次杀菌剂。果实采收后 24 h 以内进行杀菌剂浸果处理，在通风阴凉处或冷库中预贮，甜橙类和柠檬预贮 2 d～3 d；宽皮柑橘类预贮 3 d～5 d，柚类预贮 7 d～12 d。预贮后宜用透明聚乙烯薄膜袋单果包装，柚类包装薄膜袋厚度：0.015 mm～0.030 mm，其他柑橘类：0.010 mm。严格控制贮藏条件，库内温度、湿度和气体按 NY/T 1189 的规定执行。加强贮藏果实管理，20 d～30 d 抽样检查一次，发病率高于 2%时翻果检查，剔除腐烂、病变果。杀菌剂种类参照 NY/T

1189 的规定执行。具体防治方法参见附录 A 和附录 B。

5 非侵染性病害的控治原则及方法

5.1 控治原则

通过成熟度、贮藏环境控制以及药物处理，防止果实生理性病变。

5.2 防治方法

果实适期采收。采用适宜的温度、湿度和气体贮藏条件。

5.2.1 柑橘水肿病

控制适宜的贮藏温度和加强库房通风换气。避免贮藏温度偏低、氧气浓度过低、二氧化碳浓度过高。

适宜温度：甜橙类和宽皮柑橘类 5℃～8℃；柚类 8℃～10℃；柠檬类 12℃～15℃。

适宜气体：氧气：10%～15%；二氧化碳：甜橙类 0～3%，宽皮柑橘类、柚类和柠檬 0～2%。

5.2.2 柑橘生理性褐斑(干疤)

果实适期采收，不宜过晚，采收和贮运过程中避免擦伤。

控制适宜的贮藏温度和加强库房通风换气。避免贮藏温度偏低、氧气浓度过低、二氧化碳浓度过高。

温度和气体条件同柑橘水肿病。

适宜湿度：甜橙类和柠檬 90%～95%；宽皮柑橘类和柚类 85%～90%。

5.2.3 柑橘枯水

果实采前 1 个月～2 个月喷施 20 mg/L 赤霉素(GA_3)。适时采收，避免果实过度成熟。

根据预贮后果实失重率确定预贮时间：甜橙类、柠檬类 2 d～3 d；宽皮柑橘类 3 d～5 d；柚类 5 d～10 d。甜橙类、柠檬类失重 1%～2%，宽皮柑橘类、柚类失重 2%～3%。

附 录 A
(资料性附录)
防治柑橘采后病害推荐使用的杀菌剂

防治柑橘采后病害推荐使用的杀菌剂见表 A.1。

表 A.1 防治柑橘采后病害推荐使用的杀菌剂

农药名称	主要防治对象	稀释倍数	有效成分用量 mg/kg	安全间隔期 d	每年最多使用次数 次	最高残留限量 mg/kg
45%石硫合剂结晶	炭疽病	早春 180～300 晚秋 300～500	1 500～2 500 900～1 500		3	
波尔多液 0.5∶0.5∶100	炭疽病	0.5%等量式				
30%氧氯化铜 SC	炭疽病	600～800	375～500	30	5	
77%氢氧化铜 WP	炭疽病	400～600	1 283～1 925	30	5	0.1
14%络氨铜 AS	炭疽病	200～300	467～700	15		
25%嘧菌酯 SC	炭疽病	800～1 250	200～313			
80%代森锰锌 WP	炭疽病	400～600	1 333～2 000			
	砂皮病	100	8 000			
60%二氯异氰尿酸钠 SP	炭疽病	800～1 000	600～750			
10%苯醚甲环唑 WG	炭疽病	1 000～2 000	50～100			
70%甲基硫菌灵 WP	炭疽病	1 000～1 500	467～700			≤10
	砂皮病	100	7 000			
75%百菌清 WP	砂皮病	800～1 000	750～938		3	
50%多菌灵 WP	炭疽病	500～1 000	500～1 000			
	砂皮病	100	5 000			
45%噻菌灵 SC	青霉病、绿霉病、炭疽病、褐色蒂腐病、黑色蒂腐病	300～450	1 000～1 500	10	1	全果 10
25%咪鲜胺 EC	青霉病、绿霉病、炭疽病、褐色蒂腐病、黑色蒂腐病	500～1 000	250～500	14	1	5
	砂皮病	1 000～1 500	167～250			
50%抑霉唑 EC	青霉病、绿霉病、炭疽病、褐色蒂腐病、黑色蒂腐病	1 000～2 000	250～500	60(距上市时间)	1	全果 5, 果肉 0.1
40%双胍三辛烷基苯磺酸盐 WP	酸腐病、青霉病、绿霉病、炭疽病、褐色蒂腐病、黑色蒂腐病	1 000～2 000	200～400	30	1	
25%瑞毒霉 WP	褐腐病	100～200	1 250～2 500			
25%溴菌腈 EC	炭疽病	500～800	313～500			

表 A.1（续）

农药名称	主要防治对象	稀释倍数	有效成分用量 mg/kg	安全 间隔期 d	每年最多 使用次数 次	最高残留 限量 mg/kg
50%异菌脲 WP	青霉病、绿霉病	500～1 000	500～1 000		3	

注 1：EC：乳油，WP：可湿性粉剂，AS：水剂，SC：悬浮剂，SP：可溶性粉剂，WG：水分散粒剂。

注 2：本标准推荐的杀菌剂、保鲜剂是经我国农药管理部门登记允许在柑橘上使用的，不得使用国家禁止在果树上使用和未登记的农药。推荐药剂含量、剂型及使用浓度参照《农药登记公告》和当地用药实际情况。当新的有效农药出现或者新的管理规定出台时，以最新的规定为准。

附　录　B
(资料性附录)
柑橘采后病害症状及防治技术

柑橘采后病害症状及防治技术见表 B.1。

表 B.1　柑橘采后病害症状及防治技术

防治对象	为害特点或被害状	发生规律	防治时期或指标	防治方法
绿霉病 *Penicillium digitatum* 青霉病 *Penicillium italicum*	绿霉病发生在果皮上,病部绿色,白色菌带较宽,8 mm~15 mm,微皱褶,软腐边缘不规则,水浸状,易与包果纸及接触物粘接 青霉病的孢子丛青色,发展快并可到果心,白色的菌带较狭窄,1 mm~2 mm,果皮软腐的边缘整齐,水浸状,有发霉气味,对包果纸及其他接触物无黏附力	病菌靠气流或接触传播,通过伤口侵染,与病果直接接触的好果也能发病	果实采收后24 h内及时处理	采果前 1 个月~2 个月对树冠喷 1 次~2 次杀菌剂,采用多菌灵、噻菌灵、抑霉唑、咪鲜胺等药剂 贮藏期选用抑霉唑、噻菌灵、咪鲜胺、异菌脲、双胍三辛烷基苯磺酸盐等药剂进行浸渍处理
炭疽病 *Colletotrichum gloeosporioides*	贮藏期有干疤和果腐两种类型。干疤型发生在比较干燥条件下的果实上,病斑边缘明显,黄褐色至黑褐色。果腐型发生在湿度大的果实上,从果蒂或果腰开始发病,初为淡褐色水浸状,后变褐色而腐烂。病斑均为圆形或近圆形,稍凹陷,皮革状,病斑上可见许多黑色小点 为害叶片、枝梢及果实引起叶斑、落果、枯枝。在叶尖叶缘病斑近圆形,浅灰褐色,呈同心轮纹状。急性型似热水烫伤 杂柑、椪柑、甜橙易感病	病菌以菌丝体和分生孢子在病部越冬,翌年春天,当环境适宜时病组织上产生分生孢子,借风雨或昆虫传播,侵入为害。在高温多雨的气候条件下容易发生	春、夏梢嫩梢期和果实接近成熟时均需喷药。15 d~20 d 一次,连喷 3 次~4 次。4 月下旬至 5 月下旬,9 月至 10 月;果实采收后 24 h 内及时处理	加强栽培管理,增强树势,发病初期喷波尔多液、代森锰锌、多菌灵、溴菌腈、甲基硫菌灵、嘧菌酯等药剂。贮藏期同青霉病防治
褐色蒂腐病 (树脂病、砂皮病) *Diaporthe citri*	病斑初期淡褐色水浸状,后期病部呈橄榄色或深褐色,革质,坚韧,病部散生的小黑点为病菌的分生孢子器 病菌在枝干上引起树脂病,病斑褐色,表面有黑色小粒点,病健交界处有胶液流出。冬季易受冻害的地区发生严重。病菌侵染嫩叶和幼果造成砂皮病,形成黄褐色或黑褐色小粒点,表面粗糙,似细砂粒 甜橙和温州蜜柑发病重,老树比幼树、大枝比小枝易感病	以菌丝及分生孢子器在枯死的枝条上越冬,下雨时分生孢子器内散出分生孢子,分生孢子可潜伏在萼洼与果皮之间,可通过雨滴溅到果实上,耐干燥,适宜条件下孢子萌发通过伤口特别是果蒂伤口侵入,以菌丝潜伏在果皮组织内,当果实衰弱时,菌丝变粗,后造成果实腐烂,28℃时果实腐烂最快	树脂病:5 月~6 月,8 月~9 月涂药 砂皮病:春梢萌发期及幼果期喷药 褐色蒂腐病:果实采收后 24 h 内及时处理	剪除烧毁病枝,防寒防冻,干旱灌水、挖沟排水,合理施肥、增强树势。枝干病斑用浅刮深(纵)刻涂药法,幼嫩组织和器官喷药保护。使用药剂:代森锰锌、多菌灵、甲基硫菌灵、咪鲜胺等。褐色蒂腐病防治同青霉病

表 B.1（续）

防治对象	为害特点或被害状	发生规律	防治时期或指标	防治方法
黑腐病 *Alternaria citri*	病菌常从椪柑、柠檬等果蒂剪口侵入，扩展后使中心柱腐烂，长出深绿色绒毛状霉，果实表面无症状；病原菌从温州蜜柑和甜橙等伤口和脐部侵入，病斑圆形、深褐色、稍凹陷，高温高湿时，长出灰白色菌丝，最后变成深绿色绒毛。在田间可使幼果成黑色僵果，枝叶产生赤褐色病斑。种子带菌造成出土幼苗枯死	病菌以菌丝在枝叶病斑上或以分生孢子在脱落的果实上越冬，高温高湿是发病的有利条件，分生孢子通过风雨传播至花或幼果上，从蒂部侵入，也可在果实生长期从果皮上的伤口侵入，造成为害	果实采收后24 h内及时处理	同青霉病防治
黑色蒂腐病 *Diplodia natalensis*	多自果蒂部或近蒂部伤口开始。受害果实内部腐烂，并长有污灰色菌丝，囊瓣、果皮最后变成黑色。在菌丝丛中亦产生黑色粒点。枝干发病常从小枝顶端开始向下蔓延。病部红褐色，树皮开裂，流胶，严重时树干枯死。病部表面密生黑色小粒点	以菌丝及分生孢子器在枯死的枝条上越冬。分生孢子可潜伏在萼洼与果皮之间，适宜条件下孢子萌发，以菌丝潜伏在果皮组织内，当果皮衰弱时，菌丝变粗，后造成果实腐烂，28℃左右果实腐烂最快	果实采收后24 h内及时处理	同青霉病防治
褐腐病 *Phytophthora parasitica*	近地面果实先发病。病斑发生在果面任何部位。初期病斑为淡褐色圆形，病部逐渐扩展，迅速蔓延至全果，呈褐色水浸状，变软。在潮湿条件下，病部长出柔软的菌丝，紧贴果面，形成薄层。病果有一种恶心的皂臭味	病菌存在于果园土壤及病残体中。当地面潮湿时便产生游动孢子，被雨水飞溅到近地面的果实上即侵入发病。通常受侵染的果实 10 d 内就发病，也可潜伏 1 个月～2 个月后才发病。越成熟的果实越易感病。高温高湿条件有利于本病发生	采收前 1 个月内喷施杀菌剂 果实贮藏期，采收后 24 h 内及时处理	采收前 1 个月喷施 25%瑞毒霉 WP1 000 倍液 贮藏期防治药剂同青霉病防治
酸腐病 *Oospora citriaurantii*	初为橘黄色圆形斑，迅速扩展，使全果软腐，多汁，呈开水烫伤状，果皮易脱落。后期出现白色黏状物，为气生菌丝及分生孢子，整个果实出水腐烂有酸败臭气	病菌从伤口侵入，果蝇可作为媒介传播为害，在密闭的条件下最易发病	果实采收后24 h内及时处理	同青霉病防治
柑橘水肿病 *Oedema disorder*	发病初期，果皮无光泽、颜色变淡，手按稍觉软绵，口尝稍有异味。随着病情发展，整个果实皮色淡白，局部出现不规则、半透明水浸状或不规则浅褐色斑点，此时果实有煤油味。病情严重时，整个果实为半透明水浸状，表面涨饱，手感松浮、软绵，易剥皮，果实有浓厚的酒精味。后期果实被微生物侵染而腐烂			控制适宜的贮藏温度和加强库房通风换气。避免贮藏温度偏低、氧气浓度过低、二氧化碳浓度过高 适宜温度：甜橙类和宽皮柑橘类 5℃～8℃；柚类 8℃～10℃；柠檬 12℃～15℃ 适宜气体：氧气：10%～15%；二氧化碳：甜橙类 0～3%，宽皮柑橘类、柚类和柠檬 0～2%

表 B.1（续）

防治对象	为害特点或被害状	发生规律	防治时期或指标	防治方法
柑橘生理性褐斑（干疤）	初期症状为果皮出现浅褐色斑点，后颜色变深，病斑扩大，常在蒂部周围形成不规则环形病斑或其他形状的果面斑，病部油胞破裂，凹陷干缩。后期病斑下的白皮层变干，果实风味异变			果实适期采收，不宜过晚，避免果皮受伤；控制贮藏库中的温度、湿度，尽量保持贮藏最适宜温度和湿度。库房通风换气，避免贮藏温度偏低、氧气浓度过低、二氧化碳浓度过高 温度和气体条件同柑橘水肿病 适宜湿度：甜橙类和柠檬 90%～95%；宽皮柑橘类和柚类 85%～90%
柑橘枯水	枯水的果实外观完好，果内汁胞变硬、变空、变白、缺汁而粒化，或者汁胞干缩缺汁。果皮变厚，白皮层疏松；油胞层内油压降低，色变淡而透明，脆裂，易与白皮层分离。中心柱空隙大，囊壁变厚。果实风味变淡，严重枯水的果实食之无水无味			采前加强果园的肥水管理，采前喷赤霉素 20 mg/L 或采后浸洗 100 mg/L 赤霉素；适期采收；适当延长预贮时间；调节适宜的温湿度贮藏，可以减少果实枯水发生

ICS 65.020
B 16

中华人民共和国农业行业标准

NY/T 2393—2013

花生主要虫害防治技术规程

Technical regulations for main pests controlling of peanut

2013-09-10 发布 2014-01-01 实施

中华人民共和国农业部 发布

前　　言

本标准按照GB/T 1.1—2009给出的规则起草。

本标准由农业部种植业管理司提出并归口。

本标准起草单位：山东省农业科学院。

本标准主要起草人：万书波、孙海艳、郑亚萍、孙学武、王祥峰、郑永美、冯昊、王才斌、吴正锋、迟玉成、刘苹、孙秀山、郭峰、许曼琳、单世华。

花生主要虫害防治技术规程

1 范围

本标准规定了花生主要虫害防治的原则、措施及推荐使用药剂的技术要求。

本标准适用于我国花生产区主要虫害防治。

2 规范性引用文件

下列文件对于本文件的应用是必不可少的。凡是注日期的引用文件，仅注日期的版本适用于本文件。凡是不注日期的引用文件，其最新版本(包括所有的修改单)适用于本文件。

GB 4285 农药安全使用标准

GB/T 8321(所有部分) 农药合理使用准则

3 推荐使用药剂的说明

本标准推荐的杀虫剂是经我国农药管理部门登记允许在花生上使用的，不得使用国家禁止在花生上使用和未登记的农药。推荐药剂含量、剂型及使用浓度参照《农药登记公告》和当地用药实际情况。当新的有效农药出现或者新的管理规定出台时，以最新的规定为准。

4 主要虫害防治原则

以农业防治和物理防治为基础，提倡生物防治，根据花生害虫发生规律，科学安全地使用化学防治技术，最大限度地减轻农药对生态环境的破坏，将虫害造成的损失控制在经济受害允许水平之内。

5 主要花生害虫种类

本标准中花生主要害虫包括：蛴螬、地老虎、金针虫、蝼蛄、蚜虫、棉铃虫、斜纹夜蛾和花生叶螨等。

6 主要害虫防治技术

6.1 蛴螬

6.1.1 农业防治

轮作倒茬，深中耕除草；有条件地区，扩大水旱轮作和水浇地面积；结合农事操作拣拾蛴螬；施用腐熟的有机肥；及时清除田间杂草；合理施肥，不施未经腐熟的有机肥。

6.1.2 物理防治

利用成虫的趋光性，在成虫羽化期选用黑光灯或黑绿双管灯对其进行诱杀，灯管安放时下端距地面 1.2 m，安放密度为每 3.5 hm^2 1 架灯，生育期间安放黑光灯的时间依各地害虫活动的时间而定。或在金龟子发生时期，用性引诱物诱杀，每 60 m～80 m 设置一个诱捕器，诱捕器应挂在通风处，田间使用高度为 2 m～2.2 m。

6.1.3 生物防治

在生产中保护和利用天敌控制蛴螬，如捕食类的步行甲、蟾蜍等；寄生类的日本土蜂、白毛长腹土蜂、弧丽钩土蜂和福鳃钩土蜂等寄生蜂类。应用球孢白僵菌在花生播种时拌毒土撒施于土壤。

6.1.4 药剂防治

6.1.4.1 种子包衣

在花生播种前，用吡虫啉悬浮种衣剂、甲·克悬浮种衣剂、噻虫·咯·霜灵悬浮种衣剂、甲拌·多菌灵悬浮种衣剂、多·福·毒死蜱悬浮种衣剂和辛硫·福美双种子处理微囊悬浮剂进行种子包衣。

6.1.4.2 拌种

在花生播种前，用氟腈·毒死蜱悬浮种衣剂、辛硫磷微囊悬浮剂和毒死蜱微囊悬浮剂进行拌种。

6.1.4.3 沟施或毒土盖种

在花生播种时，用辛硫磷颗粒剂和毒死蜱颗粒剂进行沟施，或用辛硫·甲拌磷拌毒土盖种。

6.1.4.4 灌根或撒施

在幼虫发生期，在花生墩周围撒施辛硫磷颗粒剂和毒死蜱颗粒剂，或用毒·辛乳油、毒死蜱微囊悬浮剂和辛硫磷微囊悬浮剂灌根。

6.2 地老虎

6.2.1 农业防治

清除田间及周围杂草，可消灭大量卵和幼虫；实行水旱轮作消灭地下害虫，在地老虎发生后及时进行灌水防治效果明显。

6.2.2 物理防治

6.2.2.1 糖醋酒液诱杀

利用糖醋酒液诱杀地老虎成虫。糖 6 份、醋 3 份、白酒 1 份、水 10 份、90%敌百虫 1 份调匀，在成虫发生期设置，诱杀效果较好。

6.2.2.2 鲜草诱杀

选择地老虎喜食的灰菜、刺儿菜、苦荬菜、小旋花、苜蓿、艾蒿、青蒿、白茅、鹅儿草等柔嫩多汁的鲜草，每 25 kg～40 kg 鲜草拌 90%敌百虫 250 g 加水 0.5 kg，于傍晚撒于田间诱杀成虫。

6.2.2.3 灯光诱杀

利用成虫的趋光性，用黑光灯等进行诱杀。

6.2.3 药剂防治

6.2.3.1 种子包衣

在花生播种前，用甲·克悬浮种衣剂和克百·多菌灵悬浮种衣剂进行种子包衣。

6.2.3.2 灌根或撒施

在幼虫发生期，在花生墩周围撒施辛硫磷颗粒剂和毒死蜱颗粒剂，或用毒·辛乳油灌根。

6.3 金针虫

6.3.1 农业防治

秋末耕翻土壤，实行精耕细作；与棉花、芝麻、油菜、麻类等直根系作物的轮作，有条件的地区，实行水旱轮作。

6.3.2 药剂防治

6.3.2.1 种子包衣

在花生播种前，用甲·克悬浮种衣剂和克百·多菌灵悬浮种衣剂进行种子包衣。

6.3.2.2 灌根或撒施

在幼虫发生期，在花生墩周围撒施辛硫磷颗粒剂和毒死蜱颗粒剂，或用毒·辛乳油灌根。

6.4 蝼蛄

6.4.1 农业防治

春、秋耕翻土壤，实行精耕细作；有条件的地区实行水旱轮作；施用厩肥、堆肥等有机肥料要充分腐熟，施入较深土壤内。

6.4.2 物理防治

6.4.2.1 灯光诱杀成虫

根据蝼蛄具有趋光性强的习性，在成虫盛发期，选晴朗无风闷热的夜晚，在田间地头设置黑光灯诱杀成虫。

6.4.2.2 挖窝灭卵

夏季结合夏锄，在蝼蛄盛发地先铲表土，发现洞口后往下挖 10 cm～18 cm，可找到卵，再往下挖8 cm左右可挖到雌虫。

6.4.3 化学防治

6.4.3.1 种子包衣

在花生播种前，用甲·克悬浮种衣剂和克百·多菌灵悬浮种衣剂进行种子包衣。

6.4.3.2 灌根或撒施

在蝼蛄发生期，在花生田间撒施辛硫磷颗粒剂和毒死蜱颗粒剂，或用毒·辛乳油灌根。

6.5 花生蚜虫

6.5.1 农业防治

清除越冬寄主，减少虫源。秋后及时清除田埂、路边杂草，处理作物秸秆，降低虫口密度，减轻蚜虫危害。

6.5.2 物理防治

花生田覆盖地膜有明显的反光驱蚜作用，银灰色的地膜效果更好。利用蚜虫趋向黄色的特性，田间设置用深黄色调和漆涂抹的黄板，板面上抹一层机油（黏剂），一般直径为 40 cm，高度为 1 m，每隔 30 m～50 m 一个，诱蚜效果较好。

6.5.3 生物防治

利用天敌防治。蚜虫发生时，以 1∶20 或 1∶30 释放食蚜瘿蚊；或每平方米释放 415 头烟蚜茧蜂；或每平方米释放 3 头～115 头七星瓢虫类捕食瓢虫。

6.5.4 药剂防治

6.5.4.1 拌种

在花生播种前，用甲·克悬浮种衣剂和克百·多菌灵悬浮种衣剂进行种子包衣。

6.5.4.2 叶面喷施

当田间蚜墩率达到 20％～30％，一墩蚜量为 30 头时，用溴氰菊酯喷雾防治。

6.6 棉铃虫

6.6.1 农业防治

在棉铃虫发生严重的田块，花生收获后深耕 30 cm～33 cm，消灭越冬蛹。进行冬灌，消灭害虫。

6.6.2 物理防治

可根据棉铃虫最喜欢在玉米上产卵的习性，于花生播种时在春、夏花生田的畦沟边零星点播玉米，诱使棉铃虫产卵，然后集中消灭。有条件的地方，可在发现第 1 代～第 2 代成虫时，在花生田里用长 50 cm的带叶杨树枝条诱杀成虫。利用成虫具有较强的趋光性，利用黑光灯诱杀棉铃虫成虫，每 3.3 hm^2 设置 20 W 黑光灯一盏，一般灯距在 150 m～200 m 范围，灯高于花生植株 30 cm。

6.6.3 生物防治

保护和利用寄生性唇齿姬蜂、方室姬蜂、红尾寄生蝇和赤眼蜂等天敌对棉铃虫的控制作用。

6.6.4 药剂防治

当田间虫数达到 4 头/m^2 时，用溴氰菊酯喷雾防治。喷雾时喷头向下又向上翻，即"两翻一扣，四面打透"，防治效果较好。

6.7 斜纹夜蛾

6.7.1 农业防治

上茬作物收获后，清除田间及四周杂草，集中烧毁；花生收获后翻耕晒土或灌水，破坏或恶化斜纹夜蛾化蛹场所，减少虫源；人工摘除卵块和初孵幼虫危害的叶片，压低虫口密度；利用幼虫假死性，早晚通过震落扑杀。

6.7.2 物理防治

6.7.2.1 糖醋酒液诱杀

利用糖醋酒液诱杀斜纹夜蛾成虫。用糖醋液（糖∶醋∶酒∶水=3∶4∶1∶2）加少量敌百虫、甘薯或豆饼发酵液诱蛾。

6.7.2.2 灯光诱杀

利用成虫趋光性，于盛发期用灯光诱杀成虫。

6.7.3 药剂防治

在斜纹夜蛾幼虫1龄～3龄期前用氰戊·马拉松乳油喷雾防治。由于斜纹夜蛾幼虫白天不出来活动，故喷药在傍晚17:00进行为宜。

6.8 花生叶螨

花生叶螨统称红蜘蛛，危害花生的叶螨主要有朱砂叶螨和二斑叶螨。

6.8.1 农业防治

清除田边杂草，减少越冬虫源；拔出虫株，集中销毁；花生收获后及时深耕，可杀死大量越冬螨，并可减少杂草等寄主植物。

6.8.2 生物防治

有效利用深点食螨瓢虫、草蛉、暗小花蝽、盲蝽等天敌防治叶螨；或利用与花生叶螨同时出蛰的小枕绒螨、拟长毛钝绥螨、东方钝绥螨、芬兰钝绥螨、异绒螨等捕食螨控制花生叶螨。

ICS 65.020
B 16

中华人民共和国农业行业标准

NY/T 2394—2013

花生主要病害防治技术规程

Technical regulations of controlling the main diseases of peanut

2013-09-10 发布　　2014-01-01 实施

中华人民共和国农业部　发布

前　言

本标准按照 GB/T 1.1—2009 给出的规则起草。

本标准由农业部种植业管理司提出并归口。

本标准起草单位：山东省农业科学院。

本标准主要起草人：万书波、郑亚萍、迟玉成、张智猛、冯昊、许曼琳、郑永美、孙秀山、王才斌、孙学武、赵海军、郭峰、单世华、吴正锋。

花生主要病害防治技术规程

1 范围

本标准规定了花生主要病害防治的原则、措施及推荐使用药剂的技术要求。

本标准适用于我国花生产区主要病害防治。

2 规范性引用文件

下列文件对于本文件的应用是必不可少的。凡是注日期的引用文件，仅注日期的版本适用于本文件。凡是不注日期的引用文件，其最新版本(包括所有的修改单)适用于本文件。

GB 4285 农药安全使用标准

GB/T 8321(所有部分) 农药合理使用准则

3 推荐使用药剂的说明

本标准推荐的杀菌剂是经我国农药管理部门登记允许在花生上使用的，不得使用国家禁止在花生上使用和未登记的农药。推荐药剂含量、剂型及使用浓度参照《农药登记公告》和当地用药实际情况。当新的有效农药出现或者新的管理规定出台时，以最新的规定为准。

4 主要病害防治原则

以农业防治和物理防治为基础，提倡生物防治，根据花生病害发生规律，科学安全地使用化学防治技术，最大限度地减轻农药对生态环境的破坏，将病害造成的损失控制在经济受害允许水平之内。

5 主要病害种类

本规程中花生主要病害包括：花生叶斑病、花生网斑病、花生锈病、花生茎腐病、花生根腐病、花生根结线虫病、花生立枯病和花生病毒病等。

6 主要病害防治技术

6.1 种植抗、耐病品种

不同地区根据当地主要病害种类选择抗病性好的当地适宜花生品种。

6.2 农业防治

6.2.1 合理轮作

花生与甘薯、玉米、小麦、棉花等非豆科作物实行1年～2年轮作，对于发病较重的地块进行2年～3年轮作。

6.2.2 清除病残体

花生收获后，及时清除田间病株、病叶，以减少翌年病害初侵染源。

6.2.3 耕翻土地

花生收获后，土壤耕翻深度增加至25 cm～30 cm。

6.2.4 采用其他合理栽培技术

适期播种、地膜覆盖、改平作为垄作、平衡施肥等技术措施可促进花生植株健壮生长，提高抗病能力，减轻病害发生程度。

6.3 药剂防治

药剂防治所用农药应符合 GB 4285 和 GB/T 8321 的规定，严格掌握使用浓度或剂量、使用次数、施药方法和安全间隔期。

6.3.1 花生叶斑病

花生叶斑病发病率达 5%～7%时，选用百菌清、代森锰锌、甲基硫菌灵、戊唑醇、联苯三唑醇、硫黄·多菌灵和唑醚·代森联等药剂进行喷雾，每 10 d 1 次，连喷 2 次～3 次。不同药剂交替使用效果好于使用单一药剂。

6.3.2 花生网斑病

花生网斑病的病情指数达 3%～5%时，选用多·锰锌可湿性粉剂进行喷雾，每 10 d 左右 1 次，连喷 2 次～3 次。

6.3.3 花生锈病

在锈病发生初期和出现中心病株时开始防治，选用百菌清和福美·拌种灵药剂进行喷雾，每 10 d 1 次，连喷 3 次～4 次。

6.3.4 花生茎腐病

用甲拌·多菌灵悬浮种衣剂进行种子包衣。

6.3.5 花生根腐病

用咯菌腈悬浮种衣剂、精甲霜灵种子处理乳剂、噻虫·咯·霜灵悬浮种衣剂、甲拌·多菌灵悬浮种衣剂、多·福·毒死蜱悬浮种衣剂和辛硫·福美双种子处理微囊悬浮剂进行种子包衣。

6.3.6 花生根结线虫病

用克百威、丁硫·毒死蜱、灭线磷颗粒剂在花生播种时进行沟施。

6.3.7 花生立枯病

用克百·多菌灵和福·克悬浮种衣剂进行种子包衣。

6.3.8 花生病毒病

蚜虫是花生病毒病的主要传播媒介，防治蚜虫是防止病毒病大规模爆发的重要措施。

6.3.8.1 拌种

用甲·克悬浮种衣剂和克百·多菌灵悬浮种衣剂进行种子包衣，对苗期蚜虫防治作用明显，且有利于保护天敌。

6.3.8.2 叶面喷施

当田间蚜墩率达到 20%～30%，一墩蚜量达 30 头时，为施药期，用溴氰菊酯喷雾防治。

ICS 65.020
B 16

中华人民共和国农业行业标准

NY/T 2395—2013

花生田主要杂草防治技术规程

Technical regulations of controlling the main weeds of peanut

2013-09-10 发布　　2014-01-01 实施

中华人民共和国农业部 发布

前　言

本标准按照 GB/T 1.1—2009 给出的规则起草。

本标准由农业部种植业管理司提出并归口。

本标准起草单位:山东省农业科学院、湖南农业大学。

本标准主要起草人:万书波、迟玉成、许曼琳、孙秀山、郑永美、吴正锋、王才斌、郭峰、刘登望、赵海军、孙学武、冯昊、单世华、郑亚萍、孙秀山。

花生田主要杂草防治技术规程

1 范围

本标准规定了花生田主要杂草防治的技术要求。

本标准适用于花生主要杂草的防治。

2 规范性引用文件

下列文件对于本文件的应用是必不可少的。凡是注日期的引用文件，仅注日期的版本适用于本文件。凡是不注日期的引用文件，其最新版本(包括所有的修改单)适用于本文件。

GB 4285 农药安全使用标准

GB/T 8321(所有部分) 农药合理使用准则

3 推荐使用药剂的说明

本标准推荐的除草剂是经我国农药管理部门登记允许在花生上使用的，不得使用国家禁止在花生上使用和未登记的农药。推荐药剂含量、剂型及使用浓度参照《农药登记公告》和当地用药实际情况。当新的有效农药出现或者新的管理规定出台时，以最新的规定为准。

4 综合防治技术

4.1 花生田主要杂草

花生田杂草有150余种，为害花生较重的有30余种，主要有马唐、稗草、狗尾草、牛筋草、野稷、画眉草、黄颖莎草、香附子、藜、小藜、马齿苋、铁苋菜、反枝苋、凹头苋、醴肠、半夏、打碗花、裸花水竹叶、牵牛花、田旋花、刺儿菜、灰绿藜、碱蓬、白茅等。

4.2 农业措施

4.2.1 植物检疫

花生在引种时，必须经过检疫人员严格检疫，以防止危险性杂草种子随着引进种子时带入。

4.2.2 人工除草

利用人工拔草、锄草、中耕除草等方法防除杂草。

4.2.3 机械耕作防除措施

利用农业机械进行除草。主要有春播田秋耕，深度以25 cm～30 cm为宜；夏播田播种前耕地；苗期机械中耕；适度深耕等。机械耕作能减少杂草种子萌发率，较好地破坏多年生杂草地下繁殖部分，并且随着耕作深度的增加杂草株数减少。

4.2.4 施用腐熟土杂粪

土杂粪腐熟后，其中的杂草种子经过高温氨化，大部分丧失了生活力，可减轻危害。

4.2.5 采用秸秆覆盖法

利用作物秸秆(如粉碎的小麦秸秆、稻草等)进行花生行间覆盖，一般每666.7 m^2 可覆盖粉碎的小麦秸秆200 kg～300 kg。覆盖时将麦秸均匀铺撒，以盖严地皮为宜。

4.3 地膜除草

分为除草药膜和有色膜两种，除草药膜是含有除草剂的塑料透光药膜，有色膜是不含除草剂、基本不透光、具有颜色的地膜。两种膜在覆盖时，要把花生垄耙平耙细，膜要与土紧贴，注意不要用力拉膜，以防影响除草效果。

4.4 化学防除

4.4.1 露地春播花生田杂草化学防除措施

4.4.1.1 播种后出苗前土壤处理化学防除措施

以禾本科杂草为优势种群的地块，用甲草胺、乙草胺、异丙甲草胺、精异丙甲草胺、异丙草胺、二甲戊灵和仲丁灵等除草剂，兑水 30 kg～45 kg，土壤均匀喷雾处理。

以阔叶杂草为优势种群的地块，用嗯草酮、乙氧氟草醚、扑草净等除草剂，兑水 30 kg～45 kg，土壤均匀喷雾处理。

花生田禾本科杂草及阔叶杂草均较多的地块，可以选用上述两类药剂进行混用，混用药量略低于单用药量。

4.4.1.2 出苗后茎叶处理化学防除措施

花生 3 叶～5 叶期，杂草 2 叶～5 叶期，除草剂兑水 15 kg～30 kg，茎叶均匀喷雾处理。杂草叶龄小时用低量，杂草叶龄大时用高量。

防除一年生禾本科杂草，用精喹禾灵、精吡氟禾草灵、高效氟吡甲禾灵、精恶唑禾草灵和烯禾定等除草剂，兑水 30 kg～50 kg，土壤均匀喷雾处理。

防除一年生阔叶杂草，用灭草松、乙羧氟草醚等除草剂，兑水 15 kg～30 kg，土壤均匀喷雾处理。

防除香附子等莎草科杂草，灭草松、甲咪唑烟酸等除草剂，兑水 15 kg～30 kg，土壤均匀喷雾处理。

花生田禾本科杂草及阔叶杂草均较多的地块，可以选用上述两类药剂进行混用，混用药量略低于单用药量。

4.4.2 覆膜春播花生田杂草化学防除措施

由于花生播种后要进行覆膜，仅适宜选用土壤处理除草剂。

以禾本科杂草为优势种群的地块，用甲草胺、异丙甲草胺、精异丙甲草胺、异丙草胺、二甲戊灵仲丁灵等除草剂，兑水 30 kg～45 kg，土壤均匀喷雾处理。

以阔叶杂草为优势种群的地块，用嗯草酮、乙氧氟草醚、扑草净等除草剂，兑水 30 kg～45 kg，土壤均匀喷雾处理。

花生田禾本科杂草及阔叶杂草均较多的地块，可以选用上述两类药剂进行混用，混用药量略低于单用药量。

4.4.3 夏播花生田杂草化学防除措施

夏花生化学除草最适宜的时间为播种后出苗前进行药剂处理土壤。如果苗前来不及用药防除，亦可在花生出苗后茎叶处理防除已出土杂草。选用夏花生田除草剂，应注意药剂对后茬作物（如小麦等）的影响。

播种后出苗前土壤处理：夏花生田使用的播种后出苗前土壤处理除草剂的种类、用量及土壤处理方法，同覆膜春播花生田。

出苗后茎叶处理：夏花生田使用的茎叶处理除草剂的种类、用量及土壤处理方法，同露地春播花生田。

4.4.4 麦田套种花生田杂草化学防除措施

麦田套种花生化学除草可分为播种带施药和麦茬带施药两种方法进行。播种带施药是在预留好的播种花生行间播种花生，播种后喷施土壤处理除草剂。麦茬带施药是在麦收后灭茬，然后进行麦茬带喷施除草剂。除草剂用药量应按花生播种带和麦茬带实际面积计算，土壤表层均匀喷雾。

麦田套种花生化学除草，土壤处理选用除草剂品种及用药量与夏播花生田播种后出苗前土壤处理相同。

ICS 65.020
B 16

中华人民共和国农业行业标准

NY/T 2412—2013

稻水象甲监测技术规范

Guideline for quarantine surveillance of *Lissorhoptrus oryzophilus* Kuschel

2013-09-10 发布　　　　　　　　　　2014-01-01 实施

中华人民共和国农业部　发布

前　　言

本标准按照 GB/T 1.1—2009 给出的规则起草。

本标准由农业部种植业管理司提出。

本标准由全国植物检疫标准化技术委员会(SAC/TC 271)归口。

本标准起草单位:全国农业技术推广服务中心、湖南农业大学、吉林省植物检疫站、湖南省植保植检站。

本标准主要起草人:冯晓东、肖铁光、陈正华、李潇楠、雷振东、张佳峰、吴立峰、秦萌。

稻水象甲监测技术规范

1 范围

本标准规定了农业植物检疫中稻水象甲 *Lissorhoptrus oryzophilus* Kuschel 的监测区域、监测方法、监测报告等内容。

本标准适用于稻水象甲的疫情监测。

2 规范性引用文件

下列文件对于文件的应用是必不可少的。凡是注日期的引用文件，仅注日期的版本适用于本文件。凡是不注日期的引用文件，其最新版本（包括所有的修改单）适用于本文件。

NY/T 1482—2007 稻水象甲检疫鉴定方法

3 原理

3.1 分类地位

稻水象甲属鞘翅目 Coleoptera，象虫科 Curculionidae。

3.2 监测原理

稻水象甲的发生规律、传播途径、为害症状与形态特征为其调查监测的主要依据。

4 用具及试剂

4.1 用具

铲、桶、8 目筛子、40 目筛子、60 目～80 目的纱网袋、塑料布、塑料袋、解剖剪刀、试管、解剖针、酒精灯、解剖镜、放大镜、镊子、记号笔、标签、记录本、白磁盘、扫网、诱虫灯等。

4.2 试剂

75%酒精溶液。

5 监测

5.1 监测植物

水稻、白茅、芦苇、狗尾草、玉米苗等禾本科或莎草科植物。

5.2 监测区域

5.2.1 发生区

重点监测发生疫情的地块和发生边缘区。主要监测稻水象甲发生动态和扩散趋势。

5.2.2 未发生区

重点监测水流及交通沿线、寄主植物分布区、来自疫情发生区的寄主植物及其产品集散地等高风险区域。主要监测稻水象甲是否传入。

5.3 监测方法

5.3.1 未发生区监测

5.3.1.1 访问调查

在稻水象甲成虫活动期进行访问调查，观察寄主植物上是否有成虫或其为害状，向水稻及其他寄主植物种植户、农技人员和农资经销商等相关人员询问相关信息，调查结果填入附录 A。

5.3.1.2 灯光诱集

稻水象甲成虫发生期，将诱虫灯设置在稻田中或水稻产品集散地等高风险区，灯管距离地面1.5 m，日落前开灯，次日日出后闭灯，查看是否诱到成虫。

5.3.2 发生区监测

5.3.2.1 越冬成虫监测

当稻水象甲迁入山坡、草地、田埂、沟渠等越冬场所后，选择3处～5处调查点，每处调查点随机取5个长30 cm，宽30 cm，深5 cm的样点进行筛土检查。将样点土、植物残枝落叶、根等过32目筛后，挑出成虫放在铁盘上加热至50℃～60℃，成虫在热铁盘四周爬行时拣出，将相关记录数据填入附录B。

5.3.2.2 秧田成虫监测

秧田揭膜后至移栽前，采用棋盘式10点取样，每点调查0.1 m^2，观察是否有成虫为害。将相关记录数据填入附录C。

5.3.2.3 成虫灯光诱集

同5.3.1.2。

5.3.2.4 本田幼虫监测

插秧后1个月～2个月内，采用对角线5点取样法，每点选择3丛进行调查。将待查植株根部直径9 cm～10 cm，深20 cm的根系及土壤一并带回实验室检查。将样品根系和土壤放入60目～80目的纱网袋内筛洗，观察是否有稻水象甲幼虫为害。将相关记录数据填入附录D。

6 鉴定

监测中发现可疑的稻水象甲样本，应妥善保存并带回实验室按NY/T 1483—2007中的方法进行鉴定，鉴定结果填入附录E。

7 监测报告

记录监测结果并填写附录F。植物检疫机构对监测结果进行整理汇总形成监测报告。疫情描述中发生程度分级参照附录G。

8 标本保存

经鉴定为稻水象甲的标本，置于酒精中保存，并注明标本寄主、采集时间、采集地点、采集人、制作时间及制作人等，标本保存时间不少于2年。

9 档案保存

详细记录、汇总监测区内调查结果。各项监测的原始记录连同其他材料妥善保存于植物检疫机构。

附　录　A
（规范性附录）
稻水象甲疫情访问调查表

稻水象甲疫情访问调查表见表 A.1。

表 A.1　稻水象甲疫情访问调查表

访问单位，人		访问时间	
访问地点			
访问对象			
寄主植物来源及种植情况			
寄主植物及产品调运情况			
是否发现过稻水象甲害虫			
危害情况及虫态数量			
其他			

记录人：　　　　　　　　　　　　　　　　调查日期：

附　录　B
(规范性附录)
稻水象甲越冬成虫调查表

稻水象甲越冬成虫调查表见表 B.1。

表 B.1　稻水象甲越冬成虫调查表

<table>
<tr><td colspan="4">监测单位(盖章)</td></tr>
<tr><td rowspan="4">调查地点</td><td colspan="3">县(市)　　　乡(镇)　　　村</td></tr>
<tr><td>东经</td><td>北纬</td><td>海拔高度,m</td></tr>
<tr><td></td><td></td><td></td></tr>
<tr><td colspan="3">单位(农户)名称:</td></tr>
<tr><td>寄主种类</td><td></td><td>寄主生育期</td><td></td></tr>
<tr><td>寄主地形</td><td></td><td>调查面积,m^2</td><td></td></tr>
<tr><td>越冬成虫数量</td><td colspan="3">活虫:　　死虫:</td></tr>
<tr><td>样本采集编号</td><td></td><td></td><td></td></tr>
<tr><td>其他说明</td><td colspan="3"></td></tr>
</table>

调查记录人:　　　　　　　　　　　　　　　　　　　　　　　　调查日期:

附　录　C
（规范性附录）
稻水象甲成虫秧田调查记录表

稻水象甲成虫秧田调查记录表见表C.1。

表C.1　稻水象甲成虫秧田调查记录表

监测单位（盖章）				
调查地点（乡镇/村）			调查日期	
代表面积，m^2			当地时间	
调查样点序号	调查秧田类型	调查点秧苗株数	成虫数量	每平方米成虫数

附　录　D
（规范性附录）
稻水象甲幼虫本田调查记录表

稻水象甲幼虫本田调查记录表见表 D.1。

表 D.1　稻水象甲幼虫本田调查记录表

监测单位（盖章）						
调查地点（乡镇/村）					调查日期	
代表面积，m^2					寄主生育期	
调查样点序号	调查本田类型	调查点株数	幼虫数量	蛹数量	蛹壳数	百丛幼虫数

附　录　E
（规范性附录）
植物有害生物样本鉴定报告

植物有害生物样本鉴定报告见表E.1。

表E.1　植物有害生物样本鉴定报告

<table>
<tr><td>植物名称</td><td colspan="3"></td><td>品种名称</td><td></td></tr>
<tr><td>植物生育期</td><td></td><td>样品数量</td><td></td><td>取样部位</td><td></td></tr>
<tr><td>样品来源</td><td></td><td>送检日期</td><td></td><td>送检人</td><td></td></tr>
<tr><td>送检单位</td><td colspan="3"></td><td>联系电话</td><td></td></tr>
<tr><td colspan="6">检测鉴定方法：</td></tr>
<tr><td colspan="6">检测鉴定结果：</td></tr>
<tr><td colspan="6">备注：</td></tr>
<tr><td colspan="6">鉴定人（签名）：
审核人（签名）：
鉴定单位盖章：
年　月　日</td></tr>
<tr><td colspan="6">注：本单一式三份，检测单位、受检单位和检疫机构各一份。</td></tr>
</table>

附 录 F
(规范性附录)
稻水象甲调查监测记录表

稻水象甲调查监测记录表见表 F.1。

表 F.1 稻水象甲调查监测记录表

<table>
<tr><td>监测对象</td><td></td><td>监测单位</td><td></td></tr>
<tr><td>监测地点</td><td></td><td>联系电话</td><td></td></tr>
<tr><td colspan="2">监测到有害生物(或疑似有害生物)的名称</td><td>数量</td><td>备注</td></tr>
<tr><td colspan="2"></td><td></td><td></td></tr>
<tr><td colspan="2"></td><td></td><td></td></tr>
<tr><td colspan="2"></td><td></td><td></td></tr>
<tr><td colspan="2"></td><td></td><td></td></tr>
<tr><td colspan="4">监测方法:</td></tr>
<tr><td colspan="4">疫情描述:</td></tr>
<tr><td colspan="4">备注:</td></tr>
<tr><td colspan="4">监测单位(盖章):
监 测 人(签名):
年 月 日</td></tr>
</table>

附 录 G
(资料性附录)
稻水象甲发生程度分级

G.1 零级

水稻生育期内无发生。

G.2 一级

轻度,水稻秧田期平均每平方米稻水象甲成虫数≤5 头,或者本田期平均每百丛稻水象甲幼虫数≤50头。

G.3 二级

中度,水稻秧田期平均每平方米稻水象甲成虫数 6 头～15 头,或者本田期平均每百丛稻水象甲幼虫数 51 头～500 头。

G.4 三级

重,水稻秧田期平均每平方米稻水象甲成虫数≥15 头,或者本田期平均每百丛稻水象甲幼虫数≥501头。

ICS 65.020
B 16

中华人民共和国农业行业标准

NY/T 2413—2013

玉米根萤叶甲监测技术规范

Guideline for quarantine surveillance of *Diabrotica virgifera virgifera* Leconte

2013-09-10 发布　　2014-01-01 实施

中华人民共和国农业部　发布

前　言

本标准按照 GB/T 1.1—2009 给出的规则起草。

本标准由农业部种植业管理司提出。

本标准由全国植物检疫标准化技术委员会(SAC/TC 271)归口。

本标准起草单位:全国农业技术推广服务中心、山东省植物保护总站、中国农业科学院植物保护研究所。

本标准主要起草人:刘慧、王振营、项宇、杨勤民、张聪、商明清、秦萌、朱莉。

玉米根萤叶甲监测技术规范

1 范围

本标准规定了农业植物检疫中玉米根萤叶甲 *Diabrotica virgifera virgifera* Leconte 的监测用品、监测寄主、监测区域、监测时间、监测方法等内容。

本标准适用于玉米根萤叶甲的疫情监测。

2 规范性引用文件

下列文件对于文件的应用是必不可少的。凡是注日期的引用文件，仅注日期的版本适用于本文件。凡是不注日期的引用文件，其最新版本(包括所有的修改单)适用于本文件。

SN/T 3076—2012 根萤叶甲属检疫鉴定方法

3 原理

3.1 分类地位

玉米根萤叶甲属鞘翅目 Coleoptera、叶甲科 Chrysomelidae、萤叶甲亚科 Galerucinae。

3.2 监测原理

玉米根萤叶甲成虫主要通过寄主及各种植物材料传播，幼虫和卵也可通过土壤传播。根据该虫的发生规律，利用雄虫对雌性信息素 8-甲基-2-丙酸正葵酯(8-methyl-2-decanol propanoate)的趋性和成虫对合成的益他性外激素仿制剂 4-甲氧基肉桂醛(4-methoxy-cinnamaldehyde)和葫芦素(cucurbitacin)混合物及黄色的趋性，使用涂有粘胶的黄板诱捕成虫，同时结合危害症状进行调查监测。

4 用具及试剂

粘胶黄板、引诱物、解剖镜、放大镜、镊子、指形管、昆虫针、标签纸和 75%乙醇等。

5 监测

5.1 监测寄主

监测寄主主要为玉米 *Zea mays* L. 和几种葫芦科 Cucurbitaceae 植物，如成熟的南瓜 *Cucurbita* spp. 和甜瓜 *Cucumis* spp. 等。

5.2 监测区域

国际航空港、口岸、码头附近的玉米田以及成熟期的葫芦科植物田。

5.3 监测时间

各地可根据气候条件和寄主作物生长情况调整具体监测时间，一般在玉米生育期进行监测。

5.4 监测方法

5.4.1 成虫诱捕

5.4.1.1 黄板的悬挂

将置有引诱物的黄板悬挂于距田边 5 m～10 m 的玉米植株顶部。对在诱集监测过程中发现有玉米根萤叶甲疫情的航空港、口岸、码头等，应增加黄板监测点和黄板的设置密度，严密监测疫情的发展。

5.4.1.2 黄板及引诱物的维护

为保持黄板的诱虫能力，每 30 d 更换一次新的引诱物和黄板。在整个监测期间，每 14 d 检查 1 次黄板上是否有疑似玉米根萤叶甲的成虫，当黄板上诱捕到该虫后，每 7 d 检查一次。黄板附近安放醒目标志。

5.4.2 为害状调查

5.4.2.1 调查时间

在成虫诱捕过程中发现疑似玉米根萤叶甲的样品后，应立即开展玉米根萤叶甲为害状调查。

5.4.2.2 调查对象

重点调查诱捕到成虫的田块及其附近寄主植物田。

5.4.2.3 调查方法

查看田间玉米有无典型的“鹅颈管”症状的植株，有无被害的植株叶片、果穗、雄穗以及葫芦科植物的果实等。若发现有疑似虫株，则在该田块随机选取不少于 5%的植株进行调查，每个植株分别调查地上部位有无成虫为害，地下根部有无幼虫为害，并将发现的可疑虫体带回室内进行鉴定。

6 标本鉴定

对监测中发现的可疑样本，应根据需要采集有关标本妥善保存，并带回实验室进行鉴定，鉴定主要依据玉米根萤叶甲属的形态特征（参见附录 A）、为害状况（参见附录 B）、玉米根萤叶甲与几种类似叶甲成虫检索表（参见附录 C），按 SN/T 3076—2012 中的鉴定方法进行，并将鉴定结果填入附录 D。

7 监测报告

记录监测结果并填写附录 E；植物检疫机构对监测结果进行整理汇总形成监测报告。发现有疑似玉米根萤叶甲，应立即报送上级主管部门，并将疑似标本送权威机构进行种类鉴定和确认。

8 标本保存

采集到的虫体制作为针插标本或浸泡标本，填写标本的标签，连同标本一起妥善保存。标本要注明发现地点和时间。标本要有专人负责管理，保存期间要注意防潮、防虫，以免受损变质。根据标本登记造册，列明标本的数量、存放起止日期、检疫结果和最后处理意见。

9 档案保存

详细记录、汇总监测区内调查结果。各项监测的原始记录连同监测过程中的样品拍照、录像等材料妥善保存于植物检疫机构。

附 录 A
（资料性附录）
玉米根萤叶甲的鉴定特征

A.1 成虫

成虫体长 5 mm，长椭圆形，触角丝状，长不超过鞘翅中部，第 2 节、第 3 节等长或第 2 节稍长于第 3 节，但不超过 1.5 倍，第 2 节、第 3 节长度之和大于第 4 节长度的一半，从第 4 节～11 节起长度逐渐递增，前胸背板窄于鞘翅，近方形，两侧及后缘边框明显，后角突出，前角钝圆，盘区偏中下部具一对浅凹，鞘翅在中部明显膨阔，每一鞘翅在肩角下是 2 条纵向沟槽，雌性鞘翅上具 3 条黑色纵纹，雄性鞘翅黑色具黄色边缘，鞘翅末端黄色（图 A.1）。

A.2 卵

卵淡黄色，长 0.65 mm，宽 0.45 mm，卵壳表面呈规则的网状。

A.3 幼虫

幼虫淡黄色，成熟的幼虫长 11 mm，具明显的黑色肛上板（图 A.2、图 A.3）。

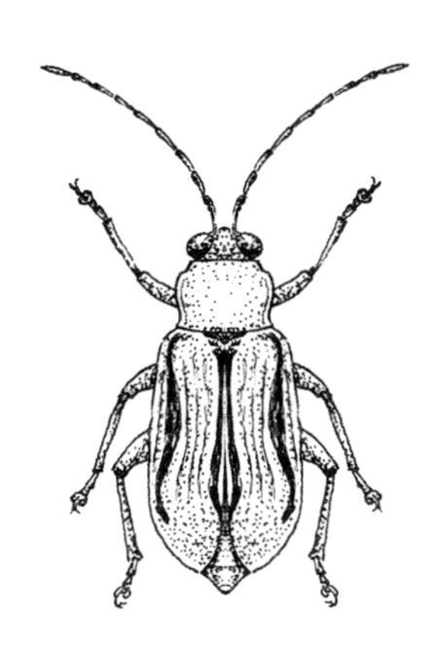

图 A.1 玉米根萤叶甲成虫

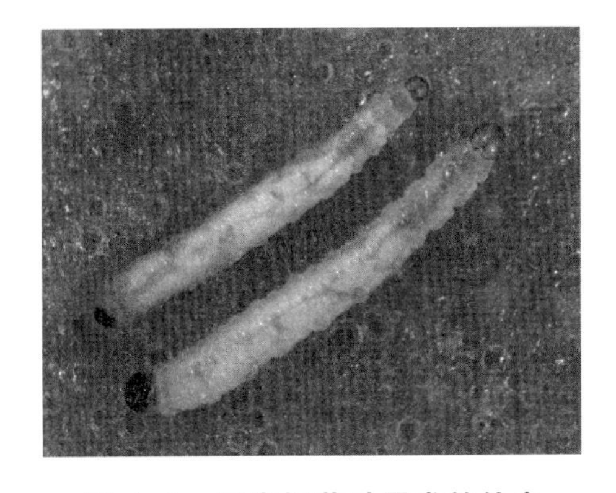

图 A.2 玉米根萤叶甲成熟幼虫

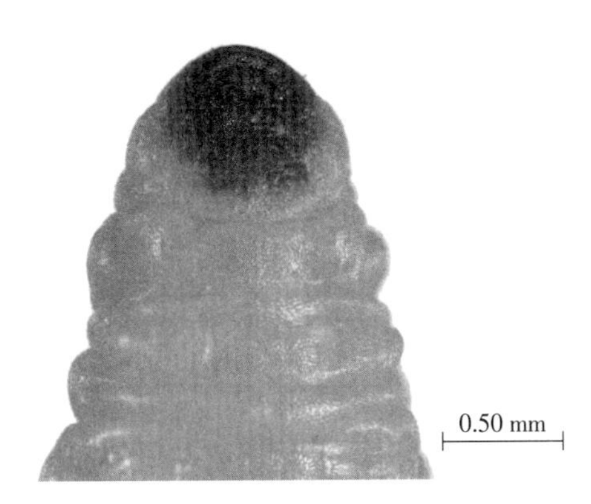

图 A.3 玉米根萤叶甲幼虫肛上板

附 录 B
（资料性附录）
玉米根萤叶甲的为害状况

B.1 成虫为害

玉米根萤叶甲成虫以玉米植株的叶片、果穗、雄穗、花粉、种子等为食，见图B.1。

B.2 幼虫为害

幼虫主要以玉米根或其他几种葫芦科植物根为食。幼虫侵入玉米根茎后，吞食根部组织，导致玉米形成典型的"鹅颈管"症状，植株易倒伏，造成作物减产或死亡。见图B.2、图B.3、图B.4。

图B.1 成虫取食玉米果穗

图B.2 幼虫取食玉米根系

图B.3 玉米根茎中的幼虫

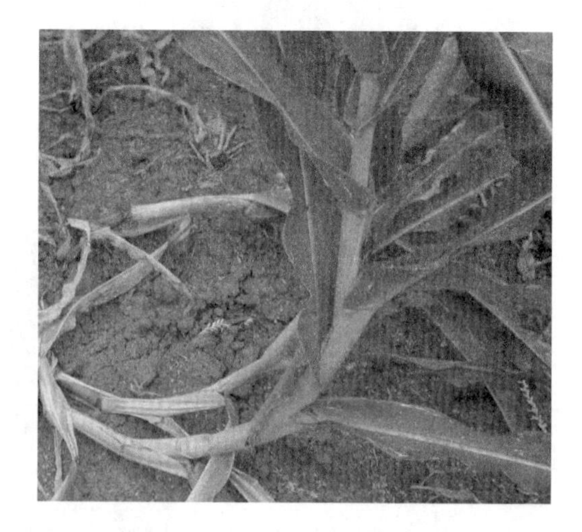

图B.4 幼虫为害玉米根系后造成的"鹅颈管"症状

附 录 C
(资料性附录)
玉米根萤叶甲与几种类似叶甲成虫检索表

1. 前胸背板两侧中间突出为尖角,背板呈六角形 ……………………………………………………………… 褐足角胸叶甲 *Basilepta fulvipes*(Motschulsky)(图 C.1)

   前胸背板无突出尖角 …………………………………………………………………………………………… 2
2. 足第一跗节长于其余各节之和,每个鞘翅基部具 1 近圆形淡色斑 ……………………………………………… 双斑长跗萤叶甲 *Monolepta hieroglyphica* Motschulsky(图 C.2)

   足第一跗节短于或等于其余各节之和 ……………………………………………………………………… 3
3. 鞘翅两侧及后缘边框明显向外扩伸 ………………………………………………………………………… 4

   鞘翅两侧及后缘向腹部内收 ………………………………………………………………………………… 6
4. 鞘翅没有明显的斑纹,刚羽化的成虫体色奶酪色或茶色,逐渐变为绿色 ……………………………………………… 巴氏根萤叶甲 *Diabrotica barberi* Smith & Lawrence(图 C.3)

   鞘翅上有点状或长条状斑纹 ………………………………………………………………………………… 5
5. 鞘翅有 12 个黑色斑点,胸部、头部和触角为黑色,腹部黄色 …………………………………………… 十一星根萤叶甲 *D. undecimpunctata howardi* Barber(图 C.4)

   成虫鞘翅上有 3 个不明显的黑色条纹,条带不延伸到腹部末端。雄性成虫鞘翅大部分为黑色,仅末端 1/4 为黄绿色,腹部为黄色 …………… 玉米根萤叶甲 *D. virgifera virgifera* Leconte(图 A.1)
6. 鞘翅颜色有绿色、棕黄色两种,具光泽。前胸暗黄褐色,前缘色较浓,上生小刻点,无黑色斑纹……………………………………………… 玉米异跗萤叶甲 *Apophylia flavovirens* (Fairmaire)(图 C.5)

   鞘翅有 3 个明显的黑色条纹和 4 个黄色条纹延伸到腹部末端,头和腹部黑色 ……………………………………………… 黄瓜条纹叶甲 *Acalymma vittatum* (Fabricius) (图 C.6)

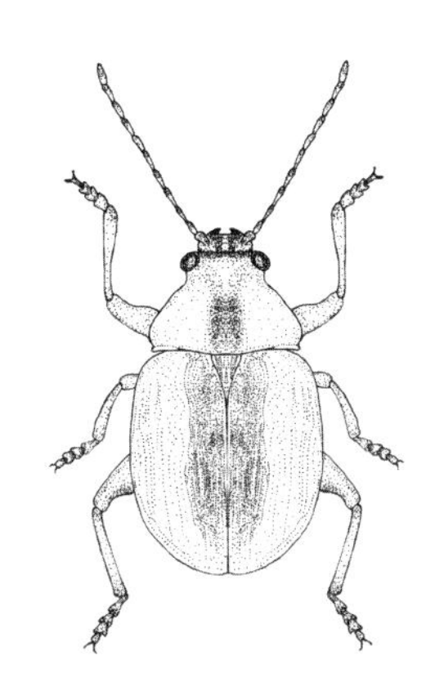

图 C.1 褐足角胸叶甲

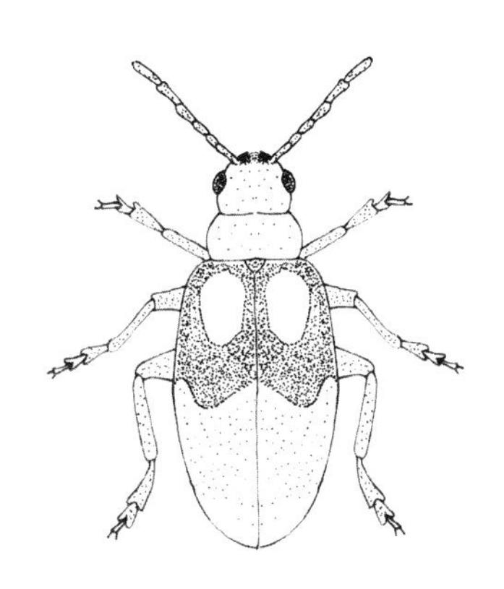

图 C.2 双斑长跗萤叶甲

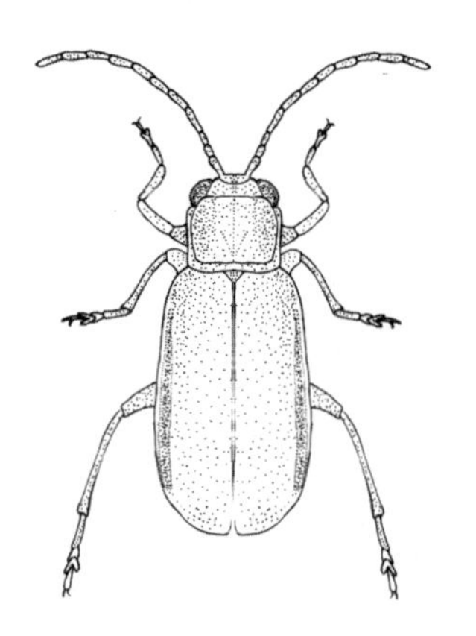

图 C.3 巴氏根萤叶甲

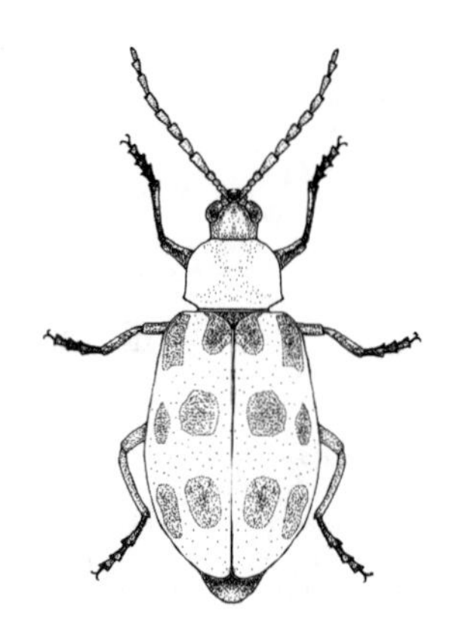

图 C.4 十一星根萤叶甲

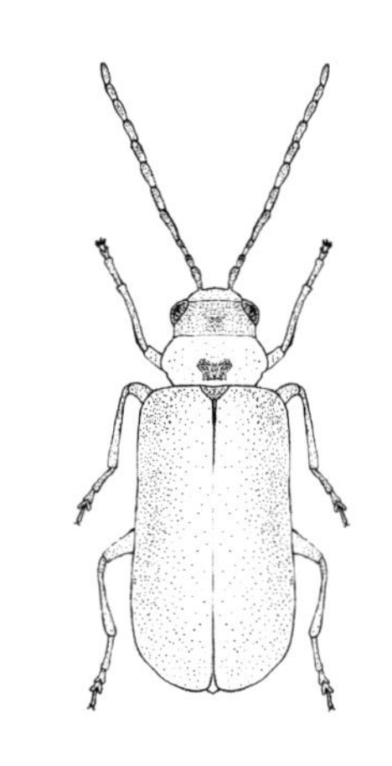

图 C.5 玉米异跗萤叶甲

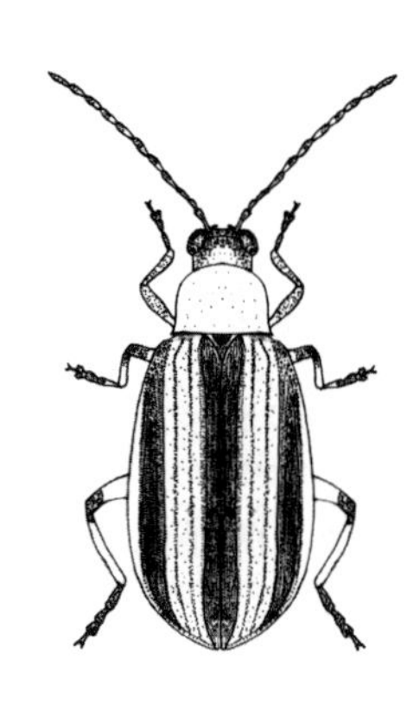

图 C.6 黄瓜条纹叶甲

附　录　D
（规范性附录）
植物有害生物样本鉴定报告

植物有害生物样本鉴定报告见表D.1。

表 D.1　植物有害生物样本鉴定报告

<table>
<tr><td>植物名称</td><td colspan="3"></td><td>品种名称</td><td></td></tr>
<tr><td>植物生育期</td><td></td><td>样品数量</td><td></td><td>取样部位</td><td></td></tr>
<tr><td>样品来源</td><td></td><td>送检日期</td><td></td><td>送检人</td><td></td></tr>
<tr><td>送检单位</td><td colspan="3"></td><td>联系电话</td><td></td></tr>
<tr><td colspan="6">检测鉴定方法：</td></tr>
<tr><td colspan="6">检测鉴定结果：</td></tr>
<tr><td colspan="6">备注：</td></tr>
<tr><td colspan="6">鉴定人(签名)：
审核人(签名)：
鉴定单位盖章：
年　月　日</td></tr>
<tr><td colspan="6">**注**：本单一式三份，检测单位、受检单位和检疫机构各一份。</td></tr>
</table>

附　录　E
（规范性附录）
有害生物疫情监测记录表

有害生物疫情监测记录表见表 E. 1。

表 E. 1　有害生物疫情监测记录表

<table>
<tr><td>监测对象</td><td></td><td>监测单位</td><td></td></tr>
<tr><td>监测地点</td><td></td><td>联系电话</td><td></td></tr>
<tr><td colspan="2">监测到有害生物(或疑似有害生物)的名称</td><td>数量</td><td>备注</td></tr>
<tr><td colspan="2"></td><td></td><td></td></tr>
<tr><td colspan="2"></td><td></td><td></td></tr>
<tr><td colspan="2"></td><td></td><td></td></tr>
<tr><td colspan="2"></td><td></td><td></td></tr>
<tr><td colspan="4">监测方法：</td></tr>
<tr><td colspan="4">疫情描述：</td></tr>
<tr><td colspan="4">备注：</td></tr>
<tr><td colspan="4">监测单位(盖章)：

监 测 人(签名)：

年　月　日</td></tr>
</table>

ICS 65.020
B 16

中华人民共和国农业行业标准

NY/T 2414—2013

苹果蠹蛾监测技术规范

Guideline for quarantine surveillance of *Cydia pomonella* (L.)

2013-09-10 发布　　2014-01-01 实施

中华人民共和国农业部 发布

前　言

本标准按照 GB/T 1.1—2009 给出的规则起草。

本标准由农业部种植业管理司提出。

本标准由全国植物检疫标准化技术委员会(SAC/TC 271)归口。

本标准起草单位:全国农业技术推广服务中心、中国科学院动物研究所、甘肃省植保植检站。

本标准主要起草人:王福祥、熊红利、徐婧、张润志、蒲崇建、姜红霞、刘慧、赵守歧。

苹果蠹蛾监测技术规范

1 范围

本标准规定了农业植物检疫中苹果蠹蛾 *Cydia pomonella*（L.）的监测区域、监测时期、监测用品、监测方法等内容。

本标准适用于苹果蠹蛾的疫情监测。

2 规范性引用文件

下列文件对于本文件的应用是必不可少的。凡是注日期的引用文件，仅注日期的版本适用于本文件。凡是不注日期的引用文件，其最新版本（包括所有的修改单）适用于本文件。

NY/T 1483—2007 苹果蠹蛾检疫检测与鉴定技术规范

3 原理

3.1 分类地位

苹果蠹蛾属鳞翅目 Lepidoptera，卷蛾科 Tortricidae。

3.2 监测原理

利用苹果蠹蛾性信息素对雄成虫的诱集作用，配合使用诱捕器，诱捕苹果蠹蛾成虫，并根据苹果蠹蛾发生规律及危害特征开展幼虫和其他特定虫态的调查。

4 用具及试剂

4.1 用具

解剖镜、放大镜、枝剪、聚乙烯塑料袋、标签、记录本、小刀、镊子、指形管、养虫盒、诱捕器等。

4.2 试剂

甲醛、冰醋酸、乙醇等。冰醋酸混合液由甲醛、75%乙醇、冰醋酸（5∶15∶1）混合而成。

5 监测

5.1 成虫监测

5.1.1 监测时期

成虫监测时期为每年的 4 月至 10 月，当日均气温连续 5 d 达到 10℃（越冬幼虫化蛹的起始温度）以上时开始安放诱捕器；当秋季日平均气温连续 5 d 在 10℃以下时，停止当年的监测。

5.1.2 监测点设置

在每个需要进行监测的县（区）内设置监测点。监测点之间的距离不得低于 1km，并尽可能保持均匀分布。监测点应选择在城镇周边、交通干线、果品集散地附近的果园或果品加工厂中。

5.1.3 标准化诱芯及诱捕器类型

5.1.3.1 标准化诱芯

苹果蠹蛾性信息素诱芯由省级以上植物保护主管部门指定或委托专业机构统一进行标准化制备，规格参数参见附录 A。

5.1.3.2 标准化诱捕器

诱捕器由省级以上植物保护主管部门指定或统一招标制作。规格参数参见附录 A。

5.1.4 诱捕器的安放

每一个监测点含有一组诱捕器，每组诱捕器由 5 个独立的诱捕器构成，诱捕器间距 30 m 以上，诱捕器安放的高度保持在 1.5 m 以上。诱捕器附近安放醒目标志以便调查并防止受到无意破坏。

5.1.5 诱捕器的日常管理与维护

在整个监测期间，工作人员每周对诱捕器的诱捕情况进行检查，调查结果填入附录 B。同时对诱捕器进行必要的维护，一旦发现诱捕器出现损坏或丢失的状况，应立即进行更换并做好相应记录。诱捕器的诱芯每月更换 1 次，粘虫胶板每 2 周更换 1 次，更换下的废旧诱芯和胶板集中进行销毁。

5.2 幼虫调查

5.2.1 调查时间

一年进行两次调查，分别在每年的 5 月下旬至 6 月上旬(第一世代的幼虫)及 8 月中旬至 8 月下旬(第二世代幼虫)进行。

5.2.2 调查点设置

调查点应选择在城镇周边、交通干线、果品集散地或果品加工厂附近的果园中，调查在成虫监测点的附近进行，以便调查结果与诱捕器监测结果进行比较与相互补充。

5.2.3 调查方法

每块样地取 10 个样点，每个样点调查 50 个果实，对发现的虫果进行剖果检查，确认是否为苹果蠹蛾幼虫。检查结果填入附录 C。如监测点所在位置为果树分散的区域，可在监测点附近随机选取 10 个样点，方法同上。

6 鉴定

当检查发现可疑昆虫时，应妥善保存有关标本，带回实验室后按 NY/T 1483—2007 中的方法进行鉴定，并将鉴定结果填入附录 D。

7 监测报告

记录监测结果并填写附录 E；植物检疫机构对监测结果进行整理汇总形成监测报告。

8 标本保存

采集到的成虫制作为针插标本；卵、幼虫、蛹放入指形管中，注入冰醋酸混合液，上塞并用蜡封好，制作浸泡标本。填写标本的标签，连同标本一起妥善保存。

9 档案保存

详细记录、汇总监测区内调查结果。各项监测的原始记录连同其他材料妥善保存于植物检疫机构。

附　录　A
（资料性附录）
标准化诱芯与诱捕器规格参数

A.1　诱芯

诱芯性信息素纯度为97%，载体由硅橡胶制成，形状中空，每个诱芯性信息素的含量1 mg，采用微量注射器滴定法制备。成品诱芯应统一放置在密封的塑料袋内，保存于1℃～5℃的冰箱中，保存时间不超过1年。

A.2　诱捕器

诱捕器可采用三角形胶粘诱捕器，长25 cm，宽16 cm，高14 cm，见图A.1。

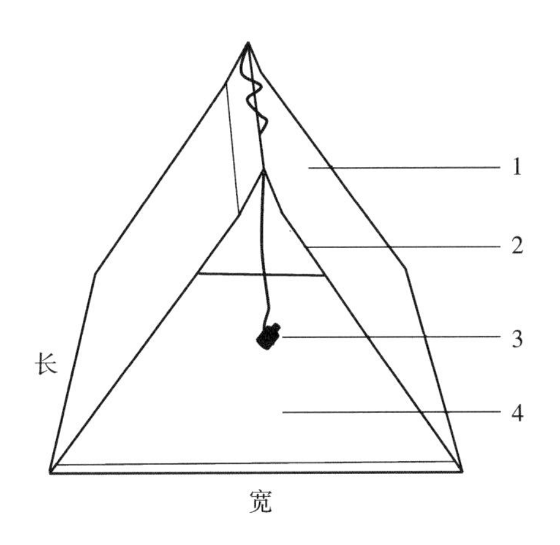

说明：

1——钙塑瓦楞板；

2——细铁丝；

3——性信息素诱芯；

4——粘虫胶板。

图A.1　三角型粘胶诱捕器示意图

附　录　B
（规范性附录）
苹果蠹蛾疫情监测调查表

苹果蠹蛾疫情监测调查表见表 B.1。

表 B.1　苹果蠹蛾疫情监测调查表

________年______月；________号监测点；检查人：____________________；单位公章：

<table>
<tr><th colspan="3">基本信息</th><th colspan="10">捕获数量/检查日期</th><th rowspan="2">备注</th></tr>
<tr><th>监测点
地点</th><th>寄主植物</th><th>诱捕器编号</th><th>日</th><th>日</th><th>日</th><th>日</th><th>日</th><th>日</th><th>日</th><th>日</th><th>日</th><th>日</th></tr>
<tr><td rowspan="6">______省
______市
______县
___乡（镇）
______村</td><td rowspan="6"></td><td>1</td><td></td><td></td><td></td><td></td><td></td><td></td><td></td><td></td><td></td><td></td><td></td></tr>
<tr><td>2</td><td></td><td></td><td></td><td></td><td></td><td></td><td></td><td></td><td></td><td></td><td></td></tr>
<tr><td>3</td><td></td><td></td><td></td><td></td><td></td><td></td><td></td><td></td><td></td><td></td><td></td></tr>
<tr><td>4</td><td></td><td></td><td></td><td></td><td></td><td></td><td></td><td></td><td></td><td></td><td></td></tr>
<tr><td>5</td><td></td><td></td><td></td><td></td><td></td><td></td><td></td><td></td><td></td><td></td><td></td></tr>
<tr><td>合计</td><td></td><td></td><td></td><td></td><td></td><td></td><td></td><td></td><td></td><td></td><td></td></tr>
<tr><td rowspan="6">______省
______市
______县
___乡（镇）
______村</td><td rowspan="6"></td><td>1</td><td></td><td></td><td></td><td></td><td></td><td></td><td></td><td></td><td></td><td></td><td></td></tr>
<tr><td>2</td><td></td><td></td><td></td><td></td><td></td><td></td><td></td><td></td><td></td><td></td><td></td></tr>
<tr><td>3</td><td></td><td></td><td></td><td></td><td></td><td></td><td></td><td></td><td></td><td></td><td></td></tr>
<tr><td>4</td><td></td><td></td><td></td><td></td><td></td><td></td><td></td><td></td><td></td><td></td><td></td></tr>
<tr><td>5</td><td></td><td></td><td></td><td></td><td></td><td></td><td></td><td></td><td></td><td></td><td></td></tr>
<tr><td>合计</td><td></td><td></td><td></td><td></td><td></td><td></td><td></td><td></td><td></td><td></td><td></td></tr>
</table>

附　录　C
（规范性附录）
苹果蠹蛾蛀果情况调查表

苹果蠹蛾蛀果情况调查表见表C.1。

表C.1　苹果蠹蛾蛀果情况调查表

调查地点：＿＿＿＿＿省＿＿＿＿＿＿＿＿县（市、区）

时间：＿＿＿＿＿年＿＿月＿＿日；调查人：＿＿＿＿＿；调查单位：＿＿＿＿＿＿＿＿＿（公章）

样点编号	监测点位置	寄主种类（品种）	调查果数	苹果蠹蛾蛀果数	其他食心虫		标本编号*
					数量	种类	
1	＿＿乡（镇）＿＿村		100				
2	＿＿乡（镇）＿＿村		100				
3	＿＿乡（镇）＿＿村		100				
4	＿＿乡（镇）＿＿村		100				
5	＿＿乡（镇）＿＿村		100				
6	＿＿乡（镇）＿＿村		100				
7	＿＿乡（镇）＿＿村		100				
8	＿＿乡（镇）＿＿村		100				
9	＿＿乡（镇）＿＿村		100				
10	＿＿乡（镇）＿＿村		100				
合计	—	—	1 000			—	—

* 如有标本，标本编号即与采得幼虫标本标签上的编号相对应，以备日后查询。

附　录　D
（规范性附录）
植物有害生物样本鉴定报告

植物有害生物样本鉴定报告见表 D.1。

表 D.1　植物有害生物样本鉴定报告

植物名称				品种名称	
植物生育期		样品数量		取样部位	
样品来源		送检日期		送检人	
送检单位				联系电话	
检测鉴定方法：					
检测鉴定结果：					
备注：					
鉴定人（签名）： 审核人（签名）： 鉴定单位盖章： 年　月　日					
注：本单一式三份，检测单位、受检单位和检疫机构各一份。					

附　录　E
（规范性附录）
疫情监测记录表

疫情监测记录表见表E.1。

表E.1　疫情监测记录表

<table>
<tr><td>监测对象</td><td></td><td>监测单位</td><td></td></tr>
<tr><td>监测地点</td><td></td><td>联系电话</td><td></td></tr>
<tr><td colspan="2">监测到有害生物(或疑似有害生物)的名称</td><td>数量</td><td>备注</td></tr>
<tr><td colspan="2"></td><td></td><td></td></tr>
<tr><td colspan="2"></td><td></td><td></td></tr>
<tr><td colspan="2"></td><td></td><td></td></tr>
<tr><td colspan="2"></td><td></td><td></td></tr>
<tr><td colspan="4">监测方法：</td></tr>
<tr><td colspan="4">疫情描述：</td></tr>
<tr><td colspan="4">备注：</td></tr>
<tr><td colspan="4">监测单位(盖章)：
监 测 人(签名)：
年　月　日</td></tr>
</table>

ICS 65.020
B 16

中华人民共和国农业行业标准

NY/T 2415—2013

红火蚁化学防控技术规程

Guidelines for chemical prevention and control of *Solenopsis invicta* Buren

2013-09-10 发布 2014-01-01 实施

中华人民共和国农业部 发布

前　言

本标准按照 GB/T 1.1—2009 给出的规则起草。

本标准由农业部种植业管理司提出。

本标准由全国植物检疫标准化技术委员会(SAC/TC 271)归口。

本标准起草单位:全国农业技术推广服务中心、广东省植保植检站、福建省植保植检站、深圳市植物检疫站、华南农业大学。

本标准主要起草人:吴立峰、王琳、陆永跃、张森泉、陈军、朱莉、冯晓东、李潇楠。

红火蚁化学防控技术规程

1 范围

本标准规定了农业植物检疫中红火蚁 *Solenopsis invicta* Buren 化学防控策略、防控适期、防控技术和注意事项等。

本标准适用于红火蚁的化学防控。

2 规范性引用文件

下列文件对于本文件的应用是必不可少的。凡是注日期的引用文件,仅注日期的版本适用于本文件。凡是不注日期的引用文件,其最新版本(包括所有的修改单)适用于本文件。

GB/T 17980.149—2009 农药田间药效试验准则(二) 第149部分:杀虫剂防治红火蚁

GB/T 23626—2009 红火蚁疫情监测规程

3 原理

3.1 分类地位

红火蚁属膜翅目 Hymenoptera,蚁科 Formicidae,火蚁属 *Solenopsis*。

3.2 防控策略

按防控目标要求,结合地理环境,科学全面地监测红火蚁发生情况,确定防控的重点和具体方法;主要采用点面结合、诱杀为主的技术选择合适的药剂防治红火蚁,并对发生区内高风险调出物品进行检疫处理;科学评价防控效果,指导下一步的防控工作,是红火蚁化学防控的主要策略。

4 防控适期

根据本地气候条件,每年开展2次全面防控。第一次防治在春季红火蚁婚飞前或婚飞高峰期进行,第二次全面防治选择在夏、秋季气候条件适宜时进行。

5 防控技术

5.1 毒饵诱杀法

5.1.1 毒饵制备

将缓效杀虫剂和玉米粒、豆油等蚁类食物引诱材料混合制成毒饵,或者使用配制好的成品蚁药。

5.1.2 点施毒饵

红火蚁发生程度在二级及以下的发生区,可使用点施毒饵法防治单个蚁巢。将毒饵环状或点状投放于蚁巢外围50 cm~100 cm处,对所有可见的活蚁巢进行防治。根据活蚁巢大小和毒饵制剂商品使用说明确定毒饵用量,一般直径在20 cm~50 cm的蚁巢使用商品标签推荐用量的中间值;当蚁巢直径明显大于50 cm或小于20 cm时,增加或减少1/2毒饵用量。

5.1.3 撒施毒饵

红火蚁发生程度在三级及以上的发生区,可在整个发生区均匀撒施毒饵进行防治。根据活蚁巢密度、诱饵法监测到的工蚁密度和毒饵制剂商品使用说明确定毒饵用量,1 hm^2 面积最低用量是防治单个活蚁巢使用商品标签推荐用量中间值的100倍。

5.1.4 综合施用

在红火蚁严重发生的区域，活蚁巢密度大、分布普遍时可采用防治单个蚁巢和整个区域相结合的综合施用法，并适当加大毒饵用量。

5.1.5 补施毒饵

根据防控效果，在使用毒饵防控红火蚁 2 周后，对活蚁巢与诱集到工蚁的地点再次施用毒饵进行防治，慢性毒性的药剂可在 3 周后补施。在活蚁巢、诱集到工蚁的地点及其附近小区域内采用点施的方法撒施毒饵。毒饵用量按推荐用量的下限值使用。

5.2 药液灌巢法

使用药液灌巢法处理单个蚁巢。将药剂按照其商品使用说明配制成规定浓度的药液。施药时以活蚁巢为中心，先在蚁巢外围近距离淋施药液，形成一个药液带，再将药液直接浇在蚁丘上或挖开蚁巢顶部后迅速将药液灌入蚁巢，使药液完全浸湿蚁巢土壤并渗透到蚁巢底部。根据蚁巢大小确定药液用量，保证充分湿润全部蚁巢。

5.3 颗粒剂和粉剂灭巢法

5.3.1 颗粒剂

将颗粒剂均匀地撒布于蚁丘表面和附近区域，并迅速洒水将其冲入蚁巢内部。应至少重复洒水 3 次以上，每 2 d 洒水一次。

5.3.2 粉剂

破坏蚁巢，待工蚁大量涌出后迅速将药粉均匀撒施于工蚁身上，通过带药工蚁与其他蚁之间的接触，传递药物，进而毒杀全巢。

5.4 调出物品的化学药剂除害方法

5.4.1 种苗、花卉、草坪(皮)等

红火蚁发生区种苗、花卉、草坪(皮)等物品调出前均须经触杀性药剂浸渍或灌注处理至完全湿润。

5.4.2 垃圾、肥料、栽培介质、土壤等

红火蚁发生区垃圾、肥料、栽培介质、土壤等物品调出时须施放颗粒剂进行处理，药剂有效成分占总体积 0.001%～0.002 5%，施药后搅拌均匀并洒水使物品湿润。

6 防控药剂

应选择安全、低毒、低残留的药剂进行红火蚁防控。一些杀虫剂对防治红火蚁有效，参见附录 A。

7 防控效果评定

根据 GB/T 23626—2009 和 GB/T 17980.149—2009 中 5.2 监测红火蚁发生数量、评定防控效果，防控技术实施后 2 周～6 周内对发生区进行全面调查 1 次。

8 注意事项

8.1 天气条件

应在无风到微风天气情况下使用粉剂。在晴天，气温为 21℃～34℃或者地表温度为 22℃～36℃，地面干燥时投放毒饵；洒水后、雨天及下雨前 12 h 内不能投放。

8.2 操作

勿将毒饵与其他物质(如肥料)混合使用，并保持毒饵新鲜干燥。使用药液灌巢法时在灌巢前不要扰动蚁丘。

8.3 安全保护

防治技术实施人员要做好防护工作，避免被红火蚁蜇伤或农药中毒。在施药区应插上明显的警示牌，避免造成人、畜中毒或其他意外。在水源保护区、水产养殖区、养蜂区、养蚕区等使用农药防控红火

蚁时注意选择药剂种类，避免对有益生物的杀伤和环境污染。

9 档案管理

防控时应建立工作档案，记录包括施用药剂品种、数量、次数、施药时间、防控面积、防效调查方法及调查次数、各次调查的活蚁巢密度、工蚁密度、防控效果等。

附　录　A
（资料性附录）
红火蚁防控有效药剂

A.1　昆虫生长调节剂类

吡丙醚 pyriproxyfen，烯虫酯 methoprene，氟苯脲 teflubenzuron。

A.2　拟除虫菊酯类

联苯菊酯 bifenthrin，氟氯氰菊酯 cyfluthrin，高效氟氯氰菊酯 beta-cyfluthrin，氯氰菊酯 cypermethrin，高效氯氰菊酯 beta-cypermethrin，溴氰菊酯 deltamethrin，氰戊菊酯 fenvalerate，氟胺氰菊酯 fluvalinate，氯氟氰菊酯 lambda-cyhalothrin，氯菊酯 permethrin，生物烯丙菊酯 bioallethrin，es-氰戊菊酯 es-fenvalerate，七氟菊酯 tefluthrin，四溴菊酯 tralomethrin，烯丙菊酯 allethrin，苄呋菊酯 resmethrin，聚醚菊酯 sumithrin，胺菊酯 tetramethrin。

A.3　抗生素类

阿维菌素 avermectin，甲氨基阿维菌素苯甲酸盐 emamectin benzoate，多杀菌素 spinosad，乙基多杀菌素 spinetoram。

A.4　恶二嗪类

茚虫威 indoxacarb。

A.5　新烟碱类

吡虫啉 imidacloprid。

A.6　脒腙类

氟蚁腙 hydramethylnon。

A.7　有机氟类

氟虫胺 sulfluramid，硫氟磺酰胺 flursulamid。

A.8　苯基吡唑类

氟虫腈 fipronil。

A.9　有机磷类

毒死蜱 chlorpyrifos，二嗪磷 diazinon，乙酰甲胺磷 acephate，甲基异柳磷 isofenphos，敌敌畏 dichlorvos。

A.10　氨基甲酸酯类

甲萘威 carbaryl，苯氧威 fenoxycarb，残杀威 propoxur。

A.11 植物性

除虫菊酯 pyrethrins，鱼藤酮 rotenone。

注：以上有效成分是基于国内外对红火蚁防控药剂的相关科学研究及使用经验提出，应根据农药管理要求并结合防治实践情况选择使用。

ICS 65.020
B 16

中华人民共和国农业行业标准

NY/T 2418—2013

四纹豆象检疫检测与鉴定方法

Detection and identification of *Callosobruchus maculatus* (Fabricius)

2013-09-10 发布　　　　2014-01-01 实施

中华人民共和国农业部　发布

前　言

本标准按照 GB/T 1.1—2009 给出的规则起草。

本标准由农业部种植业管理司提出。

本标准由全国植物检疫标准化技术委员会(SAC/TC 271)归口。

本标准起草单位:全国农业技术推广服务中心、吉林省植物检疫站、吉林农业大学。

本标准主要起草人:李潇楠、温克明、史树森、冯晓东、郑清、田径、陈月颖、朱莉、刘慧。

四纹豆象检疫检测与鉴定方法

1 范围

本标准规定了农业植物检疫中四纹豆象 *Callosobruchus maculatus* (Fabricius)的检疫检测与鉴定方法。

本标准适用于四纹豆象的检疫检测与鉴定。

2 规范性引用文件

下列文件对于本文件的应用是必不可少的。凡是注日期的引用文件，仅注日期的版本适用于本文件。凡是不注日期的引用文件，其最新版本(包括所有的修改单)适用于本文件。

GB 15569—2009 农业植物调运检疫规程

SN/T 0800.1—1999 进出口粮油、饲料检验、抽样和制样方法

SN/T 1453—2004 巴西豆象检疫鉴定方法

3 原理

四纹豆象属鞘翅目(Coleoptera)，豆象科(Bruchidae)，瘤背豆象属(*Callosobruchus*)。主要寄主为绿豆、鹰嘴豆、豇豆、扁豆、菜豆、兵豆等。该虫以各虫态随寄主植物子实的调运进行远距离传播，成虫可通过飞翔进行近距离传播。一生经过卵、幼虫、蛹和成虫四个虫态。成虫个体变异较大，分为“标准型”和“飞翔型”。四纹豆象的形态特征、生物学特性及危害症状是其检疫鉴定的重要依据。

4 仪器、用具和试剂

4.1 仪器

体视显微镜、光照培养箱、放大镜、测微尺。

4.2 用具

标准筛、整姿台、三级台、解剖针、剪刀、镊子、浅盘、玻璃棒、载玻片、盖玻片、酒精灯、烧杯、毒瓶、还软器、昆虫针、三角纸片、玻璃瓶、标签等。

4.3 试剂

乙醇、甘油、氢氧化钠、氢氧化钾、水合三氯乙醛、植物油或机油、甲醛、阿拉伯树脂胶、虫胶、蒸馏水等。检验中所需的其他试剂配比参见附录A。

5 现场检疫

5.1 抽查

抽查在现场进行。抽查前应对待检豆类的货主、产地、包装、唛头、品种、数量进行核实，对于需要检疫的则开件检查包装物内外部、货物内外部及环境四周墙壁、缝隙等处有无成虫。抽查方法按照SN/T 0800.1—1999 的规定执行。

5.2 取样

取样结合抽查进行，按照GB 15569—2009及SN/T 1453—2004的规定执行。每件中抽取的样品不少于100 g，总样品量不少于2 kg。对产地或途经地为疫区的产品应适当增加取样量。发现带虫豆粒作为样品带回检疫实验室检验。

5.3 检验方法

5.3.1 表面检验

检查豆粒上是否带有虫卵，是否有成虫羽化孔和半透明的圆形小窗。

5.3.2 过筛检验

必要时用标准筛过筛检查有无成虫。

5.3.3 油脂检查法

取过筛检验完的样品 500 g～1 000 g，分成每 50 g 一组，放在浅盘内铺成一薄层，按 1 g 豆粒用植物油或机油 1 mL～1.5 mL 的比例，将油倒入豆粒内浸润 30 min 后检查。被油浸的豆粒变成琥珀色，虫孔口种皮呈现透明斑，将有上述症状的豆粒挑出，镜下剖检。

6 实验室检测

6.1 标本处理

6.1.1 成虫

截获的可疑活成虫，先放入毒瓶内杀死，若已经死亡，则需回软后再制作标本。将成虫头朝前背朝上放在整姿台上，用昆虫针穿刺右鞘翅的左上角，使针正好穿过右中足和后足之间。由于成虫个体较小，为防止插针时损坏标本，可以使用三角纸片粘虫法，昆虫针插在三角纸片的基部，将少许虫胶滴在三角纸片的端部，将标本粘在虫胶上。用三级台标定昆虫标本的高度，整姿干燥后加标签，记录标本的采集时间、地点、寄主和采集人等信息。

6.1.2 卵、幼虫、蛹

卵、幼虫和蛹的可疑标本放在乙醇—甘油保存液中备用，老熟幼虫应先在开水中煮 1 min～2 min 再放入乙醇—甘油液中保存。标本加注标签，并记录采集时间、地点、寄主和采集人等信息。如条件允许可做实验室饲养观察。将豆粒样品和可能带虫的豆粒装在玻璃瓶中，放置于光照培养箱中，温度20℃～30℃，相对湿度 50%～70%饲养，待成虫出现后再进行标本处理及鉴定。

6.2 制片

将雄成虫腹部置于适量 10%氢氧化钾或 10%氢氧化钠溶液中，在酒精灯上加热煮沸 3 min～5 min 后取出，或在上述溶液中浸泡 24 h 后取出，置于体视显微镜下解剖观察外生殖器构造，必要时可将生殖器标本用霍氏液封片留存。

6.3 镜检

将卵、幼虫和成虫置于体视显微镜下观察外部并测量相关数据。

7 鉴定

7.1 成虫

成虫符合四纹豆象成虫典型形态特征和分类检索特征的，可鉴定为四纹豆象，参见附录 B～附录 D。

7.2 卵、幼虫、蛹

卵、幼虫、蛹符合四纹豆象卵、幼虫、蛹典型特征的，可鉴定为四纹豆象，参见附录 B。

7.3 鉴定结果

鉴定结果填入附录 E。

8 档案保存

抽样记录、鉴定结果等原始记录材料妥善保存于植物检疫机构。

附 录 A
(资料性附录)
试剂配制方法

A.1 乙醇—甘油保存液

在75%的乙醇中加入0.5%~1%的甘油,混匀。

A.2 10%氢氧化钠或10%氢氧化钾溶液

在90 mL蒸馏水中加入10 g氢氧化钠或氢氧化钾,混匀。

A.3 霍氏液

将30 g阿拉伯树脂胶放入50 mL蒸馏水中,50℃~80℃水浴加热,待树脂胶完全溶解后加入200 g水合三氯乙醛和20 mL甘油,用玻璃棒搅匀。60℃温箱中放置2 h,用洁净玻璃棒及纱布过滤,黑暗中保存备用。

A.4 还软剂

在玻璃还软器底部加入2 cm厚洗涤干净的细沙,加水并浸过细沙1 cm,在水中滴入几滴甲醛。

附　录　B
（资料性附录）
四纹豆象形态特征及豆粒被害状图

B.1　成虫

B.1.1　外形

雌虫体长 3 mm～4 mm，体宽 1.4 mm～2 mm；雄虫体长 3 mm～3.5 mm，体宽 1.3 mm～1.8 mm。体近长卵形至椭圆形，赤褐色至黑褐色，体被金黄色细毛。雌虫每个鞘翅上通常有 3 个黑斑，在中部偏于侧缘的黑斑最大，端部黑斑次之，肩部黑斑最小，另外在第 3 行间的近基部和近端部各有一个近长方形的小黑斑。雄虫鞘翅斑纹与雌虫相近，但较小，且界限不如雌性明显，颜色较淡，呈深黄褐色至赤褐色，肩部斑纹及第 3 行间内的小黑斑往往不明显或完全消失。四纹豆象的鞘翅斑纹在两性之间以及标准型和飞翔型之间个体差异较大，见图 B.1、图 B.2。

B.1.2　头部

B.1.2.1　复眼

复眼近 U 形隆起，凹陷部分宽而深，凹入处着生白色毛。

B.1.2.2　触角

触角着生于复眼凹缘开口处，11 节，各节长度略大于宽度。雄虫明显锯齿状，雌虫锯齿略扩大。

B.1.3　胸部

B.1.3.1　前胸背板

前胸背板黑褐色至黑色，似圆锥形，密生圆形刻点，被浅黄色毛；表面凹凸不平，中央稍隆起。前缘狭，后缘宽。前缘中央向后有一纵凹陷，后缘中央有瘤突 1 对，上面密被白色或黄色毛。

B.1.3.2　鞘翅

鞘翅长稍大于两翅的总宽，肩胛明显；着生黄褐色及白色毛。

B.1.3.3　后足

外缘齿突大而钝，内缘齿突长而尖，见图 B.3。

B.1.4　腹部

B.1.4.1　臀板

臀板露出鞘翅外，近三角形，侧缘弧形。成虫经交尾、产卵后，臀板向腹面倾斜。雄虫臀板仅在边缘及中线处黑色，其余部分褐色，被黄褐色毛；雌虫臀板黄褐色，有白色中纵纹。

B.1.4.2　雄性外生殖器

雄性外生殖器的阳基侧突狭而直，端部呈宽匙状，顶生刚毛 40 根左右；外阳茎瓣三角形，两侧各有刚毛两列，每列 4 根～6 根。内阳茎端部骨化部分中央凹入很深，呈 U 形；中部大量的骨化刺构成 2 个直立的穗状体。囊部有 2 个骨化板或无，见图 B.4。

B.2　卵

卵圆形，淡黄色或乳白色，底部扁平，长 0.60 mm～0.66 mm，宽 0.40 mm～0.42 mm，见图 B.5。

B.3　老熟幼虫

B.3.1　外形

体长 3.0 mm～4.0 mm，宽 1.6 mm～2.0 mm。体粗而弯，呈 C 形。黄色或淡黄白色，见图 B.6。

B.3.2 头部

头小，缩入前胸内，额前有明显褐色横纹，向两侧延伸包围触角基部。头部有小眼 1 对；额区每侧有刚毛 4 根，弧形排列，每侧最前的 1 根着生于额侧的膜质区；唇基有侧刚毛 1 对，无感觉窝。上唇卵圆形，基部骨化，前缘有多数小刺，近前缘有 4 根刚毛，近基部每侧有 1 根刚毛，在基部每根刚毛附近各有一个感觉窝。上内唇有 4 根长而弯曲的缘刚毛，中部有 2 对短刚毛。触角 2 节，端部 1 节骨化，端刚毛长几乎为末端感觉乳突的 2 倍。后颏仅前侧缘骨化，其余部分膜质，着生 2 对前侧刚毛和 1 对中刚毛；前颏盾形骨片后面圆形，前方双叶状，在中央凹缘每侧有 1 根短刚毛；唇舌部有 2 对刚毛。

B.3.3 胸部及腹部

前、中、后胸节的环纹数分别为 3、2、2。足 3 节，无爪。第 1 腹节～第 8 腹节各有环纹 2 条，第 9 腹节、第 10 腹节单环纹。气门环形，前胸及第 1 腹节、第 8 腹节的气门比其他节的略大。

B.4 蛹

体长 3.2 mm～5 mm，纺锤形，淡黄色。头部弯向第 1、第 2 对胸足后面，与鞘翅平合，长达鞘翅的 3/4。生殖孔周围略隆起，呈扁环形，两侧各具一褐色小刺突，但在初期蛹上不明显，见图 B.7。

B.5 为害状

幼虫蛀入豆粒内危害，豆粒被蛀成孔洞或完全蛀食成空壳，见图 B.8。

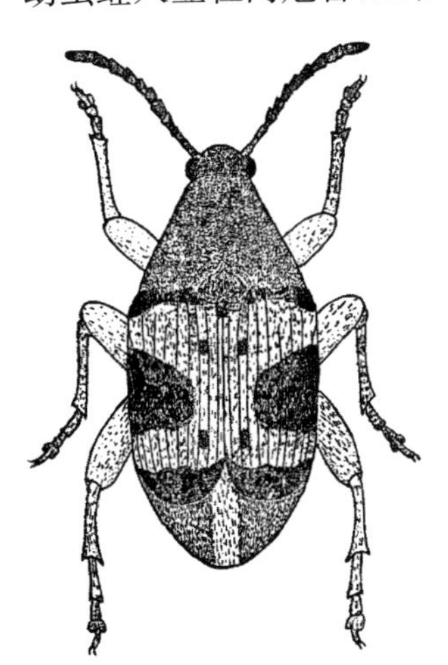

图 B.1 成虫外形(雌)

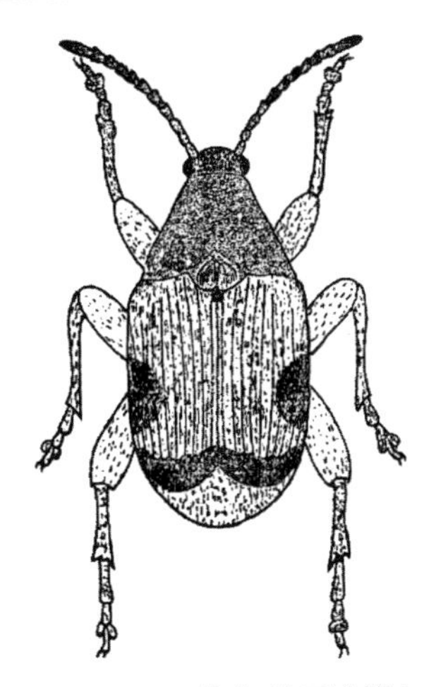

图 B.2 成虫外形(雄)

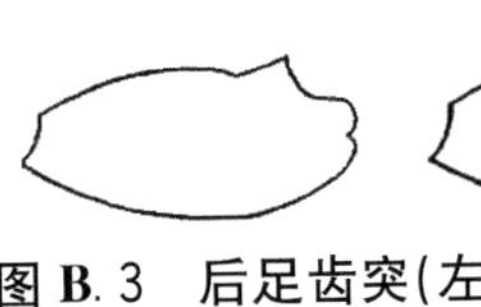

图 B.3 后足齿突(左外缘，右内缘)

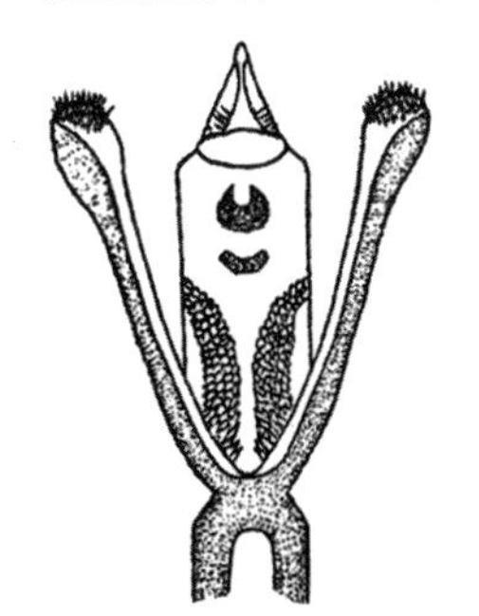

图 B.4 雄性外生殖器

图 B.5 卵

图 B.6 幼 虫

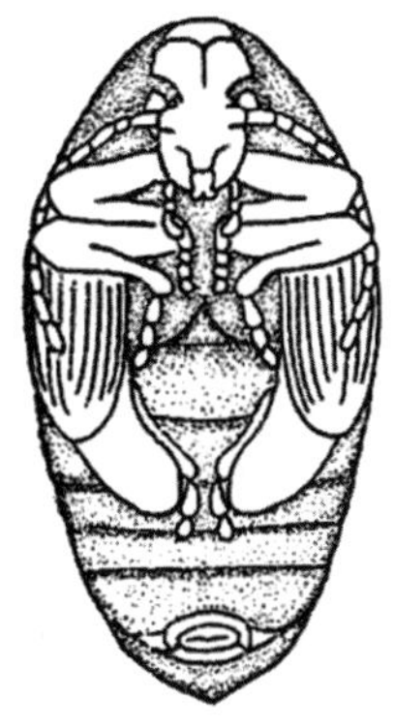

图 B.7 蛹

图 B.8 豆粒被害状

注：引自洪若豪发表的《四纹豆象(*Callosobruchus maculatus* Fabr.)生物学特性和熏蒸方法研究》。

附 录 C
(资料性附录)
6 种瘤背豆象属 *Callosobruchus* 害虫(雄虫外部形态)检索表

1. 前胸背板有两条暗色纵纹 ………………………………… 灰豆象 *Callosobruchus phaseoli* (Gyllenhal)
   前胸背板无上述特征 …………………………………………………………………………………………… 2
2. 雄虫触角栉状 …………………………………………… 绿豆象 *Callosobruchus chinensis* (Linnaeus)
   雄虫触角锯齿状或弱锯齿状 ……………………………………………………………………………… 3
3. 后足腿节内缘齿突极小或全缺,沿内缘基部 3/5 处有多数小齿突 ……………………………………
   ……………………………………………………………………… 鹰嘴豆象 *Callosobruchus analis* (Fabricius)
   后足腿节内缘齿突大而尖 ………………………………………………………………………………… 4
4. 后足腿节内缘齿突大而尖,不弯曲 ………………… 四纹豆象 *Callosobruchus maculates* (Fabricius)
   后足腿节内缘齿突大而尖,弯向端部 …………………………………………………………………… 5
5. 身体短卵圆形,体长 2 mm~3 mm ……………… 罗得西亚豆象 *Callosobruchus rhodesianus* (Pic)
   身体长卵圆形,体长 4.5 mm~5.5 mm ……………… 西非豆象 *Callosobruchus subinnotatus* (Pic)

注:引自杨永茂、叶向勇、李玉亮、张生芳发表的《瘤背豆象属 6 种检疫性害虫概述》。

附 录 D
(资料性附录)
6 种瘤背豆象属 *Callosobruchus* 害虫(雄性外生殖器)检索表

1. 内阳茎囊部有骨化板 3 对 …………………………………………………………………… 2

   内阳茎囊部有骨化板 1 对或缺失 ……………………………………………………………… 3

2. 阳基侧突细长,端部尖细…………………………… 罗得西亚豆象 *Callosobruchus rhodesianus* (Pic)

   阳基侧突略粗,端部杓状 ………………………………… 灰豆象 *Callosobruchus phaseoli* (Gyllenhal)

3. 外阳茎瓣枪头状,基部缢缩 ………………………… 绿豆象 *Callosobruchus chinensis* (Linnaeus)

   外阳茎瓣三角形 ……………………………………………………………………………… 4

4. 内阳茎端部骨化部分呈 U 形 ……………………… 四纹豆象 *Callosobruchus maculates* (Fabricius)

   内阳茎端部骨化部分呈矩形 ………………………………………………………………… 5

5. 阳基侧突直 ………………………………………… 西非豆象 *Callosobruchus subinnotatus* (Pic)

   阳基侧突端部明显弯向外阳茎瓣 ……………………… 鹰嘴豆象 *Callosobruchus analis* (Fabricius)

注:引自杨永茂、叶向勇、李玉亮、张生芳发表的《瘤背豆象属 6 种检疫性害虫概述》。

附 录 E
（规范性附录）
植物有害生物样本鉴定报告

植物有害生物样本鉴定报告见表 E.1。

表 E.1 植物有害生物样本鉴定报告

<table>
<tr><td>植物名称</td><td colspan="3"></td><td>品种名称</td><td></td></tr>
<tr><td>植物生育期</td><td></td><td>样品数量</td><td></td><td>取样部位</td><td></td></tr>
<tr><td>样品来源</td><td></td><td>送检日期</td><td></td><td>送检人</td><td></td></tr>
<tr><td>送检单位</td><td colspan="3"></td><td>联系电话</td><td></td></tr>
<tr><td colspan="6">检测鉴定方法：</td></tr>
<tr><td colspan="6">检测鉴定结果：</td></tr>
<tr><td colspan="6">备注：</td></tr>
<tr><td colspan="6">鉴定人(签名)：
审核人(签名)：
鉴定单位盖章：
年 月 日</td></tr>
<tr><td colspan="6">注：本单一式三份，检测单位、受检单位和检疫机构各一份。</td></tr>
</table>

ICS 65.020
B 15

中华人民共和国农业行业标准

NY/T 2445—2013

木薯种质资源抗虫性鉴定技术规程

Technical regulations for the identification of
cassava-germplasm resistance to pests

2013-09-10 发布 2014-01-01 实施

中华人民共和国农业部 发布

前　言

本标准按照 GB/T 1.1—2009 给出的规则起草。

本标准由中华人民共和国农业部提出。

本标准由农业部热带作物及制品标准化技术委员会归口。

本标准起草单位:中国热带农业科学院环境与植物保护研究所。

本标准主要起草人:陈青、卢芙萍、徐雪莲、卢辉。

木薯种质资源抗虫性鉴定技术规程

1 范围

本标准规定了木薯(*Manihot esculenta* Crantz)种质资源对朱砂叶螨(*Tetranychus cinnabarinus*)、木薯单爪螨(*Mononychellus mcgregori*)、蔗根锯天牛幼虫(*Dorysthenes granulosus*)和铜绿丽金龟(*Anomala corpulenta*)幼虫蛴螬的室内和田间抗性鉴定的技术方法和评价标准。

本标准适用于从事木薯育种、木薯生产和植物保护等单位鉴定木薯种质资源对朱砂叶螨、木薯单爪螨、蔗根锯天牛幼虫和铜绿丽金龟幼虫蛴螬的抗性。

2 规范性引用文件

下列文件对于本文件的应用是必不可少的。凡是注日期的引用文件,仅注日期的版本适用于本文件。凡是不注日期的引用文件,其最新版本(包括所有的修改单)适用于本文件。

GB/T 22101.1 棉花抗病虫性评价技术规范 第1部分:棉铃虫

NY/T 356 木薯 种茎

NY/T 1681 木薯生产良好操作规范(GAP)

3 术语和定义

GB/T 22101.1—2008 界定的以及下列术语和定义适用于本文件。

3.1

植物抗虫性 plant resistance to pests

同种植物在昆虫为害较严重的情况下,某些植株能耐害、避免受害、或虽受害而有补偿能力的特性。本标准中的抗虫性包含抗螨性。

3.2

抗虫性鉴定 identification of plant resistance to pests

通过一定技术方法鉴定植物对特定害虫的抗性水平。

3.3

抗虫性评价 evaluation of resistance to pests

根据采用的技术标准判别寄主对特定虫害反应程度和抵抗水平的描述。

3.4

虫情级别 pest rating scale

植物个体或群体虫害程度的数值化描述。

3.5

害螨存活率 survival rate of mites

取食木薯叶片后存活的朱砂叶螨或木薯单爪螨数占供试朱砂叶螨或木薯单爪螨总数的比率。

3.6

植株死亡率 mortality rate of plants

被蔗根锯天牛幼虫或铜绿丽金龟幼虫蛴螬为害后死亡的植株数占供试植株总数的比率。

3.7

接种体 inoculum

用于接种以引起虫害的特定生长阶段的虫体。本标准中特指用于人工接种鉴定用的朱砂叶螨和木薯单爪螨的成螨及蔗根锯天牛 5 龄幼虫和铜绿丽金龟 5 龄幼虫蛴螬。

4 鉴定方法

4.1 室内人工接种鉴定

4.1.1 接种体准备

从田间采集朱砂叶螨和木薯单爪螨的成螨,经形态学鉴定确认后,用离体新鲜木薯品种华南 205 叶片(顶芽下第 10 片～16 片叶)人工繁殖。

从田间采集蔗根锯天牛幼虫和铜绿丽金龟幼虫蛴螬,经形态学鉴定确认后,用 100 目网室内盆栽 6 个月的木薯品种华南 205 人工繁殖。

人工繁殖条件为 25℃～28℃、RH 75%～80%及每天连续光照时间≥14 h。整个繁殖过程中不使用杀虫剂。

4.1.2 室内抗虫性鉴定

4.1.2.1 室内抗螨性鉴定

鉴定时设华南 205 为感螨对照品种,C1115 为抗螨对照品系。将人工繁殖的接种体雌雄成螨配对后,分别接到养虫盒(长 40 cm×宽 30 cm×高 5 cm)中的新鲜离体木薯叶背(顶芽下第 10 片～16 片叶),每个养虫盒 10 张叶片,每张叶片接 10 对,每份种质资源 50 张叶。24 h 后除去成螨,收集有卵木薯叶片。在 25℃～28℃、RH 75%～80%及每天连续光照时间≥14 h 条件下,每 24 h 观察一次,直至 F_0 代成螨死亡,记录朱砂叶螨和木薯单爪螨生长发育情况,计算 F_0 代存活率。种质资源抗螨性鉴定评级标准见表 1。

表 1 室内抗螨性鉴定评级标准

抗螨性级别	F_0 代害螨存活率,%
免疫(IM)	0.0
高抗(HR)	0.1～10.0
抗(R)	10.1～30.0
中抗(MR)	30.1～60.0
感(S)	60.1～80.0
高感(HS)	>80.0

4.1.2.2 室内抗虫性鉴定

鉴定时设华南 205 为感虫对照品种,C1115 为抗虫对照品系。在 100 目网室内盆栽待鉴定木薯种质,6 个月后接种人工繁殖的蔗根锯天牛和铜绿丽金龟接种体。每份种质种植 30 盆(不小于直径 40 cm×高 30 cm),每盆 1 株,每株接虫 5 头,在 25℃～28℃、RH 75%～80%及每天连续光照时间≥14 h条件下,连续观察 4 个月,计算植株死亡率。种质资源抗虫性鉴定评级标准见表 2。

表 2 室内抗虫性鉴定评级标准

抗虫性级别	植株死亡率,%
免疫(IM)	0.0
高抗(HR)	0.1～15.0
抗(R)	15.1～25.0
中抗(MR)	25.1～40.0
感(S)	40.1～60.0
高感(HS)	>60.0

4.2 田间鉴定

4.2.1 鉴定圃

应具备良好的朱砂叶螨、木薯单爪螨、蔗根锯天牛和铜绿丽金龟自然发生条件，面积 0.2 hm^2 以上。

4.2.2 木薯种植

种植时按照 NY/T 356—1999 规定的要求选择种茎，并按照 NY/T 1681—2009 规定的生产要求，鉴定时设华南 205 为感虫对照品种，C1115 为抗虫对照品系。按随机区组设计将鉴定材料和对照材料种植于鉴定圃内，每份种质资源重复 3 次，每重复种 10 株(株行距为 80 cm×100 cm)。

4.2.3 保护行

以相同株行距在待鉴定种质资源四周种植华南 205 品种作为保护行。

4.2.4 鉴定圃管理

全生育期内鉴定圃不使用杀虫剂，杀菌剂的使用根据鉴定圃内病害发生种类和程度而定。

4.2.5 虫情调查

每年螨害高峰期，调查朱砂叶螨、木薯单爪螨为害情况 1 次～2 次，从植株上、中、下部 3 个部位中各选 4 片受害最重的叶片为代表，每株 12 片叶，每份种质资源调查 30 株～50 株，连续调查 3 年，记录螨害叶片数与调查总叶片数。

每年虫害高峰期，调查蔗根锯天牛幼虫和铜绿丽金龟幼虫蛴螬为害情况 1 次～2 次，每份种质资源调查 30 株～50 株，连续调查 3 年，记录虫害植株数与调查总植株数。

4.2.6 虫情级别

4.2.6.1 田间抗螨性鉴定

4.2.6.1.1 朱砂叶螨、木薯单爪螨为害分级

根据木薯叶片螨害程度将朱砂叶螨、木薯单爪螨为害分为 0、1、2、3、4 共 5 级。螨害分级标准如下：

0 级：叶片未受螨害，植株生长正常；

1 级：叶片表面出现黄白色小斑点，受害轻微，螨害面积占叶片面积的 25%以下；

2 级：叶面出现黄褐(红)斑，红斑面积占叶片面积的 26%～50%；

3 级：叶面黄褐斑较多且成片，红斑面积占叶片面积的 51%～75%，叶片局部卷缩；

4 级：叶片受害严重，黄褐(红)斑面积占叶片面积 76%以上，严重时叶片焦枯、脱落。

4.2.6.1.2 田间抗螨性鉴定评级标准

根据鉴定材料的螨害指数，将木薯的抗螨性分为免疫、高抗、抗、中抗、感和高感共 6 级(表 3)。

螨害指数按式(1)计算。

$$I_1 = \frac{\sum (S_1 \times N_{1S})}{N_1 \times 4} \times 100 \quad \cdots\cdots (1)$$

式中：

I_1 ——螨害指数，单位为百分率(%)；

S_1 ——叶片受害级别；

N_{1S}——该受害级别叶片数；

N_1 ——调查总叶片数。

表 3 田间抗螨性鉴定评级标准

抗性级别	免疫(IM)	高抗(HR)	抗(R)	中抗(MR)	感(S)	高感(HS)
I_1，%	0.0	0.1～12.5	12.6～37.5	37.6～62.5	62.6～87.5	>87.5

4.2.6.2 田间抗虫性鉴定

4.2.6.2.1 蔗根锯天牛幼虫和铜绿丽金龟幼虫蛴螬为害分级

根据虫害率将蔗根锯天牛幼虫和铜绿丽金龟幼虫蛴螬为害分为0、1、2、3、4、5共6级。虫害分级标准如下：

0级：植株未受虫害；

1级：植株虫害率低于20%；

2级：植株虫害率为21%～40%；

3级：植株虫害率为41%～60%；

4级：植株虫害率为61%～80%；

5级：植株虫害率大于80%。

4.2.6.2.2 田间抗虫性鉴定评级标准

根据鉴定材料的虫害指数，将木薯种质的抗虫性分为免疫、高抗、抗、中抗、感和高感共6级（表4）。虫害指数按式(2)计算。

$$I_2 = \frac{\sum (S_2 \times N_{2S})}{N_2 \times 4} \times 100 \quad (2)$$

式中：

I_2 ——虫害指数，单位为百分率(%)；

S_2 ——叶片受害级别；

N_{2S}——该受害级别叶片数；

N_2 ——调查总叶片数。

表4 田间抗虫性鉴定评级标准

抗性级别	免疫(IM)	高抗(HR)	抗(R)	中抗(MR)	感(S)	高感(HS)
I_2,%	0.0	0.1～10.0	10.1～30.0	30.1～50.0	50.1～70.0	>70.0

附 录 A
（资料性附录）
朱砂叶螨、木薯单爪螨、蔗根锯天牛和铜绿丽金龟形态及为害状

A.1 朱砂叶螨形态及为害状

见图 A.1。

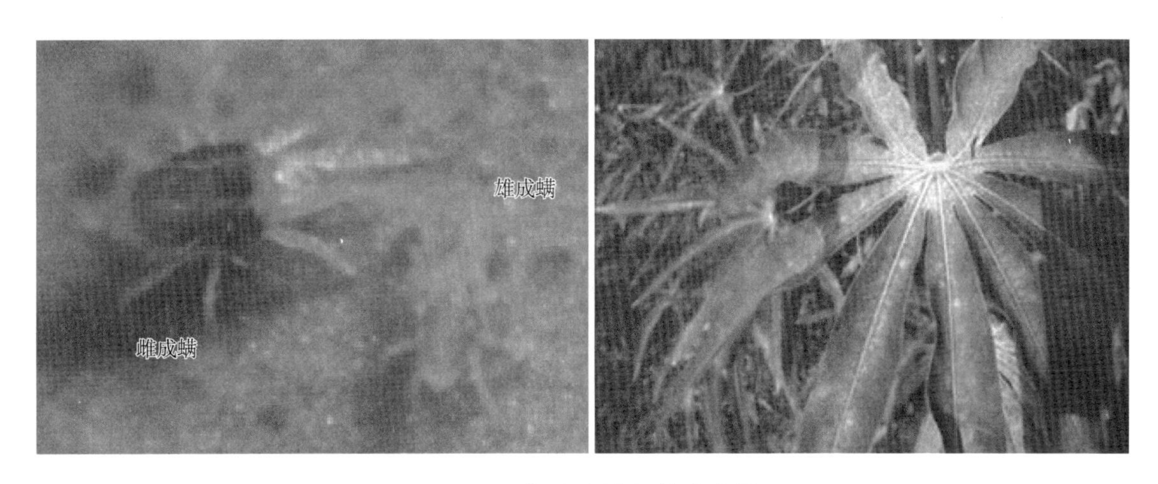

图 A.1 朱砂叶螨及其为害状

A.2 木薯单爪螨形态及为害状

见图 A.2。

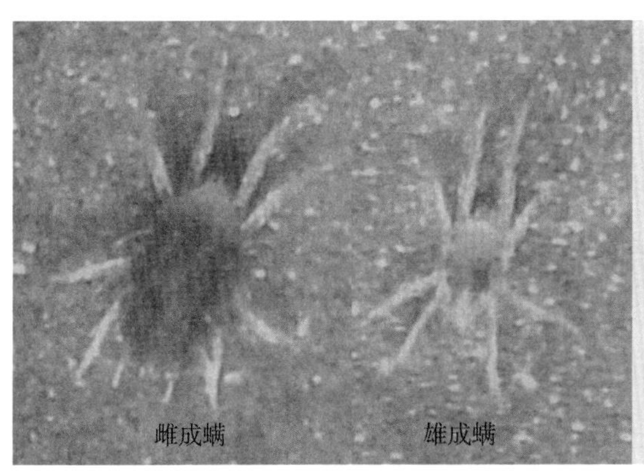

图 A.2 木薯单爪螨及其为害状

A.3 铜绿丽金龟与蔗根锯天牛形态及为害状

见图 A.3。

铜绿丽金龟成虫(左♀,右♂)

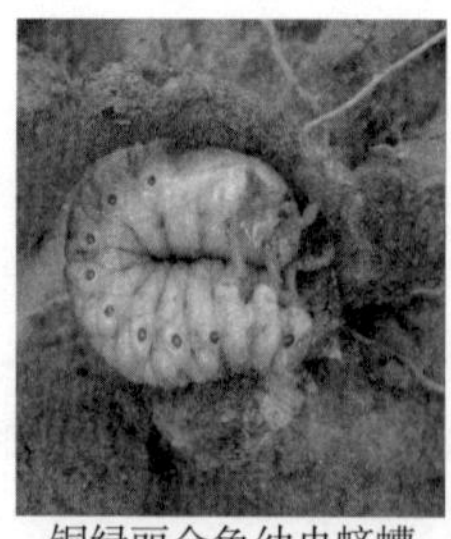

铜绿丽金龟幼虫蛴螬

蛴螬与蔗根锯天牛幼虫为害状

蔗根锯天牛成虫(左♀,右♂)

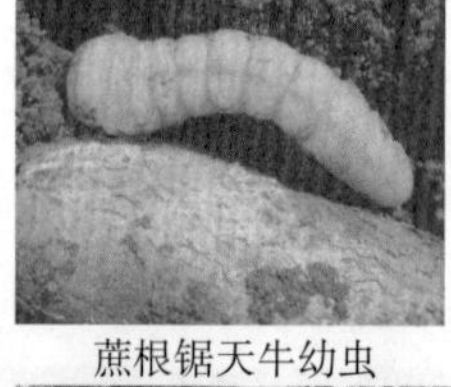

蔗根锯天牛幼虫

蔗根锯天牛幼虫为害状

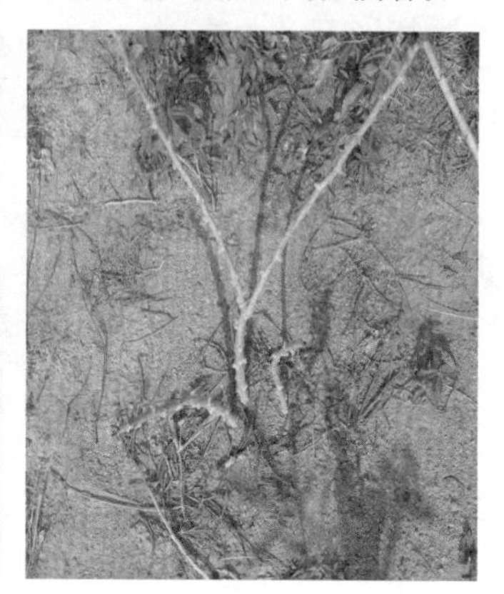

蛴螬与蔗根锯天牛幼虫为害状

图 A.3 铜绿丽金龟与蔗根锯天牛形态及为害状

A.4 螨害分级

见图 A.4。

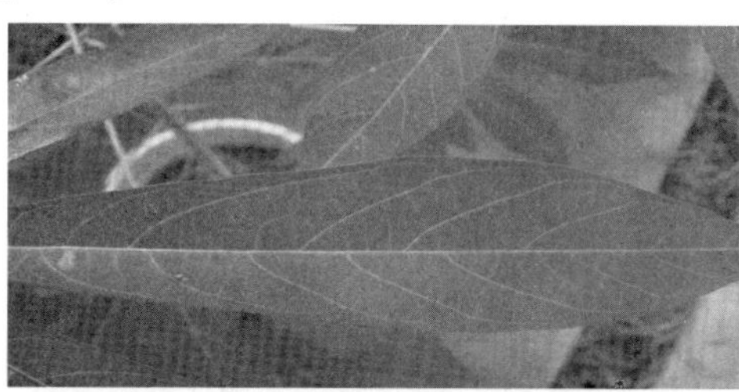

0级:叶片未受螨害,植株生长正常

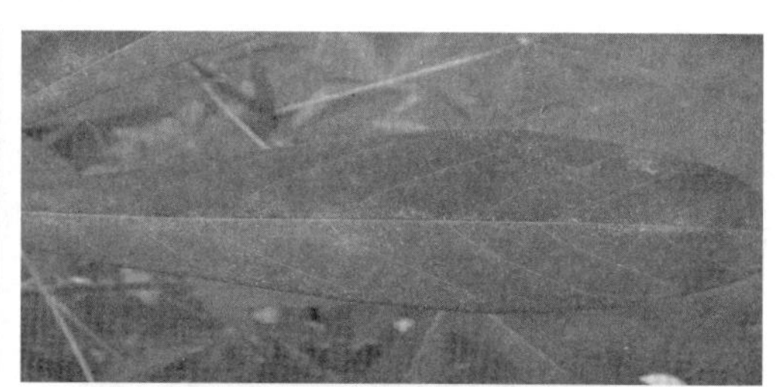

1级:叶片表面出现黄白色小斑点,受害轻微,螨害面积占叶片面积的25%以下

2级:叶面出现黄褐(红)斑,红斑面积占叶片面积的26%~50%

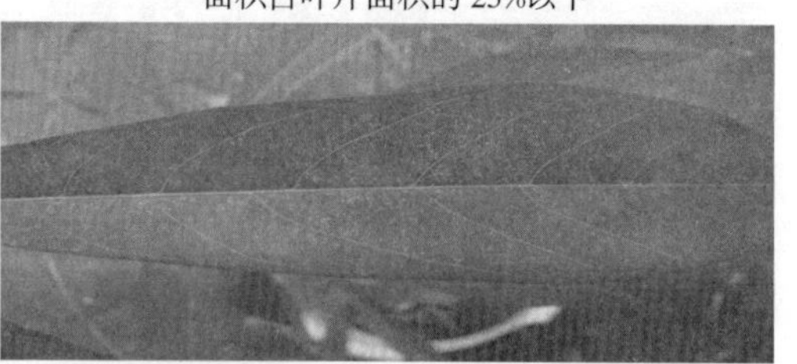

3级:叶面黄褐斑较多且成片,红斑面积占叶片面积的51%~75%,叶片局部卷缩

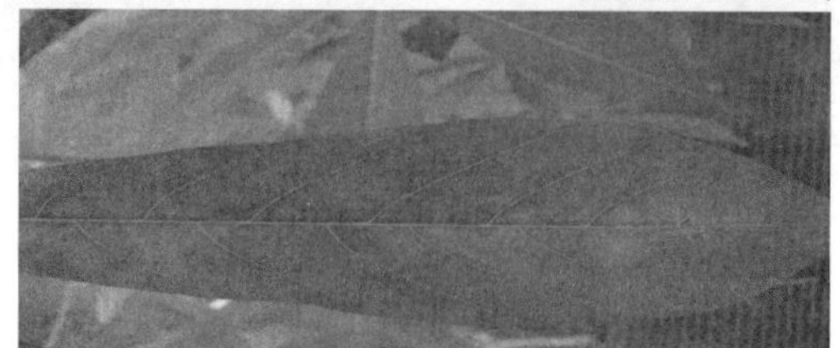

4级:叶片受害严重,黄褐(红)斑面积占叶片面积76%以上,严重时叶片焦枯、脱落

图 A.4 螨害分级

附 录 B
(资料性附录)
朱砂叶螨、木薯单爪螨、蔗根锯天牛和蛴螬发生特点

B.1 朱砂叶螨

朱砂叶螨(*Tetranychus cinnabarinus*)又名红蜘蛛(spider mite),属真螨目(Acariformes)叶螨科(Tetranychidae)叶螨属(*Tetranychus*),是目前国内外木薯栽培和生产上发生最广泛的一种害螨,以成、若螨群聚于寄主叶背吸取汁液,造成木薯叶片褪绿黄化,发生严重时,全叶枯黄,造成早期落叶和植株早衰,枝条干枯,严重时整株死亡。

B.2 木薯单爪螨

木薯单爪螨(*Mononychellus mcgregori*)又名木薯绿螨(green mite),属真螨目(Acariformes)叶螨科(Tetranychidae)单爪螨属(*Mononychellus*),是木薯重要危险性害螨之一,1971年在非洲乌干达首次发生与为害,以成、若螨群聚于寄主叶背吸取汁液,受害叶片主要呈黄白色斑点、褪绿,畸形,发育受阻,斑驳状,变形,变黑,枝条干枯,严重时整株死亡。

B.3 蔗根锯天牛

蔗根锯天牛(*Dorysthenes granulosus*),又名蔗根土天牛(longhorn),属鞘翅目(Coleoptera)天牛科(Cerambycidae)土天牛属(*Dorysthenes*),是近年来危害木薯的重要地下害虫之一,主要以幼虫取食种茎和鲜薯,咬食刚种植种茎导致缺苗,咬食鲜薯则可将鲜薯取食至仅剩皮层,地下部分食空后可沿茎基部向上咬食,造成死苗。受害植株生长衰弱,叶片枯黄,严重时整株死亡。

B.4 蛴螬

蛴螬(grub beetle)是鞘翅目(Coleoptera)金龟总科(Scarabaeoidea)丽金龟属(*Anomala*)幼虫的通称,是地下害虫种类最多、分布最广,危害最严重的一个类群,近年发现严重危害木薯。目前,危害我国木薯的蛴螬主要为铜绿丽金龟(*Anomala corpulenta*)幼虫,主要咬食木薯根部及埋在土中的幼茎。以幼虫取食种茎和鲜薯,咬食刚种植种茎导致缺苗,可将鲜薯整块取食,取食完地下部分后可沿茎基部向上咬食,造成死苗。受害植株生长衰弱,叶片枯黄,严重时整株死亡。

ICS 65.020
B 16

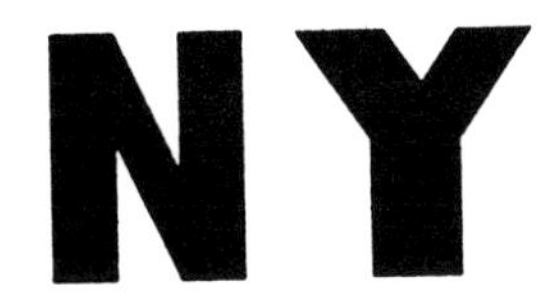

中华人民共和国农业行业标准

NY/T 2447—2013

椰心叶甲啮小蜂和截脉姬小蜂繁殖与释放技术规程

Technical regulation for mass rearing and applying *Tetrastichus brontispae* Ferrière and *Asecodes hispinarum* Bouček

2013-09-10 发布　　2014-01-01 实施

中华人民共和国农业部　发布

前　言

本标准按照GB/T 1.1—2009给出的规则起草。

本标准由中华人民共和国农业部提出。

本标准由农业部热带作物及制品标准化技术委员会归口。

本标准起草单位：中国热带农业科学院环境与植物保护研究所、中国热带农业科学院椰子研究所、海南省森林资源监测中心。

本标准主要起草人：彭正强、吕宝乾、覃伟权、李朝绪、金涛、黄山春、金启安、阎伟、温海波、王东明、李洪。

椰心叶甲啮小蜂和截脉姬小蜂繁殖与释放技术规程

1 范围

本标准规定了生物防治用椰心叶甲啮小蜂（*Tetrastichus brontispae* Ferrière）和椰甲截脉姬小蜂（*Asecodes hispinarum* Bouček）工厂化生产技术、产品质量检验、包装、运输和释放的技术要求。

本标准适用于我国椰心叶甲［*Brontispa longissima*（Gestro）］发生区人工繁育、释放椰甲截脉姬小蜂和椰心叶甲啮小蜂。

2 术语和定义

下列术语和定义适用于本文件。

2.1

椰心叶甲 coconut leaf beetle

属鞘翅目（Coleoptera），铁甲科（Hispidae），*Brontispa* 属，是危害棕榈科植物的一种重要害虫。

2.2

椰甲截脉姬小蜂 *Asecodes hispinarum* Bouček

属膜翅目（Hymenoptera），姬小蜂科（Eulophidae），*Asecodes* 属，是一种椰心叶甲幼虫专性寄生蜂。成虫形态及生物学特征参见附录 A。

2.3

椰心叶甲啮小蜂 *Tetrastichus brontispae* Ferrière

属膜翅目（Hymenoptera），姬小蜂科（Eulophidae），*Tetrastichus* 属，是一种椰心叶甲蛹专性寄生蜂。成虫形态及生物学特征参见附录 B。

2.4

人工繁殖 mass rearing

椰甲截脉姬小蜂：根据椰甲截脉姬小蜂的生物学特性（参见附录 A），交配后成蜂接入椰心叶甲 4 龄幼虫。通过人为控制温度、湿度，使其在寄主体内完成世代发育，增加发育代数，扩大种群数量。

椰心叶甲啮小蜂：根据椰心叶甲啮小蜂的生物学特性（参见附录 B），交配后成蜂接入椰心叶甲 1 日龄蛹或 2 日龄蛹，通过人为控制温度、湿度，使其在寄主体内完成世代发育，增加发育代数，扩大种群数量。

2.5

种蜂 seed wasps

自然环境条件下采集或室内人工繁育的第 1 代或第 2 代，个体健壮、适应性和繁殖力强，用于人工繁殖的椰甲截脉姬小蜂或椰心叶甲啮小蜂个体。

2.6

复壮 rejuvenation

通过一定的方法和技术，使人工繁育数代后发生退化的寄生蜂的各项指标恢复到正常水平的过程。

2.7

寄主 host

用于人工繁殖寄生蜂的椰心叶甲，通常为椰心叶甲4龄幼虫和椰心叶甲1日龄蛹或2日龄蛹。

2.8

田间释放　field release

将室内繁殖的寄生蜂应用到野外进行椰心叶甲控制的过程。

2.9

蜂虫比　parasitoid - pest ratio

寄生蜂个体数量与椰心叶甲个体数量的比值。

2.10

放蜂器　parasitoids release facility

一种用于释放寄生蜂的装置，主要由携蜂体和遮蔽盖组成。

3　人工繁育技术

3.1　繁蜂场地、设施条件

3.1.1　繁蜂室

繁蜂室具备保温、保湿、通风、透光、防虫、防鼠条件，配备调节温度、湿度、光照设备，保持温度为25℃～27℃，相对湿度70%～80%，光照12 h，墙壁、地面应易清洗、消毒并保持清洁卫生。

3.1.2　繁蜂盒

繁蜂时用的容器，通常为清洁无异味，长30 cm×宽20 cm×高12 cm的塑料盒。盒盖开有长10 cm×宽5 cm的开口，开口用100目铜纱网覆盖。

3.1.3　繁蜂架

放置繁蜂盒用，大小可根据蜂盒数量而定，木条或金属制成。一般为长200 cm×宽50 cm×高180 cm。共分4层，层间距25 cm，最低层离地高55 cm～60 cm，架脚要隔水防蚁。

3.2　种蜂的获得

自然环境条件下生长发育或室内人工繁育的第1代或第2代椰甲截脉姬小蜂（或椰心叶甲啮小蜂），并挑选虫体较大（椰心叶甲姬小蜂体长≥0.6 mm；椰心叶甲啮小蜂体长≥1 mm）、活力较强的个体，控制合理性别比例（雌∶雄＝3∶1），用棉花或海绵吸附10%（V/V）的蜂蜜水为种蜂提供营养。

3.3　繁蜂器具和繁蜂室消毒

接蜂前应对繁蜂器具用3%石碳酸或70%酒精消毒1 h；每半年利用3%（V/V）双氧水喷雾消毒繁蜂室，防止细菌、真菌等的污染。

3.4　接蜂方法

3.4.1　椰甲截脉姬小蜂：挑选干净、鲜嫩的椰子叶，剪成5 cm长的片段，每盒放入10片，同时接入椰心叶甲4龄幼虫400头，然后接上椰甲截脉姬小蜂种蜂550头，用10%（V/V）蜂蜜水为补充营养。盖好盒盖并用透明胶密封，将繁蜂盒放在繁蜂架上，在繁蜂架进行培育子代蜂。

3.4.2　椰心叶甲啮小蜂：挑选椰心叶甲1日龄～2日龄蛹1 000头，放入繁蜂盒内，然后接上椰心叶甲啮小蜂种蜂1 400头，用10%的蜂蜜水补充营养，盖好盒盖并用透明胶密封，将繁蜂盒放在繁蜂架上培育子代蜂。

3.5　接种蜂量

按照雌蜂与寄主1∶1的数量比进行接蜂。

3.6　复壮技术

寄生蜂每繁殖15代后到野外采集椰心叶甲被寄生僵虫或僵蛹，挑选出节间拉长不能活动、表面光亮而薄的被寄生幼虫或被寄生蛹，以单头放入指形管在26℃的人工气候箱中培育。从羽化的椰甲截脉姬小蜂或椰心叶甲啮小蜂成蜂中选择体壮、个体大、活动能力强的作为种蜂，淘汰弱蜂。

4 样品检验

4.1 椰甲截脉姬小蜂：从同一批被椰甲截脉姬小蜂的寄生椰心叶甲幼虫中，随机抽取30头，单头装入指形管，出蜂后镜检，记录出蜂量和雌雄蜂数量，计算雌蜂率。

4.2 椰心叶甲啮小蜂：从同一批被椰心叶甲啮小蜂的寄生椰心叶甲蛹中，随机抽取30头，单头装入指形管，出蜂后镜检，记录出蜂量和雌雄蜂数量，计算雌蜂率。

5 质量标准

5.1 椰甲截脉姬小蜂质量合格标准：寄主被椰甲截脉姬小蜂寄生的寄生率≥95%。随机选30头被椰甲截脉姬小蜂寄生的椰心叶甲僵虫，单头僵虫装入指形管中，用棉花塞好管口，出蜂后统计出蜂量平均≥50头/僵虫，后代雌蜂比≥65%。

5.2 椰心叶甲啮小蜂质量合格标准：椰心叶甲1日龄蛹或2日龄蛹被椰心叶甲啮小蜂寄生率≥95%。随机选30头椰心叶甲僵蛹，单头僵蛹装入指形管中，用棉花塞好管口，出蜂后统计出蜂量平均≥20头/僵蛹，后代雌蜂比≥65%。

6 贮存

6.1 椰甲截脉姬小蜂发育至预蛹期为适宜的贮存虫态。筛选、收集润泽饱满的被寄生的椰心叶甲4龄幼虫用于贮存。注明批次、日期和核查人。贮存条件为14℃、相对湿度65%～85%。贮存时间≤10 d。

6.2 椰心叶甲啮小蜂发育至蛹中期为适宜的贮存虫态。筛选、收集润泽饱满的被寄生的椰心叶甲僵蛹用于贮存。注明批次、日期和核查人。贮存条件为14℃、相对湿度65%～85%。贮存时间≤15 d。

7 包装与运输

根据放蜂计划，分期分批将寄生的寄主送进繁蜂室让其发育，在中蛹期或后蛹期装入繁蜂盒，并用透明胶将盒盖和盒体密封，然后装入四周填充泡沫的纸箱，运输到椰心叶甲疫区释放点。运输工具要求清洁卫生，无异味，不与有毒物品混运。避免重压，要求通风和防热，严禁烈日曝晒，雨淋，运输时间≤3 d，运输环境温度在20℃～28℃。

8 释放技术

8.1 放蜂区域

在椰心叶甲发生地区均可释放。

8.2 释放量

1 000株以上的释放地，随机抽取100棵植株；1 000株以下的释放地，随机抽取10%的植株；检查每棵植株上椰心叶甲种群数量，估算椰心叶甲林间种群数量。根据椰心叶甲林间种群数量，以10∶1的蜂虫比确定释放天敌的总量。

8.3 释放方法

释放采用放蜂器进行，具体释放分5次进行，每个月释放一次，连续5个月释放完毕。每次释放只取释放总量的1/5，即每一次的蜂虫比为2∶1，椰甲截脉姬小蜂和椰心叶甲啮小蜂比例为3∶1，两只放蜂器的距离不超过60 m，每只放蜂器携带被寄生的僵虫≤50头，悬挂放蜂器的数量由放蜂总量决定。

8.4 注意事项

8.4.1 杀虫剂使用

施用杀虫剂，需3个月后才能进行寄生蜂的释放。

8.4.2 天气因素

放蜂应避开阴雨、低温、大风不利天气，若放蜂后遇此类天气，应及时补放。

附 录 A
(资料性附录)
椰甲截脉姬小蜂成虫形态及基本生物学特征

A.1 形态特征

A.1.1 雌成虫：体长 0.5 mm～0.85 mm，棕褐色，有蓝黑色或绿色反光。触角和足除基节外均为黄褐色。体光滑无明显刻点或刻纹，具微弱的短体毛。体壁骨化弱，头背面观宽为长的 2 倍。触角柄节 1 节，梗节 1 节，环状节 0，索节 2 节，棒节 3 节。梗节、索节等长；梗节加索节、棒节及柄节三者等长。小盾片光滑，宽大于长。腹部无柄，圆形至短卵圆形，腹部下方可见产卵器。

A.1.2 雄成虫：体长略短于雌蜂，棕褐色，有蓝黑色或绿色反光。触角和足除基节外均为黄褐色。体光滑无明显刻点或刻纹，具微弱的短体毛。体壁骨化弱，头背面观宽为长的 2 倍。触角柄节 1 节，梗节 1 节，环状节 0，索节 2 节，棒节 3 节。梗节、索节等长；梗节加索节、棒节及柄节三者等长。小盾片光滑，宽大于长。腹部较窄，卵圆形，腹部末端可见交配器。

A.2 生物学特征

椰甲截脉姬小蜂从卵至蛹期均在寄主体内度过。在 22℃～26℃，相对湿度 65%～85%条件下，卵期 2 d～3 d，幼虫期 6 d～7 d，蛹期（含预蛹期）7 d～8 d；羽化后，成蜂在没有补充营养的情况下，可存活 2 d～3 d。椰甲截脉姬小蜂的最佳繁育温度为 23℃～28℃，高于 30℃或低于 20℃都不利于该寄生蜂的发育。椰甲截脉姬小蜂的最佳繁育湿度为 65%～85%。该蜂发育不受光照影响，可在自然光照条件下繁育。椰甲截脉姬小蜂偏雌性，雌蜂约占 75%，每头雌蜂的怀卵量约为 53 粒，每头寄主（椰心叶甲 4 龄幼虫）平均出蜂量约为 60 头。椰甲截脉姬小蜂的发育起点温度为 10.7℃，有效积温为 261.3 日度，在海南每年可发生 16 代～20 代。在上述条件下，椰甲截脉姬小蜂羽化高峰期在开始羽化后的最初 2 h（约 85%～95%）。该蜂羽化不久即能交配，雄蜂一生能交配多次，雌蜂通常也有几次交配动作。当多对成蜂在一起时，雄蜂有明显的交配竞争行为，一头雄蜂会干扰正在交配的另一头雄蜂。每头寄主上可有多头寄生蜂同时进行产卵，每头蜂可以在不同寄主上产卵。观察发现，椰甲截脉姬小蜂将卵产于椰心叶甲表皮下的脂肪体组织内，多粒卵集中在一起。椰甲截脉姬小蜂具有强烈的趋光性。

附　录　B
（资料性附录）
椰心叶甲啮小蜂成虫形态及生物学特征

B.1　形态特征

B.1.1　雌成虫：体长 0.85 mm～1.45 mm，黑色，有光泽。头横形，长 0.22 mm～0.25 mm，宽 0.34 mm～0.38 mm。单眼 3 个，弧形排列。膝状触角，柄节短，淡黄色；索节 3，淡黄色；棒节 3，膨大，顶部尖，褐色，索节及棒节上密生感觉毛。胸背板平，中胸背板和小盾片具细小刻点。翅透明有光泽，前翅大过腹，后翅较小，翅面及边缘有短而密的毛。基节黑色，转节黄色，腿节除端部褐色，胫节和跗节黄色，跗节 4 节。腹部近椭圆形，下方可见产卵器。

B.1.2　雄成虫：体长 0.98 mm～1.25 mm，比雌成虫小。头横形，长 0.20 mm～0.23 mm，宽 0.32 mm～0.36 mm。单眼 3 个，弧形排列。膝状触角，柄节短，淡黄色；索节 3 节，淡黄色；棒节 3 节，膨大，顶部尖，褐色，索节及棒节上密生感觉毛。胸背板平，中胸背板和小盾片具细小刻点。翅透明有光泽，前翅大过腹，后翅较小，翅面及边缘有短而密的毛。基节黑色，转节黄色，腿节除端部褐色，胫节和跗节黄色，跗节 4 节。腹部较雌蜂细长，末端可见交配器。

B.2　生物学特征

椰心叶甲啮小蜂从卵至蛹期均在寄主体内度过。在 22℃～26℃，相对湿度 65%～85%条件下，卵期 2 d～3 d，幼虫期 6 d～7 d，蛹期（含预蛹期）10 d～11 d；羽化后，成蜂在没有补充营养的情况下，平均存活 2 d～4 d。椰心叶甲啮小蜂的最佳繁育温度为 22℃～26℃，相对湿度 65%～85%，高于 30℃或低于 20℃都不利于该寄生蜂的发育。该蜂发育不受光照影响，可在自然光照条件下繁育。椰心叶甲啮小蜂偏雌性，雌蜂约占 75%，每头寄主（椰心叶甲 4 龄幼虫）平均出蜂量约为 20 头。椰心叶甲啮小蜂的发育起点温度为 7.4℃，有效积温为 368.3 日度，在海南每年可发生 17 代～19 代。在上述条件下，椰心叶甲啮小蜂羽化高峰期在开始羽化后的最初 2 h（90%～95%）。该蜂羽化不久即能交配，雄蜂一生能交配多次，雌蜂通常也有几次交配动作。当多对成蜂在一起时，雄蜂有明显的交配竞争行为，一头雄蜂会干扰正在交配的另一头雄蜂。每头寄主上可有多头寄生蜂同时进行产卵，每头蜂可以在不同寄主上产卵。观察发现椰心叶甲啮小蜂将卵产于椰心叶甲表皮下的脂肪体组织内，多粒卵集中在一起。椰心叶甲啮小蜂具有强烈的趋光性。

ICS 65.020
B 16

中华人民共和国农业行业标准

NY/T 2529—2013

黄顶菊综合防治技术规程

Codes of practice for integrated management of *Flaveria bidentis*(L.)Kuntze

2013-12-13 发布　　2014-04-01 实施

中华人民共和国农业部　发布

目　　次

前　　言

本标准按照 GB/T 1.1—2009 给出的规则起草。

请注意本文件的某些内容可能涉及专利。本文件的发布机构不承担识别这些专利的责任。

本标准由农业部科技教育司提出并归口。

本标准起草单位：中国农业科学院农业环境与可持续发展研究所。

本标准主要起草人：张国良、付卫东、韩颖、张衍雷、李香菊。

黄顶菊综合防治技术规程

1 范围

本标准规定了外来入侵植物黄顶菊的综合防治原则、策略和技术。

本标准适用于不同生境黄顶菊的综合防治。

2 规范性引用文件

下列文件对于本文件的应用是必不可少的。凡是注日期的引用文件，仅注日期的版本适用于本文件。凡是不注日期的引用文件，其最新版本（包括所有的修改单）适用于本文件。

HJ/T 80 有机食品技术规范

NY/T 393 绿色食品 农药使用准则

NY/T 1866 外来入侵植物监测技术规程 黄顶菊

3 术语和定义

下列术语和定义适用于本文件。

3.1

生境 habitat

生境指生物的个体、种群或群落生活地域的环境，包括必需的生存条件和其他对生物起作用的生态因素。

3.2

替代控制 replacement control

利用植物间的互作关系，筛选一种或多种具有一定生态价值或经济价值的植物组合，种植于外来入侵植物发生地抑制其生长，以达到防治外来入侵植物的目的。

3.3

资源化利用 resource utilization

是指将外来入侵植物全株或部分器官直接作为原料利用或者对其进行加工后再生利用。

4 防治的原则和策略

4.1 防治原则

预防为主，综合防治。综合运用各种防治技术，防止或减少对环境和经济的危害，保护生态环境和农业生产安全。

4.2 防治策略

根据黄顶菊发生的生境和危害等级制定具体防治策略。

5 防治技术

5.1 监测技术

5.1.1 监测方法

参照NY/T 1866调查黄顶菊发生生境、发生面积、危害方式、危害程度、潜在扩散范围、潜在危害方式、潜在危害程度等（黄顶菊的形态鉴别参见附录A）。掌握黄顶菊发生动态，防范黄顶菊传入或扩散，为防治提供决策依据。

5.1.2 危害等级划分

根据黄顶菊的覆盖度，将黄顶菊危害分为三个等级：

——1 级：轻度发生，覆盖度<5%。

——2 级：中度发生，覆盖度 5%～20%。

——3 级：重度发生，覆盖度>20%。

5.2 农业防治

5.2.1 翻耕

春秋两季播种前，翻耕 5 cm 以上，抑制黄顶菊种子的萌发。

5.2.2 覆盖

农田或果园，密实覆盖植物秸秆或覆盖黑色地膜遮光，降低黄顶菊出苗。

5.3 物理防治

黄顶菊开花前进行人工拔除或机械铲除，将拔出或铲除的黄顶菊集中深埋或堆肥处理。

5.4 化学防治

播前土壤处理或黄顶菊 4 叶期～6 叶期茎叶处理。不同生境中化学药剂的选择及施用方法见附录 B。

5.5 替代控制

根据黄顶菊发生不同生境选择适宜的替代植物或植物组合。推荐替代植物种类及种植方法参见附录 C。

5.6 资源化利用

黄顶菊种子成熟之前，采集黄顶菊植株用作植物源染料、植物源杀虫剂和草粉饲料的原料。资源化利用的方法参见附录 D。

6 不同生境综合防治技术

6.1 农田

6.1.1 农田内

作物种植前可深翻土壤，减少黄顶菊的萌发。

黄顶菊轻度发生时，可采取人工拔除或机械铲除。

黄顶菊中度或重度发生时，根据农田作物种类选择适合除草剂喷施防除，农田内黄顶菊化学防除药剂的选择及施用方法见附录 B。

玉米田中可采用小麦秸秆覆盖技术，对出苗的黄顶菊辅以化学防除，药剂的施用量可为推荐用量的 75%～80%。

6.1.2 农田周边

黄顶菊轻度发生时，可采取物理防治。

黄顶菊中度或重度发生时，可在黄顶菊苗期采用草甘膦对靶喷雾。如适合种植替代植物，可根据实际情况选择向日葵、紫花苜蓿、高丹草等，或种植隔离植物，隔离带宽至少 60 cm。

6.2 荒地

在黄顶菊出苗后，可施用氨氯吡啶酸、乙羧氟草醚、三氯吡氧乙酸或硝磺草酮进行防除，既能防治黄顶菊又可保护本地禾本科杂草。

如适合种植替代植物，在黄顶菊苗期，采用草甘膦对靶喷雾。喷药 2 d 后，适当松土，替代植物可根据实际情况选择紫花苜蓿、小冠花、菊芋等。

6.3 林地、果园

黄顶菊轻度发生时，可采取物理防治，人工拔除或机械铲除。

黄顶菊中度或重度发生时，可施用硝磺草酮或乙羧氟草醚防除。施用氨氯吡啶酸，需选择无风天气，并避开杨树等敏感植物，喷药时加防护罩。

适合种植替代植物的地区可在苗期采用草甘膦对靶喷雾。替代植物可选择紫花苜蓿或其他禾本科牧草。

6.4 沟渠、河坡

黄顶菊轻度发生时，可采取物理防治，人工拔除或机械铲除。

黄顶菊中度或重度发生时，可施用氨氯吡啶酸定向喷雾。喷雾时选择无风天气，并加防护罩。

适合种植替代植物的地区可在苗期采用草甘膦对靶喷雾。喷药 2 d 后，适当松土，替代植物可选择鸭茅、籽粒苋、柳枝稷等。

如水源用作饮用、养殖或灌溉等，尽量采用物理防治及替代控制，慎用化学防治。

6.5 路边

黄顶菊轻度发生时，可采取物理防治，人工拔除或机械铲除。

黄顶菊中度或重度发生时，采用氨氯吡啶酸、氯氟吡氧乙酸或苯嘧磺草胺定向喷雾。喷雾时选择无风天气，并加防护罩。

适合种植替代植物的地区可在苗期采用草甘膦对靶喷雾。喷药 2 d 后，适当松土，替代植物可选择紫穗槐、荆条、鸭茅等，单种混播皆可。

6.6 有机农产品和绿色食品产地

有机农产品和绿色食品产地实施黄顶菊防治，应遵照 NY/T 393、HJ/T 80 中的规定，根据允许使用的农药种类、剂量、时间、使用方式等规定进行控制。不得使用农药的应采用物理防治的方法进行控制。

附　录　A
（资料性附录）
黄顶菊的形态鉴别

A.1　根据以下特征，鉴定是否属菊科：头状花序；舌状花或管状花或两种都有；果实为瘦果。

A.2　根据以下特征，鉴定是否属管状花亚科：头状花序全部为同形的管状花，或有异形的小花，中央花非舌状；植物无乳汁。

A.3　根据以下特征，鉴定是否属堆心菊族：花序托无托片；头状花序辐射状；叶互生或对生。

A.4　由于我国堆心菊族植物包括三个属，即万寿菊属、天人菊属和黄顶菊属。黄顶菊属只有黄顶菊一种植物，与其他两个属的主要鉴别特征是茎被绒毛，叶对生，头状花序小，全为黄色，舌状花不明显，种子无冠毛。

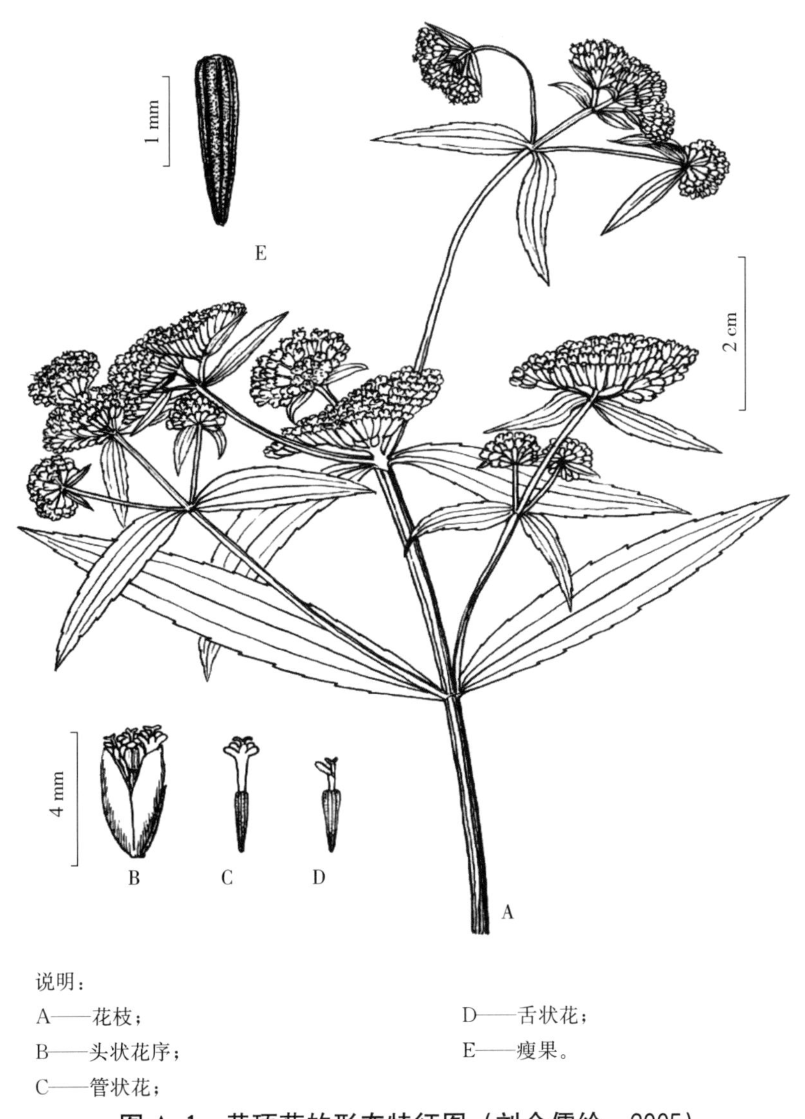

说明：

A——花枝；

B——头状花序；

C——管状花；

D——舌状花；

E——瘦果。

图 A.1　黄顶菊的形态特征图（刘全儒绘，2005）

附　录　B
（规范性附录）
黄顶菊的化学防治方法

黄顶菊的化学防治方法见表 B.1。

表 B.1　不同生境黄顶菊的化学防治药剂选择及施用方法

生　境	药　剂	用量有效成分，g/hm²	加水，L/hm²	处理时期	喷施方式
小麦田	苯磺隆	15～30	450	苗后	茎叶处理
	2，4-D丁酯	33～54	450	苗后	茎叶处理
	麦草畏	108～144	450	苗后	茎叶处理
玉米田	烟嘧磺隆	30～60	450	苗后	茎叶处理
	硝磺草酮	75～150	450	苗后	茎叶处理
	硝磺草酮＋莠去津	（75～150）＋285	450	苗后	茎叶处理
	唑嘧磺草胺	38.4～48	450/750	播后苗前/苗后	土壤/茎叶处理
大豆	乙羧氟草醚	45～60	450	苗后	茎叶处理
	乳氟禾草灵	108	450	苗后	茎叶处理
	灭草松	720～1 080	450	苗后	茎叶处理
	乙草胺	1 500～1 875	750	播后苗前	土壤处理
	异丙甲草胺	2 100～2 700	750	播后苗前	土壤处理
花生田	乙草胺	1 125～1 875	750	播后苗前	土壤处理
	异丙甲草胺	1 620～2 700	750	播后苗前	土壤处理
棉田	乙草胺	1 500～1 875	750	播后苗前	土壤处理
	异丙甲草胺	2 100～2 700	750	播后苗前	土壤处理
	嘧草硫醚	90～135	450	苗后定向	茎叶处理
绿豆、芝麻田	异丙甲草胺	2 250	750	播后苗前	土壤处理
荒地	氨氯吡啶酸	54～504	450	苗后	茎叶处理
	三氯吡氧乙酸	400	450	苗后	茎叶处理
	硝磺草酮	75	450	苗后	茎叶处理
	乙羧氟草醚	30～60	450	苗后	茎叶处理
	草甘膦	615～1 230	450	苗后	茎叶处理
林地、果园	草甘膦	615～1 230	450	苗后	茎叶处理
	硝磺草酮	75～150	450	苗后	茎叶处理
	乙羧氟草醚	30～60	450	苗后	茎叶处理
沟渠、河坡	草甘膦	615～1 230	450	苗后	茎叶处理
	氯氟吡氧乙酸	90～150	450	苗后	茎叶处理
路边	草甘膦	615～1 230	450	苗后	茎叶处理
	氨氯吡啶酸	54～504	450	苗后	茎叶处理
	氯氟吡氧乙酸	108～180	450	苗后	茎叶处理
	苯嘧磺草胺	18～145	450	苗后	茎叶处理

附 录 C
(资料性附录)
替代植物的种植方法

替代植物的种植方法见表 C.1。

表 C.1 替代植物的种植方法

替代植物	拉丁名	适宜生境	种植方法
紫穗槐	*Amorpha fruticosa* L.	路边	行株距 50 cm×50 cm，幼苗移栽
荆条	*Vites negundo* L.	路边	行株距 50 cm×50 cm，幼苗移栽
鸭茅	*Dactylis glomerata* L.	果园、荒地	行距 30 cm～40 cm，条播，播深为 1 cm～2 cm，播种量为 22.5 kg/hm^2～30 kg/hm^2
紫花苜蓿	*Medicago sativa* L.	农田、荒地、果园	行距为 33 cm，条播，播种量为 22.5 kg/hm^2～30 kg/hm^2
小冠花	*Coronilla varial* L.	路边	行距为 20 cm，条播（种皮磨破），播种量160 kg/hm^2～200 kg/hm^2，覆土 1 cm
向日葵	*Helianthus annuus* L.	农田、荒地	按照行株距为 50 cm×50 cm，点播，每穴 2 粒～3 粒饱满种子，播深 8 cm～10 cm
菊芋	*Cichorium intybus* L.	荒滩、荒地、路边	行株距为 50 cm×33 cm，穴播块茎，播深 7 cm～12 cm
沙打旺	*Astragalus adsurgens* Pall	荒滩、荒地	行距 40 cm～60 cm，条播，播种量为 90 kg/hm^2～129 kg/hm^2
柳枝稷	*Panicum virgatum* L.	荒滩、荒地	行株距 50 cm×33 cm，幼苗移栽
高丹草	*Sorghum hybrid sudanense*	荒地、草地、农田	行距为 40 cm～50 cm，条播，播种量为 22.5 kg/hm^2～45 kg/hm^2，播深 1.5 cm～5 cm
高羊茅	*Festuca arundinacea* Schreb.	荒地、草地、果园	均匀撒播，播种量为 200 kg/hm^2～300 kg/hm^2
黑麦草	*Lolium perenne* L.	荒地、草地、果园	行距为 20 cm，条播，播种量 15 kg/hm^2～25 kg/hm^2，覆土 1 cm～2 cm

附　录　D
(资料性附录)
黄顶菊的资源化利用

D.1　黄顶菊作为原料提取植物源色素

染料以黄顶菊（干或新鲜）植物为原料，含有黄顶菊单一提取物作黄色染料，或黄顶菊与蓼蓝以不同比例混合做不同绿色染料，或黄顶菊与茜草以不同比例混合物用做不同的橙色、红色和紫色染料。同时，提取后的残渣燃烧用于染色过程中的热源，灰烬用于助染剂，使黄顶菊得到充分利用。

D.2　黄顶菊干粉制驱虫香

以干枯黄顶菊为原料制成黄顶菊粉，替代传统蚊香中的木粉制成驱虫香，通过调整驱虫香的配方、密度、制备工艺降低发烟量、提高燃烧时间和驱虫效果。

D.3　黄顶菊作饲料原料

黄顶菊粗蛋白的含量为15%；氨基酸种类齐全，达18种之多；蛋白质含量较高，高于人们日常所食用的一些水果，与肉制品和茶叶中的蛋白质含量相近；脂肪与纤维含量也比较高；微量元素含量较为丰富。因此可将黄顶菊植物粉碎作为动物饲料的原料，对黄顶菊加以利用，可化害为利、变废为宝，为严重入侵和危害的外来杂草黄顶菊的资源化利用及综合治理提供一条新的途径。

ICS 65.020
B 16

中华人民共和国农业行业标准

NY/T 2530—2013

外来入侵植物监测技术规程　刺萼龙葵

Codes of practice for monitoring invasive alien species—*Solanum rostratum* Dunal

2013-12-13 发布　　2014-04-01 实施

中华人民共和国农业部　发布

目　次

前　　言

本标准按照 GB/T 1.1—2009 给出的规则起草。

请注意本文件的某些内容可能涉及专利。本文件的发布机构不承担识别这些专利的责任。

本标准由农业部科技教育司提出并归口。

本标准起草单位：中国农业科学院农业环境与可持续发展研究所。

本标准主要起草人：付卫东、张国良、韩颖、张瑞海、曲波。

外来入侵植物监测技术规程 刺萼龙葵

1 范围

本标准规定了刺萼龙葵监测的程序和方法。

本标准适用于对刺萼龙葵发生区和潜在发生区的监测。

2 规范性引用文件

下列文件对于本文件的应用是必不可少的。凡是注日期的引用文件，仅注日期的版本适用于本文件。凡是不注日期的引用文件，其最新版本（包括所有的修改单）适用于本文件。

NY/T 1861 外来草本植物普查技术规程

3 术语和定义

下列术语和定义适用于本文件。

3.1

监测 monitoring

在一定的区域范围内，通过走访调查、实地调查或其他程序持续收集和记录某种生物发生或不存在的官方活动。

3.2

适生区 suitable geographic distribution area

在自然条件下，能够满足一个物种生长、繁殖并可维持一定种群规模的生态区域，包括物种的发生区及潜在发生区（潜在扩散区域）。

4 监测区的划分

开展监测行政区域内的刺萼龙葵适生区即为监测区。

以县级行政区域作为发生区与潜在发生区划分的基本单位。县级行政区域内有刺萼龙葵发生，无论发生面积大或小，该区域即为刺萼龙葵发生区。潜在发生区的划分应以农业部外来物种主管部门指定的专家团队做出的详细风险分析报告为准。

刺萼龙葵的识别特征参见附录 A、附录 B。

5 发生区的监测

5.1 监测点的确定

在开展监测的行政区域内，依次选取 20%的下一级行政区域直至乡镇（有刺萼龙葵发生），每个乡镇选取 3 个行政村，设立监测点。刺萼龙葵发生的省、市、县、乡镇或村的实际数量低于设置标准的，只选实际发生的行政区域。

5.2 监测内容

监测内容包括刺萼龙葵的发生程度、发生面积、生态影响、经济危害损失等。

5.3 监测时间

每年对设立的监测点开展调查，监测开展的时间为每年的 5 月～9 月。可在苗期、花期进行监测。

5.4 群落调查方法

群落调查可采取样方法或样线法。调查方法确定后，在此后的监测中不可更改。

5.4.1 样方法

在监测点选取 1 个～3 个刺萼龙葵发生的典型生境设置样地，在每个样地内选取 20 个以上的样方，样方面积 2 m^2～4 m^2。

对样方内的所有植物种类、数量及盖度进行调查，调查的结果按附录 C 的要求记录和整理。

5.4.2 样线法

在监测点选取 1 个～3 个刺萼龙葵发生的典型生境设置样地，随机选取 1 条或 2 条样线，每条样线选 50 个等距的样点。常见生境中样线的选取方案见附录 D。

样点确定后，将取样签垂直于样点所处地面插入地表，插入点半径 5 cm 内的植物即为该样点的样本植物，按附录 E 的要求记录和整理。

5.5 危害等级划分

根据刺萼龙葵的盖度（样方法）或频度（样线法），将刺萼龙葵危害分为三个等级：

—— 1 级：轻度发生，盖度或频度＜5%。

—— 2 级：中度发生，盖度或频度 5%～20%。

—— 3 级：重度发生，盖度或频度＞20%。

5.6 发生面积调查方法

采用踏查结合走访调查的方法，调查各监测点（行政村）中刺萼龙葵的发生面积与经济损失，根据所有监测点面积之和占整个监测区面积的比例，推算刺萼龙葵在监测区的发生面积与经济损失。

对发生在农田、果园、荒地、绿地、生活区等具有明显边界生境内的刺萼龙葵，其发生面积以相应地块的面积累计计算，或划定包含所有发生点的区域，以整个区域的面积进行计算；对发生在草场、森林、铁路公路沿线等没有明显边界的刺萼龙葵，持 GPS 定位仪沿其分布边缘走完一个闭合轨迹后，将 GPS 定位仪计算出的面积作为其发生面积，其中，铁路路基、公路路面的面积也计入其发生面积。对发生地地理环境复杂（如山高坡陡、沟壑纵横），人力不便或无法实地踏查或使用 GPS 定位仪计算面积的，可使用目测法、通过咨询当地国土资源部门（测绘部门）或者熟悉当地基本情况的基层人员，获取其发生面积。

调查的结果按附录 F 的要求记录。

5.7 生态影响评价方法

刺萼龙葵的生态影响评价按照 NY/T 1861 的规定执行。

在生态影响评价中，通过比较相同样地中刺萼龙葵及主要伴生植物在不同监测年份的重要值的变化，反映刺萼龙葵的竞争性和侵占性；通过比较相同样地在不同监测年份的生物多样性指数的变化，反映刺萼龙葵入侵对生物多样性的影响。

监测中采用样线法时，通过生物多样性指数的变化反映刺萼龙葵的影响。

5.8 经济损失调查方法

在对监测点进行发生面积调查的同时，调查刺萼龙葵危害造成的经济损失情况。

刺萼龙葵对耕作区、林地、草原（场）、人畜健康及社会活动等造成危害的，应估算其经济损失。可通过当地受害的作物、果树、林木、牧草等的产量或载畜量与未受害时的差值，人类受伤害后的误工费和医疗费，社会活动成本增加量等估算经济损失。经济损失估算方法参见附录 G。

6 潜在发生区的监测

6.1 监测点的确定

在开展监测的行政区域内，依次选取 20% 的下一级行政区域至地市级，在选取的地市级行政区域中依次选择20%的县（均为潜在分布区）和乡镇，每个乡镇选取3个行政村进行调查。县级潜在分布区不足选取标准的，全部选取。

6.2 监测内容

刺萼龙葵是否发生。在潜在发生区监测到刺萼龙葵发生后，应立即全面调查其发生情况并按照5.1规定的方法开展监测。

6.3 监测时间

每年对设立的监测点开展调查，监测开展的时间为每年的5月～9月。

6.4 调查方法

6.4.1 踏查结合走访调查

对监测点（行政村）进行走访和踏查，调查结果按表H.1的格式记录。

6.4.2 定点调查

对监测点（行政村）内刺萼龙葵的常发生境，如养殖场、草场、河流、沟渠、交通主干道等进行重点监测。对园艺/花卉公司、种苗生产基地、良种场、原种苗圃、农产品加工等有对外贸易或国内调运活动频繁的高风险场所及周边，尤其是与刺萼龙葵发生区之间存在牧草、粮食、种子、花卉等植物和植物产品以及牲畜皮毛等可能夹带刺萼龙葵种子的货物调运活动的地区及周边，进行定点或跟踪调查。调查结果按表H.2的格式记录。

7 标本采集、制作、鉴定、保存和处理

在监测过程中发现的疑似刺萼龙葵而无法当场鉴定的植物，应采集制作成标本，并拍摄其生境、全株、茎、叶、花、果、地下部分等的清晰照片。标本采集和制作按NY/T 1861中的方法进行。

标本采集、运输、制作等过程中，植物活体部分均不可遗撒或随意丢弃，在运输中应特别注意密封。标本制作中掉落后不用的植物部分，一律烧毁或灭活处理。

疑似刺萼龙葵的植物带回后，应首先根据相关资料自行鉴定。自行鉴定结果不确定或仍不能做出鉴定的，选择制作效果较好的标本并附上照片，寄送给有关专家进行鉴定。

刺萼龙葵标本应妥善保存于县级以上的监测负责部门，以备复核。重复的或无须保存的标本应集中销毁，不得随意丢弃。

8 监测结果上报与数据保存

发生区的监测结果应于监测结束后或送交鉴定的标本鉴定结果返回后7 d内汇总上报。

潜在发生区发现刺萼龙葵后，应于3 d内将初步结果上报，包括监测人、监测时间、监测地点或范围、初步发现刺萼龙葵的生境、发生面积和造成的危害等信息，并在详细情况调查完成后7 d内上报完整的监测报告。

监测中所有原始数据、记录表、照片等均应进行整理后妥善保存于县级以上的监测负责部门，以备复核。

附　录　A
(资料性附录)
刺萼龙葵形态特征

A.1　茄科植物的鉴定特征

一年生至多年生草本、半灌木、灌木或小乔木，有时具皮刺。单叶全缘、不分裂或分裂，有时为羽状复叶，无托叶。花两性，辐射对称；花萼合生，花后几乎不增大或极度增大，5裂，常宿存；花冠合生，辐状，5裂；雄蕊3枚～6枚，雄蕊与花冠裂片同数而互生，着生在花冠基部；雌蕊1枚；花柱细瘦，具头状或2浅裂的柱头；中轴胎座；胚珠多数、稀少数至1枚。种子圆盘形或肾脏形；胚乳丰富、肉质；胚弯曲成钩状、环状或螺旋状卷曲、位于周边而埋藏于胚乳中，或直而位于中轴位上。

A.2　茄属植物的鉴定特征

无刺或有刺的草木、灌木或小乔木。花冠辐状；花通常集生成聚伞花序或极稀单生，常腋外生；花萼有5萼齿或裂片，花萼在花后不显著增大，果时不包围浆果而仅宿存于果实基部；药隔位于两药室的中间，花丝着生于药隔的基部。浆果。

A.3　刺萼龙葵种植物的鉴定特征

在放大10倍～15倍体视解剖镜下检验。根据种的特征和近缘种的比较（参见附录B），鉴定是否为刺萼龙葵。

附 录 B
(资料性附录)
刺萼龙葵及其近缘种检索表

1. 全株生有密集、粗而硬的黄色锥形刺，花黄色 ……………………… 刺萼龙葵 *S. rostratum* Dunal
   全株无刺或部分有刺，花白色或紫色 ……………………………………………………………… 2
2. 花白色（稀青紫色）；成熟浆果黑色；花萼的两萼齿间连接成角度 ……………………………… 3
   花紫色，成熟浆果红色；花萼的两萼齿间连接成弧形………………… 红果龙葵 *S. alatum* Moench
3. 一年生草本。花序伞状或为短的蝎尾状 …………………………………………………………… 4
   亚灌木；花序短蝎尾状或为聚伞式圆锥花序 …………………… 木龙葵 *S. suffruticosum* Schousb.
4. 植株粗壮；短的蝎尾状花序通常着生 4 朵～10 朵花；果及种子均较大 ……… 龙葵 *S. nigrum* L.
   植株纤细；花序近伞状，通常着生 1 朵～6 朵花，果及种子均较小 ………………………………
   ………………………………………………… 少花龙葵 *S. photeinocarpum* Nakamura et Odashima

附　录　C
（规范性附录）
刺萼龙葵监测样地调查结果记录格式

C.1　刺萼龙葵监测的样地调查结果按表C.1的格式记录。

表C.1　刺萼龙葵监测样地调查结果记录表

调查日期：__________表格编号[a]：__________样方序号：__________样方大小：__________（m^2）
监测点位置：______省______市______县______乡镇/街道______村；经纬度：______生境类型：__________
调查人：__________工作单位：____________________职务/职称：__________
联系方式：固定电话__________移动电话__________电子邮件__________

植物种类序号	植物种类名称	株数	盖度[b]，%
1			
2			
……			

[a] 表格编号以监测点编号＋监测年份后两位＋样地编号＋样方序号＋1组成。确定监测点和样地时，自行确定其编号。
[b] 样方内某种植物所有植株的冠层投影面积占该样方面积的比例。通过估算获得。

C.2　根据表C.1的调查结果，按表C.2的格式进行汇总整理。

表C.2　刺萼龙葵监测样地调查结果汇总表

汇总日期：__________表格编号[a]：__________样方数量：__________
汇总人：__________工作单位：__________职务/职称：__________
联系方式：固定电话__________移动电话__________电子邮件__________

植物种类序号	植物种类名称	样地内的株数	出现的样方数	样地内的平均盖度，%
1				
2				
……				

[a] 表格编号以监测点编号＋监测年份后两位＋样地编号＋99＋2组成。

附　录　D
（规范性附录）
刺萼龙葵监测样线法中样线选取方案

刺萼龙葵监测样线法中样线选取方案见表D.1。

表D.1　刺萼龙葵监测样线法中样线选取方案

单位为米

生境类型	样线选取方法	样线长度	点距
菜地	对角线	20～50	0.4～1
果园	对角线	50～100	1～2
玉米田	对角线	50～100	1～2
棉花田	对角线	50～100	1～2
小麦田	对角线	50～100	1～2
大豆田	对角线	20～50	0.4～1
花生田	对角线	20～50	0.4～1
其他作物田	对角线	20～50	0.4～1
撂荒地	对角线	20～50	0.4～1
天然/人工草场	对角线	20～50	1～2
江河沟渠沿岸	沿两岸各取一条（可为曲线）	50～100	1～2
干涸沟渠内	沿内部取一条（可为曲线）	50～100	1～2
铁路、公路两侧	沿两侧各取一条（可为曲线）	50～100	1～2
天然/人工林地、城镇绿地、生活区、山坡以及其他生境	对角线，取对角线不便或无法实现时可使用S形、V形、N形、W形曲线	20～100	0.4～2

附　录　E
（规范性附录）
刺萼龙葵监测样线法调查结果记录格式

E.1　刺萼龙葵监测样线法调查结果记录见表 E.1。

表 E.1　刺萼龙葵监测样线法调查结果记录表

调查日期：＿＿＿＿＿＿＿表格编号[a]：＿＿＿＿＿＿＿

监测点位置：＿＿省＿＿市＿＿县＿＿乡镇/街道＿＿村；经纬度：＿＿＿＿＿生境类型：＿＿＿＿＿

调查人：＿＿＿＿＿＿＿工作单位：＿＿＿＿＿＿＿职务/职称：＿＿＿＿＿＿＿

联系方式：固定电话＿＿＿＿＿＿＿移动电话＿＿＿＿＿＿＿电子邮件＿＿＿＿＿＿＿

样点序号[b]	植物名称Ⅰ	株数	植物名称Ⅱ	株数	植物名称Ⅲ	株数	植物名称Ⅳ	株数	植物名称Ⅴ	株数
1										
2										
3										
……										

[a] 表格编号以监测点编号＋监测年份后两位＋生境类型序号＋3 组成。生境类型序号按调查的顺序编排，此后的调查中，生境类型序号与第一次调查时保持一致。

[b] 选取 2 条样线的，所有样点依次排序，记录于本表。

E.2　根据表 E.1 的调查结果，按表 E.2 的格式进行汇总整理。

表 E.2　刺萼龙葵监测样线法调查结果汇总表

汇总日期：＿＿＿＿＿＿＿表格编号[a]：＿＿＿＿＿＿＿

监测点位置：＿＿省＿＿市＿＿县＿＿乡镇/街道＿＿村；经纬度：＿＿＿＿＿生境类型：＿＿＿＿＿

汇总人：＿＿＿＿＿＿＿工作单位：＿＿＿＿＿＿＿职务/职称：＿＿＿＿＿＿＿

联系方式：固定电话＿＿＿＿＿＿＿移动电话＿＿＿＿＿＿＿电子邮件＿＿＿＿＿＿＿

植物种类序号	植物名称	株数	频度[b]
1			
2			
3			
……			

[a] 表格编号以监测点编号＋监测年份后两位＋生境类型序号＋4 组成。

[b] 存在某种植物的样点数占总样点数的比例。

附　录　F
（规范性附录）
刺萼龙葵监测样点发生面积调查结果记录格式

刺萼龙葵监测样点发生面积结果按表F.1的格式记录。

表F.1　刺萼龙葵监测样点发生面积记录表

调查日期：＿＿＿＿＿监测点位置：＿＿省＿＿市＿＿县＿＿乡镇/街道＿＿村；经纬度：＿＿＿＿＿表格编号[a]：＿＿＿＿＿
调查人：＿＿＿＿＿＿＿＿＿＿＿＿＿工作单位：＿＿＿＿＿＿＿＿＿＿＿＿职务/职称：＿＿＿＿＿＿＿＿＿＿＿＿
联系方式：固定电话＿＿＿＿＿＿＿＿＿＿＿＿移动电话＿＿＿＿＿＿＿＿＿＿＿＿电子邮件＿＿＿＿＿＿＿＿＿＿＿＿

发生生境类型	发生面积 hm²	危害对象	危害方式	危害程度	防治面积 hm²	防治成本 元	经济损失 元
1							
2							
3							
4							
……							
合计							

[a] 表格编号以监测点编号＋监测年份后两位＋年内调查的次序号（第 n 次调查）＋5组成。

附　录　G
（资料性附录）
刺萼龙葵经济损失估算方法

G.1　种植业经济损失估算方法

种植业经济损失＝农产品产量经济损失＋农产品质量经济损失＋防治成本

农产品产量经济损失＝刺萼龙葵发生面积×单位面积产量损失量×农产品单价

农产品质量经济损失＝刺萼龙葵发生面积×受害后单位面积产量×农产品质量损失导致的价格下跌量

防治成本包括药剂成本、人工成本、生物防治成本、防除机械燃油或耗电成本等。

示例1：

刺萼龙葵某年在某地麦田发生并造成危害，发生面积1 000 hm^2，当年当地对其中500 hm^2 开展了化学防治，喷施除草剂2次，每次每公顷药剂成本100元，每次喷药每公顷人工费用150元；对其中200 hm^2 开展了生物防治，释放天敌2 000 000头，每头天敌引进/繁育成本0.01元；对另外300 hm^2 进行了人工拔草，每公顷人工费用600元。当地未受危害的麦田当年平均产量为6 000 kg/hm^2，小麦平均收购价格为1.6元/kg，经过防治，受害的麦田当年平均产量为5 600 kg/hm^2，由于混杂刺萼龙葵的种子，小麦收购价格降为1.4元/kg。刺萼龙葵当年在该地区造成的种植业经济损失为：

1 000 hm^2×(6 000kg/hm^2－5 600 kg/hm^2)×1.6元/kg＋1 000 hm^2×5 600 kg/hm^2×(1.6元/kg－1.4元/kg)＋2×500 hm^2(100元/hm^2＋150元/hm^2)＋0.01元/头×2 000 000头＋600元/hm^2×300 hm^2＝221万元

G.2　畜牧业经济损失估算方法

畜牧业经济损失＝发生面积×单位面积草场牧草产量损失量×单位牧草载畜量×单位牲畜价值＋牧产品损失量×畜牧产品单价＋养殖成本增加量＋防治成本

示例2：

某地牧场发生刺萼龙葵，发生面积1 000 hm^2，未进行防治，每公顷受害草场每年因此减产800 kg牧草(鲜重)，4 000 kg牧草(鲜重)载畜量为1头奶牛，每头奶牛价值3 000元。牧场饲养有1 000头奶牛，奶牛取食外来草本植物后产奶量下降，平均每头每年少产奶10 kg，当年原奶收购价格为2元/kg；牧场饲养有1 000只绵羊，外来草本植物果实粘附于羊毛中，剪毛时需拣出，因此剪毛工作全年增加人工100个，人工单价50元。刺萼龙葵当年在该地区造成的畜牧业经济损失为：

1 000 hm^2×800 kg/hm^2×1/4 000(头/kg)×3 000元/头＋2元/kg×10 kg/头×1 000头＋50元/(人·d)×100(人·d)＝62.5万元

G.3　林业经济损失估算方法

林业经济损失＝刺萼龙葵发生面积×单位面积林地林木蓄积损失量×单位林木价格＋防治成本

示例3：

某林区发生刺萼龙葵，发生面积1 000 hm^2，未进行防治，每公顷林地林木蓄积量每年因此减少0.2 m^3，每立方米林木市场价格平均为3 000元。刺萼龙葵每年在该林区造成的林业经济损失为：

1 000 hm^2×0.2 m^3/hm^2×3 000元/m^3＝60万元

附　录　H
（规范性附录）
刺萼龙葵潜在发生区调查结果记录格式

H.1　刺萼龙葵潜在发生区的踏查结果按表H.1的格式记录。

表H.1　刺萼龙葵潜在发生区踏查记录表

踏查日期：＿＿＿＿＿监测点位置：＿＿省＿＿市＿＿县＿＿乡镇/街道＿＿村；经纬度：＿＿＿＿＿表格编号[a]：＿＿＿＿＿
踏查人：＿＿＿＿＿＿＿＿＿＿＿＿工作单位：＿＿＿＿＿＿＿＿＿＿＿＿职务/职称：＿＿＿＿＿＿＿＿＿＿＿＿
联系方式：固定电话＿＿＿＿＿＿＿＿＿＿＿移动电话＿＿＿＿＿＿＿＿＿＿＿电子邮件＿＿＿＿＿＿＿＿＿＿＿

踏查生境类型	踏查面积，hm^2	踏查结果	备　　注
合计			
[a] 表格编号以监测点编号＋监测年份后两位＋年内踏查的次序号(第n次踏查)＋6组成。			

H.2　刺萼龙葵潜在发生区的定点调查结果按表H.2的格式记录。

表H.2　刺萼龙葵潜在发生区定点调查记录表

定点调查的单位：＿＿＿＿＿＿＿＿＿＿＿＿位置：＿＿＿＿＿＿＿＿＿＿＿＿表格编号[a]：＿＿＿＿＿＿＿＿＿＿＿＿
调查人：＿＿＿＿＿＿＿＿＿＿＿＿工作单位：＿＿＿＿＿＿＿＿＿＿＿＿职务/职称：＿＿＿＿＿＿＿＿＿＿＿＿
联系方式：固定电话＿＿＿＿＿＿＿＿＿＿＿移动电话＿＿＿＿＿＿＿＿＿＿＿电子邮件＿＿＿＿＿＿＿＿＿＿＿

调查日期	调查的周围区域面积或沿线长度	调查结果	备　　注
[a] 表格编号以监测点编号＋监测年份后两位＋99＋7组成。			

附录

中华人民共和国农业部公告
第1943号

根据《中华人民共和国农业转基因生物安全管理条例》规定，《转基因植物及其产品成分检测　棉花内标准基因定性PCR方法》等4项标准业经专家审定通过，现批准发布为中华人民共和国国家标准，自发布之日起实施。

特此公告。

附件：《转基因植物及其产品成分检测　棉花内标准基因定性PCR方法》等4项农业国家标准目录

农业部

2013年5月23日

附件：

《转基因植物及其产品成分检测　棉花内标准基因定性PCR方法》等4项农业国家标准目录

序号	标准名称	标准代号	代替标准号
1	转基因植物及其产品成分检测　棉花内标准基因定性PCR方法	农业部1943号公告—1—2013	
2	转基因植物及其产品成分检测　转*cry1A*基因抗虫棉花构建特异性定性PCR方法	农业部1943号公告—2—2013	
3	转基因植物及其产品环境安全检测　抗虫棉花　第1部分：对靶标害虫的抗虫性	农业部1943号公告—3—2013	农业部953号公告—12.1—2007
4	转基因植物及其产品成分检测　抗虫转*Bt*基因棉花外源蛋白表达量检测技术规范	农业部1943号公告—4—2013	农业部1485号公告—14—2010

中华人民共和国农业部公告
第1944号

《农产品质量安全检测员》等99项标准业经专家审定通过，现批准发布为中华人民共和国农业行业标准，自2013年8月1日起实施。

特此公告。

附件：《农产品质量安全检测员》等99项农业行业标准目录

农业部

2013年5月20日

附　录

附件：

《农产品质量安全检测员》等 99 项农业行业标准目录

序号	标准号	标准名称	代替标准号
1	NY/T 2298—2013	农产品质量安全检测员	
2	NY/T 2299—2013	农村信息员	
3	NY/T 2300—2013	中兽医员	
4	NY/T 2301—2013	参业　名词术语	
5	NY/T 2302—2013	农产品等级规格　樱桃	
6	NY/T 2303—2013	农产品等级规格　金银花	
7	NY/T 2304—2013	农产品等级规格　枇杷	
8	NY/T 2305—2013	苹果高接换种技术规范	
9	NY/T 2306—2013	花卉种苗组培快繁技术规程	
10	NY/T 2307—2013	芝麻油冷榨技术规范	
11	NY/T 2308—2013	花生黄曲霉毒素污染控制技术规程	
12	NY/T 2309—2013	黄曲霉毒素单克隆抗体活性鉴定技术规程	
13	NY/T 2310—2013	花生黄曲霉侵染抗性鉴定方法	
14	NY/T 2311—2013	黄曲霉菌株产毒力鉴定方法	
15	NY/T 2312—2013	茄果类蔬菜穴盘育苗技术规程	
16	NY/T 2313—2013	甘蓝抗枯萎病鉴定技术规程	
17	NY/T 2314—2013	水果套袋技术规程　柠檬	
18	NY/T 2315—2013	杨梅低温物流技术规范	
19	NY/T 2316—2013	苹果品质指标评价规范	
20	NY/T 2317—2013	大豆蛋白粉及制品辐照杀菌技术规范	
21	NY/T 2318—2013	食用藻类辐照杀菌技术规范	
22	NY/T 2319—2013	热带水果电子束辐照加工技术规范	
23	NY/T 2320—2013	干制蔬菜贮藏导则	
24	NY/T 2321—2013	微生物肥料产品检验规程	
25	NY/T 2322—2013	草品种区域试验技术规程　禾本科牧草	
26	NY/T 2323—2013	农作物种质资源鉴定评价技术规范　棉花	
27	NY/T 2324—2013	农作物种质资源鉴定评价技术规范　猕猴桃	
28	NY/T 2325—2013	农作物种质资源鉴定评价技术规范　山楂	
29	NY/T 2326—2013	农作物种质资源鉴定评价技术规范　枣	
30	NY/T 2327—2013	农作物种质资源鉴定评价技术规范　芋	
31	NY/T 2328—2013	农作物种质资源鉴定评价技术规范　板栗	
32	NY/T 2329—2013	农作物种质资源鉴定评价技术规范　荔枝	
33	NY/T 2330—2013	农作物种质资源鉴定评价技术规范　核桃	
34	NY/T 2331—2013	柞蚕种质资源保存与鉴定技术规程	
35	NY/T 2332—2013	红参中总糖含量的测定　分光光度法	
36	NY/T 2333—2013	粮食、油料检验　脂肪酸值测定	
37	NY/T 2334—2013	稻米整精米率、粒型、垩白粒率、垩白度及透明度的测定　图像法	
38	NY/T 2335—2013	谷物中戊聚糖含量的测定　分光光度法	
39	NY/T 2336—2013	柑橘及制品中多甲氧基黄酮含量的测定　高效液相色谱法	
40	NY/T 2337—2013	熟黄(红)麻木质素测定　硫酸法	
41	NY/T 2338—2013	亚麻纤维细度快速检测　显微图像法	
42	NY/T 2339—2013	农药登记用杀蚴剂药效试验方法及评价	
43	NY/T 1965.3—2013	农药对作物安全性评价准则　第 3 部分：种子处理剂对作物安全性评价室内试验方法	

（续）

序号	标准号	标准名称	代替标准号
44	NY/T 1154.16—2013	农药室内生物测定试验准则　杀虫剂　第16部分:对粉虱类害虫活性试验　琼脂保湿浸叶法	
45	NY/T 1156.18—2013	农药室内生物测定试验准则　杀菌剂　第18部分:井冈霉素抑制水稻纹枯病菌试验　E培养基法	
46	NY/T 1156.19—2013	农药室内生物测定试验准则　杀菌剂　第19部分:抑制水稻稻曲病菌试验　菌丝干重法	
47	NY/T 1464.49—2013	农药田间药效试验准则　第49部分:杀菌剂防治烟草青枯病	
48	NY/T 1464.50—2013	农药田间药效试验准则　第50部分:植物生长调节剂调控菊花生长	
49	NY/T 2340—2013	植物新品种特异性、一致性和稳定性测试指南　大葱	
50	NY/T 2341—2013	植物新品种特异性、一致性和稳定性测试指南　桃	
51	NY/T 2342—2013	植物新品种特异性、一致性和稳定性测试指南　甜瓜	
52	NY/T 2343—2013	植物新品种特异性、一致性和稳定性测试指南　西葫芦	
53	NY/T 2344—2013	植物新品种特异性、一致性和稳定性测试指南　长豇豆	
54	NY/T 2345—2013	植物新品种特异性、一致性和稳定性测试指南　蚕豆	
55	NY/T 2346—2013	植物新品种特异性、一致性和稳定性测试指南　草莓	
56	NY/T 2347—2013	植物新品种特异性、一致性和稳定性测试指南　大蒜	
57	NY/T 2348—2013	植物新品种特异性、一致性和稳定性测试指南　甘蔗	
58	NY/T 2349—2013	植物新品种特异性、一致性和稳定性测试指南　萝卜	
59	NY/T 2350—2013	植物新品种特异性、一致性和稳定性测试指南　绿豆	
60	NY/T 2351—2013	植物新品种特异性、一致性和稳定性测试指南　猕猴桃属	
61	NY/T 2352—2013	植物新品种特异性、一致性和稳定性测试指南　桑属	
62	NY/T 2353—2013	植物新品种特异性、一致性和稳定性测试指南　三七	
63	NY/T 2354—2013	植物新品种特异性、一致性和稳定性测试指南　苦瓜	
64	NY/T 2355—2013	植物新品种特异性、一致性和稳定性测试指南　燕麦	
65	NY/T 2356—2013	植物新品种特异性、一致性和稳定性测试指南　狼尾草属	
66	NY/T 2357—2013	植物新品种特异性、一致性和稳定性测试指南　非洲菊	
67	NY/T 2358—2013	亚洲飞蝗测报技术规范	
68	NY/T 2359—2013	三化螟测报技术规范	
69	NY/T 2360—2013	十字花科小菜蛾抗药性监测技术规程	
70	NY/T 2361—2013	蔬菜夜蛾类害虫抗药性监测技术规程	
71	NY/T 2362—2013	生乳贮运技术规范	
72	NY/T 2363—2013	奶牛热应激评价技术规范	
73	NY/T 2364—2013	蜜蜂种质资源评价规范	
74	NY/T 2365—2013	农业科技园区建设规范	
75	NY/T 2366—2013	休闲农庄建设规范	
76	NY/T 2367—2013	土壤凋萎含水量的测定　生物法	
77	NY/T 2368—2013	农田水资源利用效益观测与评价技术规范　总则	
78	NY/T 2369—2013	户用生物质炊事炉具通用技术条件	
79	NY/T 2370—2013	户用生物质炊事炉具性能试验方法	
80	NY/T 2371—2013	农村沼气集中供气工程技术规范	
81	NY/T 2372—2013	秸秆沼气工程运行管理规范	
82	NY/T 2373—2013	秸秆沼气工程质量验收规范	
83	NY/T 2374—2013	沼气工程沼液沼渣后处理技术规范	
84	NY/T 2375—2013	食用菌生产技术规范	NY/T 5333—2006
85	NY/T 441—2013	苹果生产技术规程	NY/T 441—2001
86	NY/T 593—2013	食用稻品种品质	NY/T 593—2002
87	NY/T 594—2013	食用粳米	NY/T 594—2002
88	NY/T 595—2013	食用籼米	NY/T 595—2002

（续）

序号	标准号	标准名称	代替标准号
89	NY/T 1072—2013	加工用苹果	NY/T 1072—2006
90	NY/T 1159—2013	中华蜜蜂种蜂王	NY/T 1159—2006
91	NY/T 925—2013	天然生胶　技术分级橡胶全乳胶(SCR WF)生产技术规程	NY/T 925—2004
92	NY/T 409—2013	天然橡胶初加工机械通用技术条件	NY/T 409—2000
93	NY/T 1219—2013	浓缩天然胶乳初加工原料　鲜胶乳	NY/T 1219—2006
94	NY/T 1153.1—2013	农药登记用白蚁防治剂药效试验方法及评价　第1部分:农药对白蚁的毒力与实验室药效	NY/T 1153.1—2006
95	NY/T 1153.2—2013	农药登记用白蚁防治剂药效试验方法及评价　第2部分:农药对白蚁毒效传递的室内测定	NY/T 1153.2—2006
96	NY/T 1153.3—2013	农药登记用白蚁防治剂药效试验方法及评价　第3部分:农药土壤处理预防白蚁	NY/T 1153.3—2006
97	NY/T 1153.4—2013	农药登记用白蚁防治剂药效试验方法及评价　第4部分:农药木材处理预防白蚁	NY/T 1153.4—2006
98	NY/T 1153.5—2013	农药登记用白蚁防治剂药效试验方法及评价　第5部分:饵剂防治白蚁	NY/T 1153.5—2006
99	NY/T 1153.6—2013	农药登记用白蚁防治剂药效试验方法及评价　第6部分:农药滞留喷洒防治白蚁	NY/T 1153.6—2006

中华人民共和国农业部公告
第1988号

《农产品等级规格　姜》等99项标准业经专家审定通过，现批准发布为中华人民共和国农业行业标准，自2014年1月1日起实施。

特此公告。

附件：《农产品等级规格　姜》等99项农业行业标准目录

农业部

2013年9月10日

附　录

附件：

《农产品等级规格　姜》等99项农业行业标准目录

序号	标准号	标准名称	代替标准号
1	NY/T 2376—2013	农产品等级规格　姜	
2	NY/T 2377—2013	葡萄病毒检测技术规范	
3	NY/T 2378—2013	葡萄苗木脱毒技术规范	
4	NY/T 2379—2013	葡萄苗木繁育技术规程	
5	NY/T 2380—2013	李贮运技术规范	
6	NY/T 2381—2013	杏贮运技术规范	
7	NY/T 2382—2013	小菜蛾防治技术规范	
8	NY/T 2383—2013	马铃薯主要病虫害防治技术规程	
9	NY/T 2384—2013	苹果主要病虫害防治技术规程	
10	NY/T 2385—2013	水稻条纹叶枯病防治技术规程	
11	NY/T 2386—2013	水稻黑条矮缩病防治技术规程	
12	NY/T 2387—2013	农作物优异种质资源评价规范　西瓜	
13	NY/T 2388—2013	农作物优异种质资源评价规范　甜瓜	
14	NY/T 2389—2013	柑橘采后病害防治技术规范	
15	NY/T 2390—2013	花生干燥与贮藏技术规程	
16	NY/T 2391—2013	农作物品种区域试验与审定技术规程　花生	
17	NY/T 2392—2013	花生田镉污染控制技术规程	
18	NY/T 2393—2013	花生主要虫害防治技术规程	
19	NY/T 2394—2013	花生主要病害防治技术规程	
20	NY/T 2395—2013	花生田主要杂草防治技术规程	
21	NY/T 2396—2013	麦田套种花生生产技术规程	
22	NY/T 2397—2013	高油花生生产技术规程	
23	NY/T 2398—2013	夏直播花生生产技术规程	
24	NY/T 2399—2013	花生种子生产技术规程	
25	NY/T 2400—2013	绿色食品　花生生产技术规程	
26	NY/T 2401—2013	覆膜花生机械化生产技术规程	
27	NY/T 2402—2013	高蛋白花生生产技术规程	
28	NY/T 2403—2013	旱薄地花生高产栽培技术规程	
29	NY/T 2404—2013	花生单粒精播高产栽培技术规程	
30	NY/T 2405—2013	花生连作高产栽培技术规程	
31	NY/T 2406—2013	花生防空秕栽培技术规程	
32	NY/T 2407—2013	花生防早衰适期晚收高产栽培技术规程	
33	NY/T 2408—2013	花生栽培观察记载技术规范	
34	NY/T 2409—2013	有机茄果类蔬菜生产质量控制技术规范	
35	NY/T 2410—2013	有机水稻生产质量控制技术规范	
36	NY/T 2411—2013	有机苹果生产质量控制技术规范	
37	NY/T 2412—2013	稻水象甲监测技术规范	
38	NY/T 2413—2013	玉米根萤叶甲监测技术规范	
39	NY/T 2414—2013	苹果蠹蛾监测技术规范	
40	NY/T 2415—2013	红火蚁化学防控技术规程	
41	NY/T 2416—2013	日光温室棚膜光阻隔率技术要求	
42	NY/T 2417—2013	副猪嗜血杆菌 PCR 检测方法	
43	NY/T 2418—2013	四纹豆象检疫检测与鉴定方法	
44	NY/T 2419—2013	植株全氮含量测定　自动定氮仪法	
45	NY/T 2420—2013	植株全钾含量测定　火焰光度计法	

（续）

序号	标准号	标准名称	代替标准号
46	NY/T 2421—2013	植株全磷含量测定　钼锑抗比色法	
47	NY/T 2422—2013	植物新品种特异性、一致性和稳定性测试指南　茶树	
48	NY/T 2423—2013	植物新品种特异性、一致性和稳定性测试指南　小豆	
49	NY/T 2424—2013	植物新品种特异性、一致性和稳定性测试指南　苹果	
50	NY/T 2425—2013	植物新品种特异性、一致性和稳定性测试指南　谷子	
51	NY/T 2426—2013	植物新品种特异性、一致性和稳定性测试指南　茄子	
52	NY/T 2427—2013	植物新品种特异性、一致性和稳定性测试指南　菜豆	
53	NY/T 2428—2013	植物新品种特异性、一致性和稳定性测试指南　草地早熟禾	
54	NY/T 2429—2013	植物新品种特异性、一致性和稳定性测试指南　甘薯	
55	NY/T 2430—2013	植物新品种特异性、一致性和稳定性测试指南　花椰菜	
56	NY/T 2431—2013	植物新品种特异性、一致性和稳定性测试指南　龙眼	
57	NY/T 2432—2013	植物新品种特异性、一致性和稳定性测试指南　芹菜	
58	NY/T 2433—2013	植物新品种特异性、一致性和稳定性测试指南　向日葵	
59	NY/T 2434—2013	植物新品种特异性、一致性和稳定性测试指南　芝麻	
60	NY/T 2435—2013	植物新品种特异性、一致性和稳定性测试指南　柑橘	
61	NY/T 2436—2013	植物新品种特异性、一致性和稳定性测试指南　豌豆	
62	NY/T 2437—2013	植物新品种特异性、一致性和稳定性测试指南　春兰	
63	NY/T 2438—2013	植物新品种特异性、一致性和稳定性测试指南　白灵侧耳	
64	NY/T 2439—2013	植物新品种特异性、一致性和稳定性测试指南　芥菜型油菜	
65	NY/T 2440—2013	植物新品种特异性、一致性和稳定性测试指南　芒果	
66	NY/T 2441—2013	植物新品种特异性、一致性和稳定性测试指南　兰属	
67	NY/T 2442—2013	蔬菜集约化育苗场建设标准	
68	NY/T 2443—2013	种畜禽性能测定中心建设标准　奶牛	
69	NY/T 2444—2013	菠萝叶纤维	
70	NY/T 2445—2013	木薯种质资源抗虫性鉴定技术规程	
71	NY/T 2446—2013	热带作物品种区域试验技术规程　木薯	
72	NY/T 2447—2013	椰心叶甲啮小蜂和截脉姬小蜂繁殖与释放技术规程	
73	NY/T 2448—2013	剑麻种苗繁育技术规程	
74	NY/T 2449—2013	农村能源术语	
75	NY/T 2450—2013	户用沼气池材料技术条件	
76	NY/T 2451—2013	户用沼气池运行维护规范	
77	NY/T 2452—2013	户用农村能源生态工程　西北模式设计施工与使用规范	
78	NY/T 2453—2013	拖拉机可靠性评价方法	
79	NY/T 2454—2013	机动喷雾机禁用技术条件	
80	NY/T 2455—2013	小型拖拉机安全认证规范	
81	NY/T 2456—2013	旋耕机　质量评价技术规范	
82	NY/T 2457—2013	包衣种子干燥机　质量评价技术规范	
83	NY/T 2458—2013	牧草收获机　质量评价技术规范	
84	NY/T 2459—2013	挤奶机械　质量评价技术规范	
85	NY/T 2460—2013	大米抛光机　质量评价技术规范	
86	NY/T 2461—2013	牧草机械化收获作业技术规范	
87	NY/T 2462—2013	马铃薯机械化收获作业技术规范	
88	NY/T 2463—2013	圆草捆打捆机　作业质量	
89	NY/T 2464—2013	马铃薯收获机　作业质量	
90	NY/T 2465—2013	水稻插秧机　修理质量	
91	NY/T 1928.2—2013	轮式拖拉机　修理质量　第2部分：直联传动轮式拖拉机	
92	NY/T 498—2013	水稻联合收割机　作业质量	NY/T 498—2002
93	NY/T 499—2013	旋耕机　作业质量	NY/T 499—2002
94	NY 642—2013	脱粒机安全技术要求	NY 642—2002

（续）

序号	标准号	标准名称	代替标准号
95	NY/T 650—2013	喷雾机(器) 作业质量	NY/T 650—2002
96	NY/T 772—2013	禽流感病毒 RT-PCR 检测方法	NY/T 772—2004
97	NY/T 969—2013	胡椒栽培技术规程	NY/T 969—2006
98	NY/T 1748—2013	热带作物主要病虫害防治技术规程 荔枝	NY/T 1748—2007
99	NY/T 442—2013	梨生产技术规程	NY/T 442—2001

中华人民共和国农业部公告
第 2031 号

根据《中华人民共和国农业转基因生物安全管理条例》规定,《转基因植物及其产品环境安全检测 耐除草剂大豆 第 1 部分:除草剂耐受性》等 19 项标准业经专家审定通过,现批准发布为中华人民共和国国家标准,自发布之日起实施。

特此公告。

附件:《转基因植物及其产品环境安全检测 耐除草剂大豆 第 1 部分:除草剂耐受性》等 19 项农业国家标准目录

农业部

2013 年 12 月 4 日

附件：

《转基因植物及其产品环境安全检测　耐除草剂大豆 第1部分：除草剂耐受性》等19项农业国家标准目录

序号	标准名称	标准代号	代替标准号
1	转基因植物及其产品环境安全检测　耐除草剂大豆　第1部分：除草剂耐受性	农业部2031号公告—1—2013	
2	转基因植物及其产品环境安全检测　耐除草剂大豆　第2部分：生存竞争能力	农业部2031号公告—2—2013	
3	转基因植物及其产品环境安全检测　耐除草剂大豆　第3部分：外源基因漂移	农业部2031号公告—3—2013	
4	转基因植物及其产品环境安全检测　耐除草剂大豆　第4部分：生物多样性影响	农业部2031号公告—4—2013	
5	转基因植物及其产品成分检测　耐旱玉米MON87460及其衍生品种定性PCR方法	农业部2031号公告—5—2013	
6	转基因植物及其产品成分检测　抗虫玉米MIR162及其衍生品种定性PCR方法	农业部2031号公告—6—2013	
7	转基因植物及其产品成分检测　抗虫水稻科丰2号及其衍生品种定性PCR方法	农业部2031号公告—7—2013	
8	转基因植物及其产品成分检测　大豆内标准基因定性PCR方法	农业部2031号公告—8—2013	
9	转基因植物及其产品成分检测　油菜内标准基因定性PCR方法	农业部2031号公告—9—2013	
10	转基因植物及其产品成分检测　普通小麦内标准基因定性PCR方法	农业部2031号公告—10—2013	
11	转基因植物及其产品成分检测　*barstar*基因定性PCR方法	农业部2031号公告—11—2013	
12	转基因植物及其产品成分检测　*Barnase*基因定性PCR方法	农业部2031号公告—12—2013	
13	转基因植物及其产品成分检测　转淀粉酶基因玉米3272及其衍生品种定性PCR方法	农业部2031号公告—13—2013	
14	转基因动物及其产品成分检测　普通牛(*Bos taurus*)内标准基因定性PCR方法	农业部2031号公告—14—2013	
15	转基因生物及其产品食用安全检测　蛋白质功效比试验	农业部2031号公告—15—2013	
16	转基因生物及其产品食用安全检测　蛋白质经口急性毒性试验	农业部2031号公告—16—2013	
17	转基因生物及其产品食用安全检测　蛋白质热稳定性试验	农业部2031号公告—17—2013	
18	转基因生物及其产品食用安全检测　蛋白质糖基化高碘酸希夫染色试验	农业部2031号公告—18—2013	
19	转基因植物及其产品成分检测　抽样	农业部2031号公告—19—2013	NY/T 673—2003

中华人民共和国农业部公告
第 2036 号

《大麦品种鉴定技术规程　SSR 分子标记法》等 77 项标准业经专家审定通过，现批准发布为中华人民共和国农业行业标准，自 2014 年 4 月 1 日起实施。

特此公告。

附件：《大麦品种鉴定技术规程　SSR 分子标记法》等 77 项农业行业标准目录

农业部

2013 年 12 月 12 日

附件：

《大麦品种鉴定技术规程　SSR分子标记法》等77项农业行业标准目录

序号	标准号	标准名称	代替标准号
1	NY/T 2466—2013	大麦品种鉴定技术规程　SSR分子标记法	
2	NY/T 2467—2013	高粱品种鉴定技术规程　SSR分子标记法	
3	NY/T 2468—2013	甘蓝型油菜品种鉴定技术规程　SSR分子标记法	
4	NY/T 2469—2013	陆地棉品种鉴定技术规程　SSR分子标记法	
5	NY/T 2470—2013	小麦品种鉴定技术规程　SSR分子标记法	
6	NY/T 2471—2013	番茄品种鉴定技术规程　Indel分子标记法	
7	NY/T 2472—2013	西瓜品种鉴定技术规程　SSR分子标记法	
8	NY/T 2473—2013	结球甘蓝品种鉴定技术规程　SSR分子标记法	
9	NY/T 2474—2013	黄瓜品种鉴定技术规程　SSR分子标记法	
10	NY/T 2475—2013	辣椒品种鉴定技术规程　SSR分子标记法	
11	NY/T 2476—2013	大白菜品种鉴定技术规程　SSR分子标记法	
12	NY/T 2477—2013	百合品种鉴定技术规程　SSR分子标记法	
13	NY/T 2478—2013	苹果品种鉴定技术规程　SSR分子标记法	
14	NY/T 2479—2013	植物新品种特异性、一致性和稳定性测试指南　白菜型油菜	
15	NY/T 2480—2013	植物新品种特异性、一致性和稳定性测试指南　红三叶	
16	NY/T 2481—2013	植物新品种特异性、一致性和稳定性测试指南　青麻	
17	NY/T 2482—2013	植物新品种特异性、一致性和稳定性测试指南　糖用甜菜	
18	NY/T 2483—2013	植物新品种特异性、一致性和稳定性测试指南　冰草属	
19	NY/T 2484—2013	植物新品种特异性、一致性和稳定性测试指南　无芒雀麦	
20	NY/T 2485—2013	植物新品种特异性、一致性和稳定性测试指南　黑麦草属	
21	NY/T 2486—2013	植物新品种特异性、一致性和稳定性测试指南　披碱草属	
22	NY/T 2487—2013	植物新品种特异性、一致性和稳定性测试指南　鹰嘴豆	
23	NY/T 2488—2013	植物新品种特异性、一致性和稳定性测试指南　黑麦	
24	NY/T 2489—2013	植物新品种特异性、一致性和稳定性测试指南　结缕草属	
25	NY/T 2490—2013	植物新品种特异性、一致性和稳定性测试指南　鸭茅	
26	NY/T 2491—2013	植物新品种特异性、一致性和稳定性测试指南　狗牙根	
27	NY/T 2492—2013	植物新品种特异性、一致性和稳定性测试指南　糜子	
28	NY/T 2493—2013	植物新品种特异性、一致性和稳定性测试指南　荞麦	
29	NY/T 2494—2013	植物新品种特异性、一致性和稳定性测试指南　紫苏	
30	NY/T 2495—2013	植物新品种特异性、一致性和稳定性测试指南　山药	
31	NY/T 2496—2013	植物新品种特异性、一致性和稳定性测试指南　芦笋	
32	NY/T 2497—2013	植物新品种特异性、一致性和稳定性测试指南　荠菜	
33	NY/T 2498—2013	植物新品种特异性、一致性和稳定性测试指南　茭白	
34	NY/T 2499—2013	植物新品种特异性、一致性和稳定性测试指南　籽粒苋	
35	NY/T 2500—2013	植物新品种特异性、一致性和稳定性测试指南　魔芋	
36	NY/T 2501—2013	植物新品种特异性、一致性和稳定性测试指南　丝瓜	
37	NY/T 2502—2013	植物新品种特异性、一致性和稳定性测试指南　芋	
38	NY/T 2503—2013	植物新品种特异性、一致性和稳定性测试指南　菊芋	
39	NY/T 2504—2013	植物新品种特异性、一致性和稳定性测试指南　瓠瓜	
40	NY/T 2505—2013	植物新品种特异性、一致性和稳定性测试指南　姜	
41	NY/T 2506—2013	植物新品种特异性、一致性和稳定性测试指南　水芹	
42	NY/T 2507—2013	植物新品种特异性、一致性和稳定性测试指南　茼蒿	
43	NY/T 2508—2013	植物新品种特异性、一致性和稳定性测试指南　矮牵牛	
44	NY/T 2509—2013	植物新品种特异性、一致性和稳定性测试指南　三色堇	
45	NY/T 2510—2013	植物新品种特异性、一致性和稳定性测试指南　石蒜属	

（续）

序号	标准号	标准名称	代替标准号
46	NY/T 2511—2013	植物新品种特异性、一致性和稳定性测试指南　雁来红	
47	NY/T 2512—2013	植物新品种特异性、一致性和稳定性测试指南　翠菊	
48	NY/T 2513—2013	植物新品种特异性、一致性和稳定性测试指南　一串红	
49	NY/T 2514—2013	植物新品种特异性、一致性和稳定性测试指南　黑穗醋栗	
50	NY/T 2515—2013	植物新品种特异性、一致性和稳定性测试指南　木菠萝	
51	NY/T 2516—2013	植物新品种特异性、一致性和稳定性测试指南　椰子	
52	NY/T 2517—2013	植物新品种特异性、一致性和稳定性测试指南　西番莲	
53	NY/T 2518—2013	植物新品种特异性、一致性和稳定性测试指南　木瓜属	
54	NY/T 2519—2013	植物新品种特异性、一致性和稳定性测试指南　番木瓜	
55	NY/T 2520—2013	植物新品种特异性、一致性和稳定性测试指南　树莓	
56	NY/T 2521—2013	植物新品种特异性、一致性和稳定性测试指南　蓝莓	
57	NY/T 2522—2013	植物新品种特异性、一致性和稳定性测试指南　柿	
58	NY/T 2523—2013	植物新品种特异性、一致性和稳定性测试指南　金顶侧耳	
59	NY/T 2524—2013	植物新品种特异性、一致性和稳定性测试指南　双胞蘑菇	
60	NY/T 2525—2013	植物新品种特异性、一致性和稳定性测试指南　草菇	
61	NY/T 2526—2013	植物新品种特异性、一致性和稳定性测试指南　丹参	
62	NY/T 2527—2013	植物新品种特异性、一致性和稳定性测试指南　菘蓝	
63	NY/T 2528—2013	植物新品种特异性、一致性和稳定性测试指南　枸杞	
64	NY/T 2529—2013	黄顶菊综合防治技术规程	
65	NY/T 2530—2013	外来入侵植物监测技术规程　刺萼龙葵	
66	NY/T 2531—2013	农产品质量追溯信息交换接口规范	
67	NY/T 2532—2013	蔬菜清洗机耗水性能测试方法	
68	NY/T 2533—2013	温室灌溉系统安装与验收规范	
69	NY/T 2534—2013	生鲜畜禽肉冷链物流技术规范	
70	NY/T 2535—2013	植物蛋白及制品名词术语	
71	NY/T 391—2013	绿色食品　产地环境质量	NY/T 391—2000
72	NY/T 392—2013	绿色食品　食品添加剂使用准则	NY/T 392—2000
73	NY/T 393—2013	绿色食品　农药使用准则	NY/T 393—2000
74	NY/T 394—2013	绿色食品　肥料使用准则	NY/T 394—2000
75	NY/T 472—2013	绿色食品　兽药使用准则	NY/T 472—2006
76	NY/T 755—2013	绿色食品　渔药使用准则	NY/T 755—2003
77	NY/T 1054—2013	绿色食品　产地环境调查、监测与评价规范	NY/T 1054—2006